21 世纪高等院校电气信息类系列教材

单片机原理及应用

第 2 版

张仁彦　高正中　黄鹤松　等编著

机械工业出版社

本书全面系统地介绍了 MCS-51 系列单片机的基本结构、工作原理及应用技术。主要内容包括：微型计算机的基础知识、MCS-51 单片机的基本结构、汇编语言和 C51 语言程序设计方法、中断系统和定时器等内部功能单元的应用技术、并行接口和串行接口的扩展方法，以及 Keil 软件和 Proteus 软件联合调试的方法等。书中大部分例题具有汇编语言和 C51 语言的双语对照程序，便于读者选择学习。

本书内容丰富、实用性强，讲解深入浅出、全面细致，既可以作为高等院校电气信息类相关专业学生的教材，也可以作为从事单片机应用系统研发工作的工程技术人员的参考书。

本书配有可扫码观看的微课视频及授课用 PPT 等教学资源，需要的教师可登录机工教育网（www.cmpedu.com）免费注册，审核通过后下载，或联系编辑获取（微信：18515977506，电话：010-88379753）。

图书在版编目（CIP）数据

单片机原理及应用 / 张仁彦等编著. —2 版. —北京：机械工业出版社，2024.1

21 世纪高等院校电气信息类系列教材

ISBN 978-7-111-74359-0

Ⅰ. ①单…　Ⅱ. ①张…　Ⅲ. ①单片微型计算机-高等学校-教材

Ⅳ. ①TP368.1

中国国家版本馆 CIP 数据核字（2023）第 229709 号

机械工业出版社（北京市百万庄大街 22 号　邮政编码 100037）
策划编辑：李馨馨　　　　　　　责任编辑：李馨馨　尚　晨
责任校对：杜丹丹　刘雅娜　　责任印制：张　博

北京雁林吉兆印刷有限公司印刷

2024 年 3 月第 2 版第 1 次印刷

184mm×260mm · 18.25 印张 · 449 千字

标准书号：ISBN 978-7-111-74359-0

定价：69.00 元

电话服务　　　　　　　　　　网络服务

客服电话：010-88361066　　机　工　官　网：www.cmpbook.com
　　　　　010-88379833　　机　工　官　博：weibo.com/cmp1952
　　　　　010-68326294　　金　书　网：www.golden-book.com
封底无防伪标均为盗版　　机工教育服务网：www.cmpedu.com

前　言

本书第 1 版撰写于 2015 年，自出版以来已被多所高等院校采用，得到了良好的反响。编者根据我国社会、经济和科学技术的发展情况，以及国家对人才培养的新要求，总结多年的教学经验，同时从提高学生解决实际工程问题能力出发，对第 1 版教材进行了修订，形成了第 2 版。

第 2 版依然保持了第 1 版的章节架构和主体内容，其相比第 1 版的主要修订之处如下：

（1）补充了视频资源，以新形态教材形式呈现。读者可以通过扫描书中二维码观看本书的配套教学视频。

（2）第 9 章增加了 9.2.3～9.2.6 节的内容。其中补充了关于液晶显示器使用、超声波测距传感器使用及直流电机转速 PID 控制等工程实际相关的内容，有助于读者掌握综合解决实际问题的能力。

（3）本次修订贯彻推进党的二十大精神进教材、进课堂、进头脑的理念，在拓展阅读中增加了课程思政内容。其内容涵盖了我国的优秀传统文化、优秀的科技和教育工作者，以及有代表性的优秀企业。旨在增强学生的文化自信，使学生更加了解我国科学家和教育工作者的爱国情怀，以及我国优秀企业所取得的创新性成果，以培养学生的民族自豪感、爱国主义情怀和创新精神。

本书由张仁彦、高正中、黄鹤松、薛琳和孙秀娟共同编写。张仁彦编写了第 1、3、4、5、6、8、9 章，并负责全书的统稿和定稿。高正中和黄鹤松编写了第 2 章。薛琳和孙秀娟编写了第 7 章。本书的视频资源由张仁彦、高正中、黄鹤松和孙秀娟共同录制。

感谢赵洪亮教授和郑丰隆教授在本书编写过程中给予的帮助。本书得到了山东科技大学自动化学院名校工程建设项目（项目编号：MX-JCJS-8）、山东科技大学 2020 年度在线课程建设项目（项目编号：ZXK2020047、ZXK2020052）、山东科技大学 2022 年度课程思政培育项目（项目编号：KCSZ202220）的资助，在此对学校和学院给予的支持表示衷心的感谢。

由于编者水平有限，且编写时间仓促，书中难免有错误和不妥之处，恳请各位读者批评指正。

编　者

目　录

第1章 绪 论

微型计算机（Microcomputer）是现代电子技术和信息技术发展的产物，在生产和生活中应用广泛。其中，最为人们所熟悉的是个人计算机（Personal Computer，PC）。本书所讲的单片机是一种将计算机各组成部分集成在一片芯片上的微型计算机，虽然不被普通用户所熟知，但同样广泛应用于人们的日常生活中，如电视机、电冰箱、打印机和扫描仪等家用电器和办公设备。本章将主要介绍一些与单片机相关的微型计算机的基础知识，为读者后续章节的学习奠定良好的基础。

1.1 微型计算机的发展历史

微课：微型计算机概述

从结绳计算、算筹到计算尺，人类从远古时期就已开始探索提高计算速度和效率的方法。

1642 年，法国数学家使用齿轮等配件制造了世界上第一台机械式计算机——帕斯卡加法器，这是人类从手动计算时代进入机械式计算时代的里程碑。

1801 年，法国机械师将穿孔纸带上的小孔用于自动提花机工作流程和步骤的控制，这是现代计算机程序设计思想的萌芽。而纸带上的"有孔"和"无孔"分别类似于二进制数的 0 和 1，是二进制数在机械控制中的早期应用。1843 年，英国数学家查尔斯·巴贝奇受这种"穿孔纸带"控制思想的启发，设计了一种通用的自动计算机器——分析机。分析机以齿轮为主要部件，由蒸汽机提供动力，齿轮存放数据，通过齿轮间的啮合完成计算，穿孔纸带控制运算过程。虽然由于设计理念超越时代，巴贝奇并没有成功地制造出一台实际可用的分析机，但是分析机已经具备了现代计算机的某些基本特征，如：存放数据的齿轮相当于存储器，齿轮啮合完成了运算器的工作，而穿孔纸带则是控制机器工作流程的程序。

1854 年，英国数学家布尔创立了布尔代数，这是现代计算机工作的重要理论基础之一。1936 年，"人工智能之父"艾伦·麦席森·图灵在其论文《论可计算数及其在判定问题上的应用》中提出了算法（Algorithm）的概念和一种抽象计算机（Computing Machine）模型——"图灵机"。图灵机的基本思想是用机器模拟人用纸笔进行计算的过程，是现代计算机和人工智能领域的开端。

与图灵同时代，被称为"计算机之父"的美国数学家冯·诺依曼研究了离散变量自动电子计算机（Electronic Discrete Variable Automatic Computer，EDVAC），并和他的研究小组发表了"存储程序的通用计算机方案"。该方案解决了计算机设计中的许多关键问题，其中三个主要设计思想需要本书读者掌握：

1）计算机采用的数制为二进制。采用二进制设计可降低计算机的结构复杂度。

2）计算机由五部分组成，包括运算器、控制器、存储器、输入设备和输出设备。其中，运算器可以完成各种算术和逻辑运算；控制器能够控制计算机的各部件协调工作；存储器用于存放程序指令和数据；输入和输出设备用于实现人与计算机之间的交互。

3）计算机的工作原理是"存储程序的原理"，即计算机工作之前，程序与数据预先存放在存储器的存储单元中；计算机工作时，控制器按照指令的存放顺序（存储单元的地址顺序）从存储单元中读取指令，然后分析并执行指令；若被执行的指令具有判断或转移的功能，则根据判断结果或转移要求确定后续指令读取的顺序，从而控制指令的执行顺序；上述过程将重复进行，直到遇到停机指令。

"存储程序的通用计算机方案"的提出标志着人类进入了电子计算机时代，是计算机科学发展的又一座里程碑。而按照该方案设计的计算机被称为"冯·诺依曼机"，世界上的第一台通用计算机"埃尼阿克"（Electronic Numerical Integrator And Calculator，ENIAC）就是按照该方案设计的。

从埃尼阿克起，微型计算机的发展经历了电子管计算机、晶体管计算机、集成电路计算机和大规模集成电路计算机四个阶段。电子管计算机以电子管为主要逻辑器件，使用磁鼓存储数据，体积大、运算速度慢，编程语言为机器语言；晶体管计算机以比电子管体积更小的晶体管为主要器件，采用磁芯存储器，速度快、价格昂贵，可以使用高级语言（如FORTRAN 语言）进行程序设计；集成电路将多个元器件集成在一片半导体芯片上，以集成电路为主要逻辑器件的计算机体积更小、速度更快、功耗更低；从 20 世纪 70 年代初开始至今，计算机进入了大规模集成电路时代，一片半导体芯片上可以集成几十万个甚至几百万个元器件，使得计算机的体积更小、价格更低、性能和可靠性更高。

1.2 微型计算机的组成

在微型计算机的五个组成部分（运算器、控制器、存储器、输入设备和输出设备）中，运算器和控制器是核心部分，由它们所构成的运算和控制中心被称为微处理器（Microprocessor）或中央处理单元（Central Processing Unit，CPU）。存储器用于存放程序指令和数据，可分为只读存储器（Read-Only Memory，ROM）和随机存取存储器（Random-Access Memory，RAM）两大类。输入/输出（I/O）设备因其电压、电流和数据传输速度等与微处理器不匹配，而必须通过输入/输出接口（I/O 接口）才能与微处理器相连。本节将介绍微型计算机系统的层次关系和体系结构及微型计算机各组成部分的功能和相关基础知识。

1.2.1 微型计算机系统的层次关系和体系结构

微处理器、存储器和 I/O 接口需要通过总线连接在一起，总线按功能可以分为三类：①地址总线（Address Bus，AB），负责传输存储单元的地址信息，微处理器通过地址信息才能找到存储单元或 I/O 接口；②数据总线（Data Bus，DB），负责在 CPU 和存储器（或 I/O 接口）之间传输数据；③控制总线（Control Bus，CB），用于传输微处理器的控制信号，如确定数据总线上的数据流向（数据由微处理器流向存储器或 I/O 接口时，被视为输出数据，即 CPU 执行"写"操作；反之，被视为输入数据，即 CPU 执行"读"操作）。

1. 微型计算机系统的层次关系

图 1-1 给出了微型计算机的组成结构，图 1-2 给出了微型计算机系统的层次关系，由这两个图可知，仅有微处理器无法构成微型计算机，而没有软件支持的微型计算机硬件也无法

工作，只有软件和硬件配合构成的微型计算机系统才能为人所用。

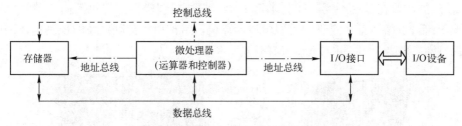

图 1-1　微型计算机的组成结构

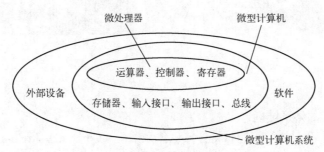

图 1-2　微型计算机系统的层次关系

在 PC 系统中，运算器和控制器集成在一片芯片上，被称为微处理器芯片，其外形如图 1-3 所示。而单片机是将微处理器、存储器和 I/O 接口集成在一片芯片上的单片型微型计算机，简称为单片机（Single-chip Computer），其外形如图 1-4 所示。

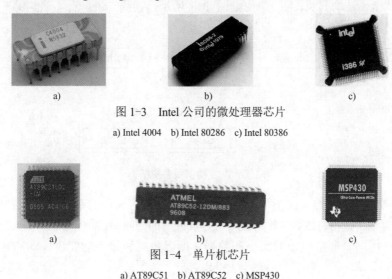

图 1-3　Intel 公司的微处理器芯片

a) Intel 4004　b) Intel 80286　c) Intel 80386

图 1-4　单片机芯片

a) AT89C51　b) AT89C52　c) MSP430

作为半导体芯片，微处理器芯片和单片机芯片均利用引脚与其他电路或芯片相连，其引脚按功能可以分为供电引脚、传输数据的引脚、传输地址的引脚、传输控制信号的引脚和其他辅助功能引脚，其中传输数据（Data）、地址（Address）和控制（Control）信号的引脚被称为总线（BUS）。

图 1-5 给出了 PC 系统和单片机系统的外观图。PC 系统的特点是功能丰富、用途广、价

格高，属于通用型微型计算机，其核心是集成了运算器和控制器的微处理器芯片，而存储器和 I/O 接口被放置在多块不同的印制电路板上。与通用型微型计算机不同，单片机功能简单、用途单一、价格便宜，属于专用型微型计算机，常被用作控制系统的控制器，因此也被称为微控制器（Microcontroller Unit，MCU）。

a)   b)

图 1-5   PC 系统与单片机系统的外观图

a) PC 系统   b) 单片机系统

2．微型计算机的体系结构

1964 年，IBM 公司的阿姆达尔将计算机体系结构（Computer Architecture）定义为"程序员所看到的计算机属性，即概念性结构与功能特性"。目前，主要的计算机体系结构有冯·诺依曼结构和哈佛结构。

（1）冯·诺依曼结构

按照冯·诺依曼的"存储程序的原理"所设计的计算机的体系结构为冯·诺依曼结构（也被称为普林斯顿结构），其系统结构如图 1-6 所示。使用 Intel 公司 x86 系列微处理器的 PC 均为冯·诺依曼结构。

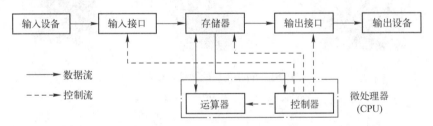

图 1-6   冯·诺依曼系统结构

冯·诺依曼结构的特点是，指令和数据存放在同一个存储器的不同存储单元中，使用同一套总线（地址总线、数据总线和控制总线）进行读或写的访问。这种体系结构的缺点是：

1）因为使用同一套总线访问指令和数据，所以数据和指令的宽度（即所含二进制数的位数）是相同的，而且不能同时访问指令和数据。

2）因为指令和数据在存储器中混合存放，为了避免混淆，必须在程序中进行存储器空间的逻辑划分，将指令和数据划分入不同的逻辑空间，例如：Intel 公司的 16 位 CPU 8086 将存储器划分成不同的逻辑段，包括：存放数据的数据段和存放指令的代码段等，这使得计算机程序的结构相对复杂。

（2）哈佛结构

计算机的哈佛结构如图 1-7 所示，与冯·诺依曼结构相比，其最大特点是指令和数据分别存放在不同的物理存储器中，并通过两套总线进行访问。这种结构的优点是：

1）指令和数据的宽度可以不同，可以实现指令和数据的同时访问。

2）因为指令和数据的存储空间在物理上是独立的，因此不需要在程序中进行存储器空间的逻辑划分，程序结构相对简单。哈佛结构因其能够有效提高计算机的数据吞吐量，而被广泛应用于嵌入式微型计算机，如以 MCS-51 单片机为代表的各种微控制器。

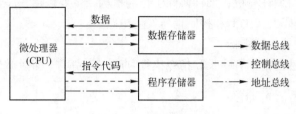

图 1-7 哈佛结构

1.2.2 微处理器

微处理器（CPU）是计算机的核心部件，其中除了运算器和控制器外，还包括用于暂存数据的寄存器和传输信息用的内部总线。图 1-8 为一个简化的 CPU 模型，CPU 需要通过三总线（数据总线、地址总线和控制总线）与存储器和 I/O 接口进行通信和联络。本小节将介绍微处理器各组成部件的功能以及微处理器的主要性能指标。

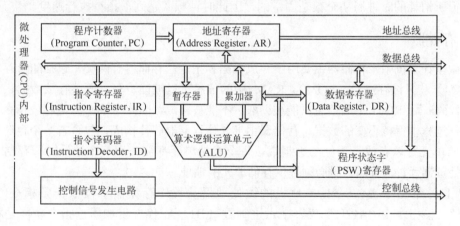

图 1-8 简化的 CPU 模型

1. 微处理器各部件的功能

（1）运算器

运算器由算术逻辑运算单元（Arithmetic and Logical Unit，ALU）、累加器和暂存器等部件构成。ALU 是运算器的核心部件，可以完成两个数的加法、减法、比较以及与、或、非等运算，参与运算的两个数分别由累加器和暂存器提供。ALU 的运算结果被送回累加器，并且运算结果的状态将被记录在程序状态字（Program Status Word，PSW）寄存器中。这里所谓的运算结果状态是指运算是否产生了进位、借位，运算结果是否为零，是否为负数等，每种状态均以 1 位二进制数来表示。

（2）寄存器

寄存器是 CPU 内部用于存储信息的物理器件。所谓的信息可以是数据、地址或指令。比如：累加器是用于存放数据的寄存器；PSW 是用于存放 ALU 运算结果状态的寄存器；而指令寄存器（IR）存放从存储器中读取的指令代码。

（3）控制器

控制器是控制和协调计算机各部件协同工作的机构，主要包括程序计数器（PC）、指令寄存器（IR）、指令译码器（ID）和控制信号发生电路。

2．微处理器的主要性能指标

微处理器的主要性能指标有字长和指令执行时间，分别用于衡量微处理器的运算能力和运算速度。

（1）字长

字长是微处理器一次可以处理的二进制数的位数。字长越长，CPU 的计算能力越强、计算速度越快。比如，Intel 公司 1971 年推出的第一代微处理器 Intel 4004（见图 1-3a）的字长是 4 位，每次只能进行 4 位二进制数计算，4 位二进制无符号数的数值范围是 0～15；而该公司生产的微处理器 Intel 80386（如图 1-3c 所示）的字长是 32 位，每次可以完成 32 位二进制数的计算，32 位二进制无符号数的数值范围是 0～4294967295。

（2）指令执行时间

指令执行时间越短，速度越快。指令执行的时间与微型计算机的时钟频率有关，每条指令执行所消耗的时钟周期个数是固定的，因此时钟频率越高，指令执行速度越快。

1.2.3　存储器

在微型计算机中，存储器主要用于存放数据和指令。存储器有两类，包括随机存取存储器（RAM）和只读存储器（ROM）。RAM 中的信息可以被读、写，既能存放数据，也能存放指令代码。而 ROM 中的信息只能被读取，不能被修改，因此 ROM 只能存放指令代码或程序执行过程中保持不变的数据。存储器由半导体存储器芯片构成，包含若干个存储单元，每个存储单元可以存放若干位二进制数，每个存储单元都被分配一个地址，即存储单元地址。微处理器读、写存储器时必须提供存储单元的地址。

图 1-9 给出了 MCS-51 单片机的微处理器从程序存储器中读取一条指令"MOV A,#12H"（该指令中"#12H"代表十六进制数 12H，A 代表累加器，指令功能是将数字 12H 送入累加器）的过程示意图，可以帮助读者更好地理解计算机的工作原理，即"存储程序的原理"，另外该图中的①～⑤是指令执行步骤的序号。如图 1-9 所示，访问存储器时必须提供被访问存储单元的地址，而被取指令在程序存储器中的存放地址由程序计数器（PC）提供。读指令的过程中，PC 的值会自动增加（当程序出现分支或循环时可能是减小）指向下一个存储单元，为取下一个指令做准备。需要注意的是，指令操作码用于指明指令要完成的操作，需要经指令译码器翻译后才能被 CPU "理解"，而指令操作数是被指令处理的数据，不需要指令译码器翻译。另外，单片机进行数据存储器读、写的过程与读取指令操作数的过程类似，主要差别是数据存放在数据存储器中，并且其存储单元的地址不由 PC 提供。

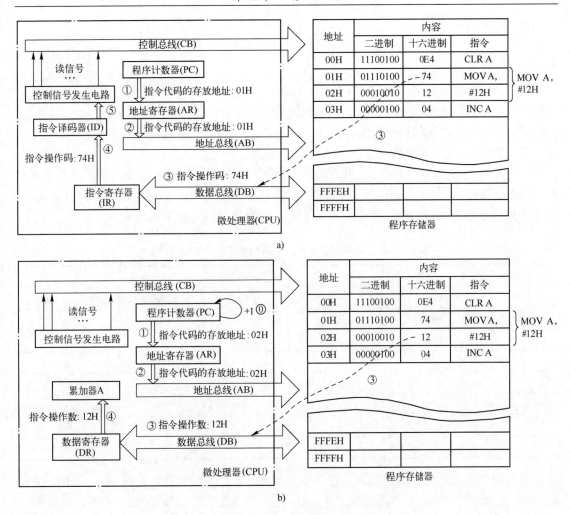

图 1-9 读取指令 "MOV A,#12H" 的过程示意图

a) 读取操作码 b) 读取操作数

1.2.4 I/O 接口

I/O 接口是微处理器和 I/O 设备之间的桥梁，常用的 I/O 接口包括串行通信接口、定时器接口和模拟通道接口等。I/O 接口通过三总线与微处理器相连，为了区分各 I/O 接口，CPU 给每个 I/O 接口分配固定且不同的地址。与访问存储器类似，CPU 访问 I/O 接口时也需先将 I/O 接口的地址送入地址总线，然后再通过数据总线传输数据。

1.3 微型计算机的数制和编码

在微型计算机中，所有信息（如数值、符号和图像等）均以二进制形式存储、传输和计算。由于二进制数冗长、不方便读写和辨认，因此，现代微型计算机也支持编程时使用书写长度更短的十六进制数和十进制数，同时也为各种非数值信息提供了相应的数值编码（即用数值表示非数值信息）方法。

1.3.1　数制

微课：计算机中
的数制

计算机应用中，最常用的数制有二进制（Binary）、十六进制（Hexadecimal）和十进制（Decimal）。本小节将介绍这三种进制的数值表示方法，以及它们之间的转换方法。

1. 进制数的表示和计算

二进制数由数字 0 和 1 表示，十进制数由数字 0～9 表示，而十六进制数则由数字 0～9 以及大写的英文字母 A、B、C、D、E、F 或小写的英文字母 a、b、c、d、e、f 表示。表 1-1 给出了部分二进制数、十进制数和十六进制数之间的对应关系。

表 1-1　部分二进制数、十进制数和十六进制数的对照表

十进制数	二进制数	十六进制数	十进制数	二进制数	十六进制数
0	0000	0	8	1000	8
1	0001	1	9	1001	9
2	0010	2	10	1010	A
3	0011	3	11	1011	B
4	0100	4	12	1100	C
5	0101	5	13	1101	D
6	0110	6	14	1110	E
7	0111	7	15	1111	F

数值通常以其数制的英文名称的开头字母（大、小写均可）为后缀，例如：10B、7FH 和 39D 分别为二进制、十六进制和十进制数。十进制数的后缀字母 D 可以省略。进行加法计算时，二进制数、十进制数和十六进制数分别遵循“逢二进一”“逢十进一”和“逢十六进一”的原则。例如：1B+01B=10B；09D+1D=10D；09H+1H=0AH。

2. 进制的转换

任意一个数 $a_{n-1}a_{n-2}\cdots a_0a_{-1}a_{-2}\cdots a_{-m}$，无论其以何种进制表示，都可以按照下式转换成对应的十进制数 N：

$$N=\sum_{i=-m}^{n-1}a_ib^i=a_{n-1}b^{n-1}+a_{n-2}b^{n-2}+\cdots+a_0b^0+a_{-1}b^{-1}+a_{-2}b^{-2}+\cdots+a_{-m}\times b^{-m} \qquad （1-1）$$

式中，b 为基数，二进制数、十进制数和十六进制数的基数分别为 2、10 和 16；a_i 为数的第 i 位，是在 0～$(b-1)$ 范围内的自然数；b^i 为该数第 i 位的权值；n 和 m 分别为该数整数部分和小数部分的位数。可见，将任意进制数转换为十进制数是一个加权求和的过程。例如，十六进制数 0FAH=$(0FH\times16^1+0AH\times16^0)$ =$(15\times16+10\times1)$ =250D=250。

二进制数、十六进制数和十进制数之间的转换方法如图 1-10 所示。将十进制数转换为二进制数和十六进制数时，应重复进行除法，直到余数为 0 为止，并且各次除法所得的余数中，最先得到和最后得到的余数分别为转换结果的最低位和最高位，其他依此类推。

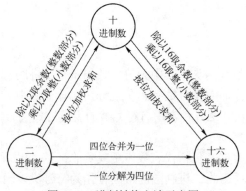

拓展阅读：莱布尼茨与中国文化

图 1-10 进制转换方法示意图

【例 1-1】 将十进制数 57 分别转换为二进制数和十六进制数。

解：转换过程为

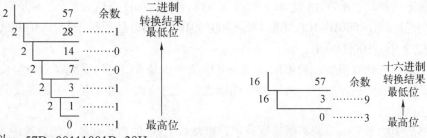

转换结果为：57D=00111001B=39H。

【例 1-2】 将二进制数 00111001.010111B 转换为十六进制数。

解：转换过程中使用"四位合并为一位"的方法，具体操作为

$$\underbrace{0011}_{3}\ \underbrace{1001}_{9}\ .\ \underbrace{0101}_{5}\ \underbrace{1100}_{C}\ \text{B}\ \text{H}$$

转换结果为：00111001.010111B=39.5CH。

将十进制小数转换为二进制小数的方法为"乘二取整法"，具体步骤为：首先，将待转换的十进制小数乘以 2，乘积的整数部分作为转换结果的一位，乘积的小数部分继续乘以 2，并重复上述操作，直到乘积的小数部分为 0 为止；然后，将所有的乘积整数部分按照最先得到的为最高位、最后得到的为最低位的次序排列在一起，即为转换结果。若乘积的小数部分始终不为 0，则可以根据对转换结果小数位个数的要求，终止乘法操作。

【例 1-3】 将十进制数 0.756 转换为二进制数。

解：转换过程为

```
              0.756
         ×      2          整数部分        转换结果
         ─────────                        最高位
              1.512     ········ 取整得1
              0.512
         ×      2
         ─────────
              1.024     ········ 取整得1
              0.024
         ×      2
         ─────────
              0.048     ········ 取整得0
              0.048
         ×      2
         ─────────
              0.096     ········ 取整得0        最低位
```

转换结果为：0.756≈0.11B。

1.3.2 数据在计算机中的表示

微课：数据在计算机中的表示

数据可以分为无符号数和有符号数两类，其中无符号数的所有二进制位都是数值位，处理起来比较简单；而有符号数有正负之分，在计算机中表示和处理起来相对复杂。本节重点介绍几种常用有符号数的表达方式。

1. 真值和机器数

计算机只能以二进制形式处理数据，包括代表数值正或负的符号"+"和"−"也只能用二进制数表示。在现代计算机中，通常将二进制数的最高位作为符号位以表示数的正负，该位为 0 代表正号，为 1 代表负号。这种将符号进行数值化表示的数被称为机器数，而其对应的原始数据被称为真值。

2. 原码

原码就是机器数。通常用$[X]_{原}$表示数据 X 的原码。例如，真值+18 和−18 所对应的 8 位机器数分别是$[+18]_{原}$=00010010B 和$[-18]_{原}$=10010010B。另外计算机中存在+0 和−0，$[+0]_{原}$=00000000B、$[-0]_{原}$=10000000B。

需要注意，在计算机中，数据所含二进制位的个数是有限的，受到 CPU 字长的限制。因此，将真值转换成机器数时，必须预先明确机器数的位数。这一点，在处理反码和补码时也同样要注意到。

在本书后面的章节中，若不做特别声明，则默认 CPU 的字长和数据的位数均为 8 位。

3. 反码

正数的反码和原码相同。负数反码的最高位（即符号位）为 1，其余各位为原码各位按位取反。数据 X 的反码用$[X]_{反}$表示。例如：$[+18]_{反}$=00010010B；$[-18]_{反}$=11101101B。+0 和−0 的反码不同，$[+0]_{反}$=00000000B、$[-0]_{反}$=11111111B。

4. 补码

正数的补码与原码相同，通过以下两种方法可以得到负数 X 的补码：

1）$[X]_{补}=[X]_{反}+1$。

2）$[X]_{补}=2^n+X$。其中，n 是二进制数的位数；2^n 为 n 位二进制数的"模"（可以理解为 n 位二进制数所能表示的不同的数的个数）。

对一个字长为 n 的 CPU，若 $X>0$，则(2^n+X)的结果是 X。因为，字长为 n 的 CPU 只能完成 n 位二进制运算。当加法结果大于模 2^n 时，将产生进位，使得运算结果中超出模的部分被舍弃掉，而被舍弃掉的部分的数值大小为 2^n，进一步可知，对于任意整数 m，$(2^n+m×X)$的结果也是 X。在数学上，这种情况被称为"同余"，即两个整数 a 和 b 除以同一个整数 K 后所得的余数相同，被称为 a 和 b 对于模 K "同余"，记作：$a(\bmod K)=b(\bmod K)$。对于 n 位的 CPU 来说，在进行加减计算时，对于模 2^n 同余的两个数之间并没有差别。

另外，设 X 和 Y 为整数，则补码还有以下运算规则：

$$\{[X]_{补}\}_{补}=[X]_{原}$$

$$[X+Y]_{补}=2^n+(X+Y)=2^n+2^n+(X+Y)=(2^n+X)+(2^n+Y)=[X]_{补}+[Y]_{补}$$

$$[X-Y]_{补}=2^n+(X-Y)=2^n+2^n+(X-Y)=(2^n+X)+[2^n+(-Y)]=[X]_{补}+[-Y]_{补}$$

若补码为 8 位二进制数，则$[-18]_{补}=2^8+X$=256−18=238=11101110B。另外，也可以计算正

数的补码。例如：+18 的 8 位二进制补码为$[+18]_\text{补}=2^8+18=18(\bmod\ 256)=18$，需要说明的是，该计算过程的最后一个等号是成立的，因为 8 位二进制数计算过程中，第 7 位（最高位）的进位无法保存将被舍弃掉。

另外，根据补码的计算方法可知，+0 和-0 的补码相同，$[-0]_\text{补}=[+0]_\text{补}=00000000B$。

在现代微型计算机中，有符号数会自动被计算机转换成补码，并以补码的形式存放和参与计算。在补码计算过程中，符号位也参与计算，即便如此，也能得到正确的计算结果，并且引入补码后，可以将减法运算转换为补码的加法运算。

【例 1-4】 设 $x=45$，$y=31$，计算 $z=x-y$。

解： $[x-y]_\text{补}=[x]_\text{补}+[-y]_\text{补}=[45]_\text{补}+[-31]_\text{补}=(45+225)(\bmod\ 256)=270(\bmod\ 256)=14$。在 8 位 CPU 的计算过程中，不可能得到大于 255 的计算结果 270，而只能得到与 270 关于 256 同余的 14。计算结果为：$z=14$。

【例 1-5】 设 $x=31$，$y=45$，计算 $z=x-y$。

解： 因为$[x-y]_\text{补}=[x]_\text{补}+[-y]_\text{补}=[31]_\text{补}+[-45]_\text{补}=31+211=242=[-14]_\text{补}$，所以 $z=x-y=-14$。

【例 1-6】 设 $x=250$，$y=10$，计算 $z=x+y$。

解： $x+y=(250+10)\ (\bmod\ 256)=260\ (\bmod\ 256)=4(\bmod\ 256)=4$。若将 x 和 y 当作无符号数，则在 8 位 CPU 的计算过程中，由于 260>255，使得 CPU 产生进位，最终运算结果为与 260 同余，且小于 256 的 4。可见，当进位产生时，CPU 的无符号数计算结果不正确。

【例 1-7】 设 $x=65$，$y=78$，计算 $z=x+y$。

解： 计算过程为

$$
\begin{array}{r}
65\\
+\ 78\\
\hline
143
\end{array}
\Longrightarrow
\begin{array}{r}
01000001B\\
+\ 01001110B\\
\hline
10001111B
\end{array}
\Longrightarrow
\begin{array}{r}
[65]_\text{补}\\
+[78]_\text{补}\\
\hline
[-113]_\text{补}
\end{array}
$$

└── 符号位为1，是负数

计算结果为：$z=143$。需要特别注意的是，如果将 x 和 y 当作无符号数，则运算结果 143 是正确的；但是，如果将 x 和 y 当作有符号数，则 143 是实际运算结果的补码表示，而 143 是-113 的补码，这意味着，两个正数的和为负数，这种错误被称为有符号数计算的"溢出"，产生该错误的原因是，8 位有符号数的数值范围是-128～+127，而 143 已经超出该范围。可见，CPU 的运算结果是否正确，最终需由程序设计者根据计算需要来确定。

1.3.3 常用编码

在计算机中，常用的编码有 BCD 码和 ASCII 码。

1. BCD 码

微课：计算机中的常用编码

BCD 码的英文表达为 Binary Coded Decimal。顾名思义，BCD 码是用二进制编码的十进制数，只能由 0～9 的数字构成，并且按照十进制的"逢十进一"法则进行运算。BCD 码又分为压缩 BCD 码和非压缩 BCD 码两种，其中：压缩 BCD 码用 4 位二进制数表示 1 位十进制数；而非压缩 BCD 码用 8 位二进制数表示 1 位十进制数。另外，因为按照表 1-1 可以方便地进行 4 位二进制数与 1 位十六进制数的转换，并且与二进制数相比，十六进制数更易于书写和记忆，所以，在实际应用中通常将 BCD 码表示为十六进制数，见表 1-2。

表 1-2 部分数的 BCD 码表

十进制数	压缩 BCD 码 （十六进制表示）	非压缩 BCD 码 （十六进制表示）	十进制数	压缩 BCD 码 （十六进制表示）	非压缩 BCD 码 （十六进制表示）
0	00H	0000H	7	07H	0007H
1	01H	0001H	8	08H	0008H
2	02H	0002H	9	09H	0009H
3	03H	0003H	10	10H	0100H
4	04H	0004H	31	31H	0301H
5	05H	0005H	75	75H	0705H
6	06H	0006H	99	99H	0909H

【例 1-8】 设 x 和 y 均为压缩 BCD 码，并且 x=68H，y=15H，计算 $z=x+y$。

解：$x+y$=68H+15H=83H。虽然，x 和 y 的后缀是代表十六进制数的字母"H"，但是作为 BCD 码，计算 x 和 y 的和时，要遵循"逢十进一"的十进制计算法则。

2. ASCII 码

除了数值信息外，计算机还需处理字符、按键等非数值信息。而这些非数值信息也必须以二进制数的方式进行编码处理。ASCII 码是美国信息交换标准代码（American Standard Code for Information Interchange）的简称，是一种应用广泛的编码方法。

每个 ASCII 编码均由 7 位二进制数构成，表 1-3 所示的 ASCII 码表包含 128 个字符的 ASCII 码。这些字符可以分成两类，包括：①图形字符，这类字符可以打印和显示，如键盘上的英文字母"A""B"和标点符号"，""。"等；②控制类字符，这类字符不能被打印和显示，主要用于计算机的控制操作，如 PC 键盘上的<Enter>键和<Shift>键等。

表 1-3 ASCII 码表

ASCII 码	字符	ASCII 码	字符	ASCII 码	字符	ASCII 码	字符	ASCII 码	字符	ASCII 码	字符	ASCII 码	字符	ASCII 码	字符
0H	NUL	10H	DLE	20H	SP	30H	0	40H	@	50H	P	60H	`	70H	p
1H	SOH	11H	DC1	21H	!	31H	1	41H	A	51H	Q	61H	a	71H	q
2H	STX	12H	DC2	22H	"	32H	2	42H	B	52H	R	62H	b	72H	r
3H	ETX	13H	DC3	23H	#	33H	3	43H	C	53H	S	63H	c	73H	s
4H	EOT	14H	DC4	24H	$	34H	4	44H	D	54H	T	64H	d	74H	t
5H	ENQ	15H	NAK	25H	%	35H	5	45H	E	55H	U	65H	e	75H	u
6H	ACK	16H	SYN	26H	&	36H	6	46H	F	56H	V	66H	f	76H	v
7H	BEL	17H	ETB	27H	'	37H	7	47H	G	57H	W	67H	g	77H	w
8H	BS	18H	CAN	28H	(	38H	8	48H	H	58H	X	68H	h	78H	x
9H	HT	19H	EM	29H	)	39H	9	49H	I	59H	Y	69H	i	79H	y
0AH	LF	1AH	SUB	2AH	*	3AH	:	4AH	J	5AH	Z	6AH	j	7AH	z
0BH	VT	1BH	ESC	2BH	+	3BH	;	4BH	K	5BH	[	6BH	k	7BH	{
0CH	FF	1CH	FS	2CH	,	3CH	<	4CH	L	5CH	\	6CH	l	7CH		
0DH	CR	1DH	GS	2DH	–	3DH	=	4DH	M	5DH	]	6DH	m	7DH	}
0EH	SO	1EH	RS	2EH	.	3EH	>	4EH	N	5EH	^	6EH	n	7EH	~
0FH	SI	1FH	US	2FH	/	3FH	?	4FH	O	5FH	–	6FH	o	7FH	DEL

1.4　单片机简介

单片机是将微型计算机的多个部件集成在一片芯片上的单片型微型计算机，是微型计算机领域的一个主流分支。

1.4.1　单片机的发展和应用

1971 年，Intel 公司成功研制出世界上第一个微处理器。之后，微处理器技术飞速发展，微处理器体积更小、功能更强，也使得计算机的微型化得以实现。

1976 年，Intel 公司研制出 MCS-48 系列单片机，该单片机的 CPU 字长为 8 位，是世界上第一款真正意义上的"单片机"。之后，Intel 公司又于 1980 年推出了 8 位的 MCS-51 系列单片机（简称为 MCS-51 单片机），该系列单片机简单、易学、性价比高，是目前应用数量最多、最广泛的单片机之一。MCS-51 单片机具有完善的总线集中管理功能和丰富的逻辑控制指令，奠定了单片机技术发展的基础。

目前，低功耗、微型化、专用化是单片机的主要发展趋势。随着电子技术的发展，更多的 I/O 接口可以被集成到单片机内部，使得单片机的功能更丰富、多样。另外，目前单片机的字长可以达到 64 位，随着字长的提高，单片机的运算能力也得到了显著提高。

单片机的技术特点侧重于控制应用，因其体积小、控制功能强、可靠性高、功耗低和接口丰富等特点，而被广泛应用于智能仪表（如频率计、示波器和万用表）、家电产品（如空调器、洗衣机和电冰箱）及医疗设备（如呼吸机、心电图仪和超声波扫描仪）等产品中。

1.4.2　MCS-51 系列单片机概况

MCS-51 系列单片机一经推出，就得到了广泛的应用。之后，Intel 公司致力于高性能微处理器的开发，逐渐淡出 MCU 研发领域，并将 MCS-51 单片机的核心技术授权与其他公司。这些公司将自己的优势技术应用于单片机研究，开发出具有自身性能优势的 MCS-51 单片机兼容产品。现在，人们习惯将与 MCS-51 内核兼容的单片机称为 MCS-51 单片机或 51 单片机。

目前，生产 MCS-51 兼容单片机的公司主要有 Ateml、NXP、STC 和 SST 等。其中 Ateml 公司将闪存（Flash）技术用于单片机，开发出了 AT89C51 和 AT89C52 两大系列单片机，其中 AT89S 系列单片机支持在系统编程（ISP）。STC 公司生产的 STC89 系列单片机支持在系统编程（ISP）和在应用编程（IAP）、速度快、功耗低，应用较多。SST 公司生产的 SST89 系列单片机最大特点是仅用单片机串口就可以进行在线仿真。

1.5　小结

单片机是一种应用广泛的单片型微型计算机。本章首先结合微型计算机的发展历史，介绍了其组成及工作原理；然后，讲解了微型计算机中常用的数制和编码方法；最后，简单介绍了单片机技术的发展历史和应用情况及 MCS-51 系列单片机的概况。

1.6 习题

1. 简述单片机系统与 PC 系统之间的异同点。

2. 列举目前工业现场应用较多的几款单片机，并比较各单片机之间的性能特点。

3. 简述现代高性能单片机的发展趋势。

4. 将下列十进制数分别转换为二进制数、十六进制数和压缩 BCD 码。

（1）250　　（2）74　　（3）99　　（4）63

5. 将下列十进制数分别转换为 8 位二进制数的原码、反码和补码。

（1）0　　（2）-50　　（3）-128　　（4）-49

6. 若将下列 8 位二进制数当作 8 位无符号数，求其对应的十进制数（真值）。若将下列 8 位二进制数当作有符号数的补码，求其对应的十进制数（真值）。

（1）10011000B　　（2）01101001B　　（3）10100011B　　（4）01111011B

7. 已知下列十六进制数据，若分别将其作为有符号数的原码、补码表示时，其真值各是多少？

（1）78H　　（2）B2H　　（3）83H　　（4）36H

第2章 MCS-51单片机的基本结构

MCS-51单片机由Intel公司设计，结构简单、功能丰富。本章将介绍MCS-51单片机的体系结构、内部资源、引脚功能特性及基本外围电路的设计方法。

2.1 MCS-51单片机的体系结构

MCS-51单片机内部集成了微处理器、存储器、输入接口和输出接口，其体系结构如图2-1所示。在MCS-51单片机中，ROM存放程序代码，RAM存放数据，因此ROM和RAM分别被称为程序存储器和数据存储器。因为，程序存储器和数据存储器是独立分开的，所以MCS-51单片机属于哈佛体系结构。

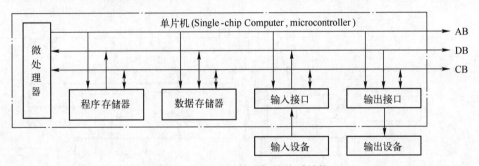

图2-1 MCS-51单片机的体系结构

MCS-51单片机又分为51和52两个子系列，其主要内部资源的配置情况见表2-1，其中51子系列的结构框图如图2-2所示。在表2-1中，字母B表示字节（Byte），芯片名称中

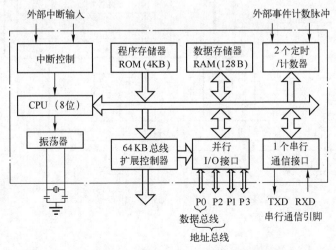

图2-2 MCS-51单片机51子系列的结构框图

的 C 表示该单片机是 CHMOS 器件。分析表 2-1 可知：①52 子系列的内部资源比 51 子系列多，如前者内部定时器和中断源均比后者多 1 个，而且片内存储器容量大 1 倍；②8031、80C31、8032 和 80C32 没有片内 ROM 存储器，使用这些单片机时，必须扩展片外的程序存储器。

表 2-1   MCS-51 单片机的资源配置

子系列 / 资源配置	片内 ROM			片内 ROM 容量	片内 RAM 容量	定时/计数器（个数×位数）	中断源个数
	无	ROM	EPROM				
51 子系列	8031	8051	8751	4KB	128B	2×16	5
	80C31	80C51	87C51	4KB	128B	2×16	5
52 子系列	8032	8052	8752	8KB	256B	3×16	6
	80C32	80C52	87C52	8KB	256B	3×16	6

2.2   MCS-51 单片机的内部资源

MCS-51 单片机的内部结构如图 2-3 所示，其内部主要有以下资源：

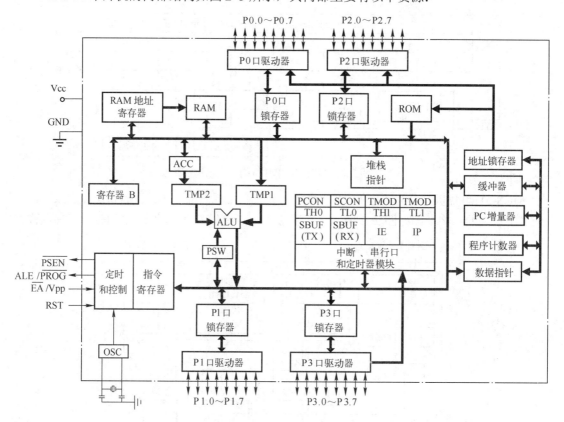

图 2-3   MCS-51 单片机的内部结构

1）8 位 CPU。

2）布尔处理器，具有位逻辑处理能力。

3）4KB/8KB 片内程序存储器（ROM）。

4）128B/256B 片内数据存储器（RAM）。

5）扩展 64KB 程序存储器空间的控制电路。

6）扩展 64KB 数据存储器空间的控制电路。

7）2/3 个 16 位定时/计数器。

8）32 位双向且可独立寻址的 I/O 线，即 4 个 8 位并行 I/O 接口。

9）一个可编程全双工异步串行接口。

10）5/6 个中断源，有 2 个中断优先级。

11）片内时钟振荡器。

本节将介绍 MCS-51 单片机片内资源的功能和配置情况。

2.2.1　中央处理器（CPU）

MCS-51 单片机的 CPU 字长为 8 位，内部包含运算器、控制器和特殊功能寄存器。由于特殊功能寄存器在功能和使用方法方面与存储器比较相似，因此将与存储器一同讲解。本小节仅介绍运算器和控制器的基本情况。

1. 运算器

运算器包含 1 个 8 位的算术逻辑运算单元（ALU）、2 个暂存器（TMP1 和 TMP2）、累加器 ACC、寄存器 B、程序状态字寄存器（PSW）和 1 个布尔处理器。

算术逻辑运算单元 ALU 可以进行 1 个字节（8 位二进制数）的加、减、乘、除等算术运算和"与""或""非"等逻辑运算。

累加器 ACC 和寄存器 B 均是 8 位寄存器。进行算术逻辑运算时，ACC 提供数据和保存运算结果。在进行乘、除法运算时，寄存器 B 与 ACC 配合，提供数据并保存运算结果。

程序状态寄存器 PSW 是 8 位寄存器，其中的二进制位用于记录算术逻辑运算结果的状态，如加法是否产生进位、有符号运算结果的符号等。

布尔处理器以 PSW 中的最高位 CY 为位累加器，可以进行 1 个二进制位的逻辑运算，包括"与""或""非"等操作。

2. 控制器

控制器是 CPU 的核心，控制、协调整个单片机系统的工作，包括程序计数器（PC）、指令寄存器（IR）、指令译码器（ID）、地址寄存器（AR）、时钟振荡器和定时控制电路等。

程序计数器 PC 是 16 位的寄存器，PC 中的数作为地址指向程序存储器，由其确定接下来 CPU 将从程序存储器中的哪一个字节单元读取指令代码。单片机读取一条指令，PC 中地址将自动改变，以指向下一个读取指令的存储单元。因为 PC 所提供的地址是 16 位的，所以 MCS-51 单片机所支持的程序存储区最大容量为 2^{16} 个字节单元，即 64KB，其地址范围为 0000H～FFFFH。

地址寄存器 AR 将接收 PC 的值，该值将被送上地址总线，用于选中程序存储器的存储单元。之后，该存储单元中存放的指令代码，将通过数据总线传送给 IR。

IR 中的指令代码将被送入 ID。ID 翻译该指令代码后，CPU 将产生控制信号，用于控制单片机完成指令代码所指定的操作。

可见，PC 的值决定了 CPU 取指令的顺序，也决定了程序执行的顺序。

时钟振荡器和定时控制电路的作用是产生时钟信号，该时钟信号起到指挥的作用，用于协调单片机各部件相互配合、有序工作。

2.2.2 存储器和寄存器

单片机内部可以存放信息的硬件资源包括存储器和寄存器。存储器可以分为两类，分别是存储程序的程序存储器（ROM）和存储数据的数据存储器（RAM）。存储器按照其所处位置又可以被分为片内和片外两种。寄存器通常具有某些特殊的功能，被称为特殊功能寄存器（Special Function Register，SFR）。

微课：MCS-51
的存储区概况

1. 片内数据存储器

MCS-51 单片机片内 RAM 的地址范围如图 2-4 所示，其中 52 子系列单片机的高 128B RAM 又被称为附加 RAM 区。

图 2-4 MCS-51 单片机片内数据存储器（RAM）的地址范围

a) 51 子系列 b) 52 子系列

2. 特殊功能寄存器

MCS-51 单片机内部有很多特殊功能寄存器，见表 2-2。特殊功能寄存器不但有地址，而且还有专属的符号名称（如 PCON、SCON 和 PSW 等）。比较图 2-4 和表 2-2 中的地址可以发现，特殊功能寄存器的地址范围为 80H～FFH，与 52 子系列单片机片内 RAM 高 128B 单元的地址范围重叠。因此，在通过地址访问片内 RAM 高 128B 存储单元和特殊功能寄存器时，必须通过数据的寻址方式明确该地址对应的是片内 RAM 还是 SFR。特殊功能寄存器的寻址方式是直接寻址，片内 RAM 高 128B 单元的寻址方式是寄存器间接寻址。

表 2-2 MCS-51 单片机特殊功能寄存器表

功能分类	符号	名称	字节地址
运算器	ACC	累加器	0E0H
	B	B 寄存器	0F0H
	PSW	程序状态字	0D0H
控制器	SP	堆栈指针	81H
	DPH	DPH 和 DPL 分别是 DPTR（数据指针的高字节和低字节）	83H
	DPL		82H
并行 I/O 口	P0	P0 口锁存寄存器	80H
	P1	P1 口锁存寄存器	90H

（续）

功能分类	符号	名称	字节地址
并行 I/O 口	P2	P2 口锁存寄存器	0A0H
	P3	P3 口锁存寄存器	0B0H
中断控制逻辑	IP	中断优先级控制寄存器	0B8H
	IE	中断允许控制寄存器	0A8H
定时器	TMOD	定时器/计数器工作方式寄存器	89H
	T2CON*	定时器/计数器 2 控制寄存器	0C8H
	TCON	定时器/计数器控制寄存器	88H
	TH0	定时器/计数器 0（高字节）	8CH
	TL0	定时器/计数器 0（低字节）	8AH
	TH1	定时器/计数器 1（高字节）	8DH
	TL1	定时器/计数器 1（低字节）	8BH
	TH2*	定时器/计数器 2（高字节）	0CDH
	TL2*	定时器/计数器 2（低字节）	0CCH
	RCAP2H*	定时器/计数器 2 记录寄存器（高字节）	0CBH
	RCAP2L*	定时器/计数器 2 记录寄存器（低字节）	0CAH
串行通信	SCON	串行口控制寄存器	98H
	SBUF	串行数据缓冲器	99H
	PCON	电源控制寄存器	87H

注：带"*"寄存器仅为 52 子系列单片机所有，在 51 系列单片机中不存在。

"寻址"是汇编源程序设计中的概念，本书将在第 3 章的 3.3 节中详细介绍与寻址有关的知识。

另外，某些特殊功能寄存器中的二进制位也有地址，即位地址。有位地址的位可以通过位寻址的方式单独访问。表 2-3 给出了 51 子系列单片机中可以按位寻址的特殊功能寄存器各位的位地址和位名称，在指令中位地址与位名称的作用相同。例如，PSW 的第 5 位的位地址可以用几种等价的方式来表示，包括：PSW.5（5 是该位在所属字节中的位序号）、0D0H.5（0D0H 是 PSW 的字节地址）、0D5H（PSW 的第 5 位的位地址）和 F0（PSW 的第 5 位的位名称）。

表 2-3　特殊功能寄存器的位地址和位名称表

寄存器名	位名称/位地址								字节地址	是否能按位寻址
位序号	D7	D6	D5	D4	D3	D2	D1	D0		
B	F7H	F6H	F5H	F4H	F3H	F2H	F1H	F0H	0F0H	是
ACC	E7H	E6H	E5H	E4H	E3H	E2H	E1H	E0H	0E0H	是
PSW	CY	AC	F0	RS1	RS0	OV	F1	P	0D0H	是
	D7H	D6H	D5H	D4H	D3H	D2H	D1H	D0H		
IP	—	—	—	PS	PT1	PX1	PT0	PX0	0B8H	是
	BFH	BEH	BDH	BCH	BBH	BAH	B9H	B8H		
P3	P3.7	P3.6	P3.5	P3.4	P3.3	P3.2	P3.1	P3.0	0B0H	是
	B7H	B6H	B5H	B4H	B3H	B2H	B1H	B0H		
IE	EA	—	—	ES	ET1	EX1	ET0	EX0	0A8H	是
	AFH	AEH	ADH	ACH	ABH	AAH	A9H	A8H		

（续）

位序号 寄存器名	位名称/位地址								字节地址	是否能 按位寻址
	D7	D6	D5	D4	D3	D2	D1	D0		
P2	P2.7	P2.6	P2.5	P2.4	P2.3	P2.2	P2.1	P2.0	0A0H	是
	A7H	A6H	A5H	A4H	A3H	A2H	A1H	A0H		
SBUF									99H	否
SCON	SM0	SM1	SM2	REN	TB8	RB8	TI	RI	98H	是
	9FH	9EH	9DH	9CH	9BH	9AH	99H	98H		
P1	P1.7	P1.6	P1.5	P1.4	P1.3	P1.2	P1.1	P1.0	90H	是
	97H	96H	95H	94H	93H	92H	91H	90H		
TH1									8DH	否
TH0									8CH	否
TL1									8BH	否
TL0									8AH	否
TMOD	GATE	C/T	M1	M0	GATE	C/T	M1	M0	89H	否
TCON	TF1	TR1	TF0	TR0	IE1	IT1	IE0	IT0	88H	是
	8FH	8EH	8DH	8CH	8BH	8AH	89H	88H		
PCON	SMOD	—	—	—	GF1	GF0	PD	IDL	87H	否
DPH									83H	否
DPL									82H	否
SP									81H	否
P0	P0.7	P0.6	P0.5	P0.4	P0.3	P0.2	P0.1	P0.0	80H	是
	87H	86H	85H	84H	83H	82H	81H	80H		

需要特别注意的是，只有字节地址能够被 8 整除的特殊功能寄存器中的位才有位地址，才能按位寻址。

3．片内数据存储器的划分

片内数据存储器的不同区域有不同的寻址方式，其划分如图 2-5 所示。为了强调区分特殊功能寄存器区与 52 子系列附加通用 RAM 区的方法，图 2-5 中也给出了 SFR 区的寻址方式。

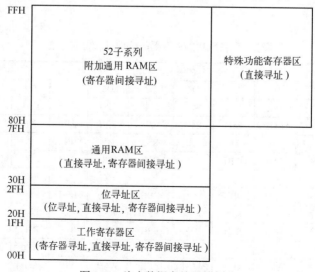

图 2-5 片内数据存储器的划分

（1）工作寄存器区

工作寄存器区共有 32 个字节，分成 0 区、1 区、2 区和 3 区，共 4 个子区，见表 2-4。每个子区均有 R0～R7 共 8 个工作寄存器。单片机 CPU 每一时刻只能使用一个工作寄存器子区，所用寄存器子区由 PSW 寄存器的 PSW.4 位和 PSW.3 位决定，见表 2-4。工作寄存器区中的所有寄存器均可以通过寄存器寻址、直接寻址和寄存器间接寻址的方式访问。

表 2-4　工作寄存器区的选择

工作寄存器 R0～R7 的 RAM 地址	工作寄存器区的子区	PSW.4 位 RS1	PSW.3 位 RS0
00H～07H	0 区	0	0
08H～0FH	1 区	0	1
10H～17H	2 区	1	0
18H～1FH	3 区	1	1

（2）位寻址区

位寻址区的每个字节都有字节地址，可以通过直接寻址和寄存器间接寻址的方式访问。另外，位寻址区中的每个位都有地址，即位地址，可以通过位寻址方式单独访问，见表 2-5。

表 2-5　位寻址区的位地址表

字节地址 ＼ 位序号	位地址（十六进制）							
	D7	D6	D5	D4	D3	D2	D1	D0
2FH	7F	7E	7D	7C	7B	7A	79	78
2EH	77	76	75	74	73	72	71	70
2DH	6F	6E	6D	6C	6B	6A	69	68
2CH	67	66	65	64	63	62	61	60
2BH	5F	5E	5D	5C	5B	5A	59	58
2AH	57	56	55	54	53	52	51	50
29H	4F	4E	4D	4C	4B	4A	49	48
28H	47	46	45	44	43	42	41	40
27H	3F	3E	3D	3C	3B	3A	39	38
26H	37	36	35	34	33	32	31	30
25H	2F	2E	2D	2C	2B	2A	29	28
24H	27	26	25	24	23	22	21	20
23H	1F	1E	1D	1C	1B	1A	19	18
22F	17	16	15	14	13	12	11	10
21H	0F	0E	0D	0C	0B	0A	09	08
20H	07	06	05	04	03	02	01	00

（3）通用 RAM 区

MCS-51 单片机的低 128B 通用 RAM 区可以采用直接寻址和寄存器间接寻址的方式访问，

而 52 子系列的高 128B 通用 RAM 区仅能采用寄存器间接寻址的方式访问。

4．片外数据存储器和 I/O 接口

MCS-51 单片机可以扩展 64KB 的片外数据存储器，其地址范围如图 2-6 所示。需要特别指出的是，单片机的片外扩展 I/O 空间与片外 RAM 的地址是统一编址的，即在 0000H～FFFFH 共 64K 个地址中，一部分地址分配给片外 RAM，一部分地址分配给片外扩展的 I/O 接口，也可以全部地址都分配给片外 RAM 或 I/O 接口。因为是统一编址的，所以在程序中访问片外 RAM 和片外扩展 I/O 接口的指令相同。

图 2-6　片外数据存储器（RAM）区或片外扩展 I/O 区的地址范围

另外，片外 RAM 区（或片外扩展 I/O 区）与片内 RAM 区是独立编址的，即图 2-5 中片内 RAM 区地址 00H～FFH 不会分配给片外 RAM 区（或片外扩展 I/O 区），同样，图 2-6 中片外 RAM 区（或 I/O 区）地址 0000H～FFFFH 也不会分配给片内 RAM 区。因为是独立编址的，所以访问片内 RAM 区和访问片外 RAM 区（或片外扩展 I/O 区）时所用的指令不同。

5．程序存储器

程序存储器（ROM）用来存放代码，MCS-51 单片机除片内 ROM 外，还可以扩展 64KB 的片外程序存储器。图 2-7 给出了程序存储器的配置，单片机的 $\overline{EA}$ 引脚决定了单片机是否使用片外程序存储器。由图 2-7 可知，当 $\overline{EA}$ =0 时，单片机只能使用片外程序存储器；当 $\overline{EA}$ =1 时，对于 51 子系列单片机，地址为 0000H～0FFFH 的存储单元来自于片内 ROM，对于 52 子系列单片机，地址为 0000H～1FFFH 的存储单元来自于片内 ROM，其他地址所对应的存储单元则均来自于片外 ROM。

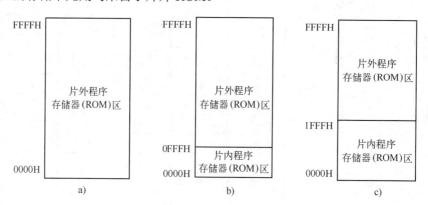

图 2-7　程序存储器的配置

a) $\overline{EA}$ =0　b) 51 子系列单片机且 $\overline{EA}$ =1　c) 52 子系列单片机且 $\overline{EA}$ =1

在单片机程序中，有一类被称为中断服务子程序的特殊子程序，专用于处理中断源所产生的中断事件。在程序存储器中，有一块区域专用于存放中断服务处理子程序的指令代码。以 51 子系列单片机为例（见表 2-1），该系列单片机有 5 个中断源，分别是 $\overline{\text{INT0}}$、T0、$\overline{\text{INT1}}$、T1 和串口中断，它们的中断服务处理程序在 ROM 中的存放地址分别为 0003H、000BH、0013H、001BH 和 0023H，这些地址被称为中断服务处理程序的入口地址，如图 2-8 所示。程序存储器的地址 0000H 对应于复位入口，即主程序的入口，单片机开始工作时将首先从程序存储器中地址为 0000H 的存储单元中取指令的。

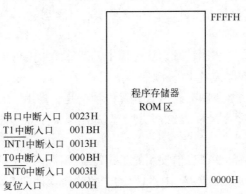

图 2-8　中断服务处理程序的入口地址

需要注意，比较中断服务处理程序的中断入口地址后，可以发现相邻入口地址之间的差很小，如：T0 中断入口与 $\overline{\text{INT0}}$ 中断入口之差为 000BH-0003H=8H。这意味着如果 T0 中断与 $\overline{\text{INT0}}$ 中断的中断服务处理程序都存在，则 $\overline{\text{INT0}}$ 中断服务处理程序的长度不能超过 8 字节，否则将占用 T0 中断服务处理程序的存储空间。解决这一问题的方法是，将中断服务子程序存放在 ROM 的其他位置，而仅在中断入口存储单元存放一条能跳转至中断服务处理程序的跳转指令。本书将在第 4 章的 4.2 节详细介绍中断服务处理程序的相关内容。

2.2.3　常用特殊功能寄存器的功能

微课：MCS-51 的
特殊功能寄存器

在汇编语言程序设计中，比较常用的寄存器有累加器 ACC、寄存器 B、程序状态寄存器 PSW、堆栈寄存器 SP 和数据指针寄存器 DPTR。下面简要介绍这些寄存器。

（1）累加器 A（Accumulator）

累加器 A 的名称是 ACC，是指令中用得最多的寄存器，特别是很多算术逻辑运算指令必须使用该寄存器。需要注意的是，ACC 和 A 都可以在指令中代表累加器 A，但是指令中的 ACC 能代表累加器的字节地址，而 A 则不能。因此，在某些要求使用特殊功能寄存器地址的指令中，不能用 A 表示累加器。

（2）寄存器 B

乘、除法指令必须使用寄存器 B。除此之外，B 与其他特殊功能寄存器没有差别。

（3）程序状态寄存器 PSW

PSW（见表 2-6）可以记录指令的执行结果状态，比如：加法运算是否产生进位、借位等。PSW 中各位的作用如下：

表 2-6　PSW 各位的位地址、位名称

位	7	6	5	4	3	2	1	0
位地址	D7H	D6H	D5H	D4H	D3H	D2H	D1H	D0H
位名称	CY	AC	F0	RS1	RS0	OV	F1	P

CY：进位标志位，当运算过程中累加器的最高位产生进位或借位时，被置为 1，否则被清 0。在位操作指令和移位指令中，该位起到类似于累加器 A 的作用，参与位操作或位运算。

AC：辅助进位标志位，在加、减运算过程中，运算结果的低 4 位（第 3 位）向高 4 位（第 4 位）产生进位时，该位被置 1，否则被清 0。

OV：溢出标志位，用于反映有符号数计算过程中是否溢出，0：无溢出；1：有溢出。

F0 和 F1：F0 为用户定义标志位，供用户使用，没有特殊含义；F1 为保留位，用户不能使用。

RS1 和 RS0：用于选择 CPU 当前使用的工作寄存器区子区，见表 2-4。

P：奇偶标志位，反映累加器 A 中“1”的个数的奇偶性，若“1”的个数为偶数，则 P 为 0，反之，P 为 1。每条指令执行后，单片机都会自动检测累加器 A，并设置 P 标志位。

（4）堆栈指针寄存器 SP

堆栈在片内 RAM 区中用于存放数据。堆栈操作有写和读两种，将数据存入堆栈称为“入栈”，从堆栈中读取数据称为“出栈”，入栈、出栈必须遵循“先入后出，后入先出”的原则。所有堆栈操作之前，SP 中存放的数值作为一个特殊的地址，该地址指向的字节存储单元被称为“栈底”。堆栈操作后，SP 中的地址所指向的存储单元是“栈顶”。关于堆栈操作，本书将在第 3 章的 3.4.1 节中进行详细介绍。

（5）数据指针寄存器 DPTR

数据指针寄存器 DPTR 是一个 16 位寄存器，包含两个 8 位寄存器 DPH 和 DPL。访问片外 ROM、片外 RAM 和片外 I/O 接口时，DPTR 可在指令中提供地址。

（6）P0～P3 寄存器

P0～P3 是单片机的 4 个 8 位并行 I/O 口，表 2-2 和表 2-3 中的特殊功能寄存器 P0～P3 是这 4 个并行 I/O 口的端口寄存器。通过这几个寄存器可以读取或设置对应的单片机引脚状态。

（7）其他寄存器

单片机内还有其他一些寄存器，如 PCON、SBUF、SCON 和 TMOD 等，与单片机内的硬件接口有关，本书将在后续章节中进行介绍。

2.3　MCS-51 单片机的引脚功能

图 2-9 为常见的 MCS-51 单片机封装形式和引脚图，本节将以其中塑料双列直插式（PDIP）封装为例介绍 MCS-51 单片机的引脚功能。

微课：MCS-51 的引脚及最小系统电路

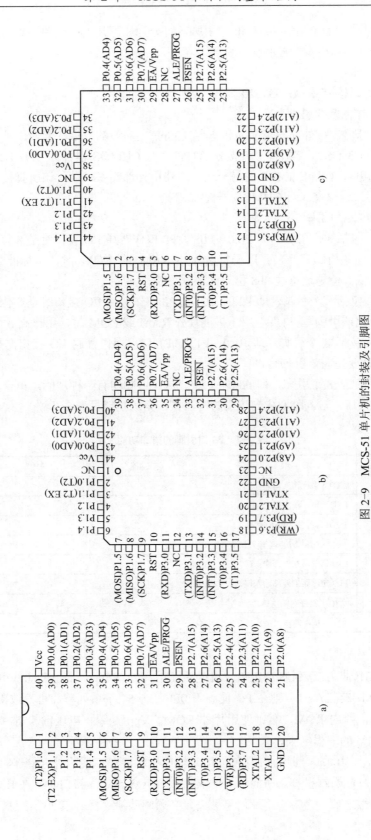

图 2-9　MCS-51 单片机的封装及引脚图

a) PDIP 封装　b) PLCC 封装　c) TQFP 封装

MCS-51 单片机 PDIP 封装共有 40 个引脚，可分为如下几类：电源引脚、外接晶体振荡器引脚、并行 I/O 端口引脚和控制信号引脚。

（1）电源引脚

Vcc（40 脚），接+5V。GND（20 脚），接地。

（2）外接晶体振荡器引脚

XTAL1（19 脚），接外部石英晶体和电容（30pF 左右）的一端，若使用外部输入时钟，该引脚接地（对 HMOS 工艺器件）或接外部时钟（对 CHMOS 器件）。XTAL2（18 脚），接外部石英晶体和电容（30pF 左右）的另一端，若使用外部输入时钟，该引脚接外部时钟（对 HMOS 工艺器件）或浮空（对 CHMOS 器件）。

（3）并行 I/O 端口引脚

P0 口引脚：包括 8 个引脚，即 P0.0～P0.7。P0 口作普通 I/O 接口时是 8 位准双向 I/O 接口，输入时要先向该引脚写"1"；用于扩展片外 RAM 或 ROM 时，是标准的双向 I/O 接口，分时复用为低 8 位地址总线和 8 位双向数据总线。

P2 口引脚：包括 8 个引脚，即 P2.0～P2.7。P2 口作普通 I/O 接口时是 8 位准双向 I/O 接口，输入时要先向该引脚写"1"；用于扩展片外 RAM 或 ROM 时，用作高 8 位地址总线。

P1 口引脚：包括 8 个引脚，即 P1.0～P1.7。P1 口仅用作普通 I/O 接口，是 8 位准双向 I/O 接口，输入时要先向该引脚写"1"。

P3 口引脚：包括 8 个引脚，即 P3.0～P3.7。这些引脚均有两种功能，第一功能是 8 位准双向的普通 I/O 接口，输入时要先向该引脚写"1"；第二功能见表 2-7。

表 2-7　P3 口引脚的第二功能

引脚	功能
P3.0	RXD（串行输入口）
P3.1	TXD（串行输出口）
P3.2	$\overline{INT0}$（外部中断 0 输入口）
P3.3	$\overline{INT1}$（外部中断 1 输入口）
P3.4	T0（定时器 0 外部输入口）
P3.5	T1（定时器 1 外部输入口）
P3.6	$\overline{WR}$（写选通输出口）
P3.7	$\overline{RD}$（读选通输出口）

（4）控制信号引脚

$\overline{EA}$/Vpp（31 脚）：该引脚决定单片机是否使用片外 ROM。若 $\overline{EA}$=0（引脚接地），则只使用片外 ROM；若 $\overline{EA}$=1，则在 PC 值小于 0FFFH（51 子系列单片机）或 1FFFH（52 子系列单片机）时，片内 ROM，否则使用片外 ROM。Vpp 是编程电压输入端，EPROM 型单片机编程时接 21V 的编程电压。

ALE/$\overline{PROG}$（30 脚）：地址锁存使能信号输出引脚。在扩展片外存储器时，P0 引脚分时复用为地址引脚和数据引脚。访问片外的 ROM、RAM 或 I/O 接口时，在低 8 位地址信号消失变成数据信号之前，为防止地址信息丢失，必须驱动锁存器将该地址信息锁存。而 ALE

会在 P0 上的地址消失之前，出现下降沿信号，该下降沿信号恰好可以触发锁存器进行地址锁存。对于 EPROM 单片机，在 EPROM 编程期间，$\overline{\text{PROG}}$ 用于输入编程脉冲。

$\overline{\text{PSEN}}$（29 脚）：片外程序存储器输出使能引脚，低电平有效。该引脚与片外 ROM 的输出使能引脚相连，当单片机从片外 ROM 读取指令或数据时，该引脚将输出低电平，允许片外 ROM 输出数据。

RST（9 脚）：复位信号输入引脚，高电平有效。当该引脚保持高电平连续超过 2 个机器周期时，单片机将复位。

2.4　并行 I/O 端口的引脚特性

MCS-51 单片机 4 个并行 I/O 端口引脚的内部结构如图 2-10 所示，每个端口有 8 个相互独立且内部结构完全相同的引脚。图 2-10 中的字母 X 代表引脚序号，是 0~7 的整数。接下来将分别介绍 P0、P1、P2 和 P3 口的引脚特性。

微课：MCS-51 并行 I/O 端口的引脚特性

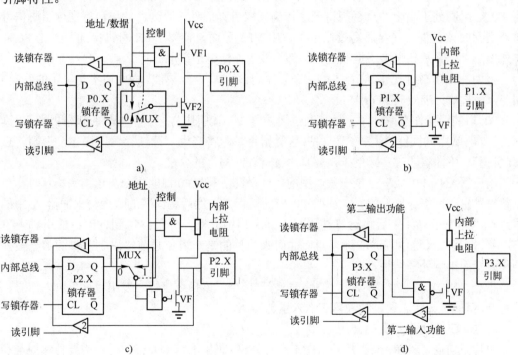

图 2-10　MCS-51 单片机 4 个并行 I/O 端口引脚的内部结构

a) P0 口的引脚结构　b) P1 口的引脚结构　c) P2 口的引脚结构　d) P3 口的引脚结构

2.4.1　P0 口的引脚特性

P0 口的字节地址是 80H，可以按位寻址，引脚 P0.1~P0.7 的位地址为 80H~87H。如图 2-10a 所示，P0 口每个引脚电路均由锁存器、三态缓冲器（三态门 1 和三态门 2）、多路选择器 MUX、"与"门、"非"门和场效应晶体管（VF1 和 VF2）构成。P0 口既可以作普通

I/O 口（General Purpose I/O Port，GPIO）使用，也可作为地址/数据总线分时复用。

1. P0 口作为普通 I/O 口

P0 口作为普通 I/O 口时，"控制"信号必须为低电平。"控制"信号为 0，一方面使得栅极连接至"与"门输出端的场效应晶体管 VF1 截止；另一方面使得多路选择器 MUX 将锁存器反向输出端 $\overline{Q}$ 与场效应晶体管 VF2 的栅极相连。

（1）输出功能

P0 口引脚输出数据 0 时，CPU 向内部总线写低电平，使锁存器的 Q 端和 $\overline{Q}$ 端分别为 0 和 1；$\overline{Q}$ 端的 1 使得场效应晶体管 VF2 导通，从而使 P0.X 引脚接地、输出低电平。P0 口输出数据 1 时，CPU 向内部总线写高电平，使锁存器的 Q 端和 $\overline{Q}$ 端分别为 1 和 0；$\overline{Q}$ 端的 0 使得场效应晶体管 VF2 截止，同时由于 VF1 也截止，所以 P0.X 引脚为高阻态，因此为了使 P0.X 引脚输出高电平必须在该引脚外接上拉电阻，即：使该引脚通过上拉电阻连接至电源 Vcc。

（2）输入功能

从 P0 口引脚读取数据时，必须先向该引脚的锁存器写 1，使场效应晶体管 VF2 截止，使 P0.X 引脚处于高阻态，否则将无法正确读取引脚信号。因为，如果恰好在读引脚信号之前，刚刚向该引脚的锁存器写过低电平，则 VF2 导通，使得 P0.X 引脚接地，无论 P0.X 引脚外接信号电平是高电平还是低电平，都将被当作低电平读取。

因为，在读 P0 口引脚信号之前，必须先向该引脚写 1，所以，P0 口不是真正的双向 I/O 端口，而被称为准双向 I/O 端口。

P0 口的读操作有两种，一种是通过缓冲器 2"读引脚"，另一种是通过缓冲器 1"读锁存器"。当单片机执行"读-修改-写"这类指令时，将产生"读锁存器"操作，否则将直接"读引脚"。下面将通过实际例子，解释"读-修改-写"的含义。

指令"ANL P0, A"就是一条典型的"读-修改-写"P0 口的指令。该指令执行时，单片机首先发出"读锁存器"信号，读取 P0 口的锁存器，然后将读取的数据与累加器 A 中的数据进行"与"运算，之后将运算结果写入 P0 口锁存器，并最终送到 P0 口的引脚上。在"读-修改-写"过程中，读取锁存器而非引脚的目的是，避免之前输出到引脚的数据被外部操作改变而影响处理结果。

指令"MOV A, P0"不是"读-修改-写"指令，该指令执行时发出"读引脚"信号，直接将 P0 口的引脚状态通过缓冲器 2 送入累加器 A。

2. P0 口地址/数据分时复用

单片机访问片外 RAM、片外 ROM 和片外输入/输出（I/O）接口时，需要传输地址和数据。此时，P0 口和 P2 口作为地址总线，分别传送地址的低 8 位和高 8 位；另外，P0 口还分时复用为数据总线，用于数据传输。

（1）输出地址/数据功能

P0 口输出地址/数据时，"控制"信号必须为高电平。如图 2-10a 所示，当"控制"信号为 1 时，被"非"门取反的"地址/数据"信号经多路选择器 MUX 与 VF2 的栅极相连；此时 VF1 栅极的电平状态完全由"地址/数据"信号决定。

若输出"地址/数据"为 1，则 VF2 截止、VF1 导通，从而使 P0.X 输出高电平；反之，若输出的"地址/数据"为 0，则 VF2 导通，VF1 截止，使 P0.X 为低电平。

需要强调的是，作为地址总线时，P0 是单向引脚，只能输出。另外，在地址/数据分时复用模式下，P0 口输出高电平时，不需要外接上拉电阻。

（2）输入数据功能

在地址/数据分时复用模式下，作数据输入口时，引脚内的"控制"信号为低电平，使 VF1 截止、锁存器的 $\overline{Q}$ 端与 VF2 的栅极相连。在读取数据之前，CPU 会自动向 P0 口的锁存器写入 0FFH，以使 VF2 截止，P0.X 引脚处于高阻态。同时，来自于片外数据存储器、程序存储器或 I/O 接口的数据，通过缓冲器 2 读入内部总线。

可见，在地址/数据分时复用时，P0 口输入数据前 CPU 自动向锁存器写高电平使 VF2 截止，并且输出高电平"地址/数据"时也不需要外接上拉电阻。因此，此时的 P0 口才是真正的双向 I/O 口。

2.4.2　P1 口的引脚特性

P1 口的字节地址是 90H，可以按位寻址，引脚 P1.1～P1.7 的位地址为 90H～97H。P1 口电路由锁存器、三态缓冲器 1 和 2、场效应晶体管 VF 和内部上拉电阻组成，如图 2-10b 所示。P1 口只能作为普通 I/O 口使用，并且是准双向 I/O 口。

1．输出功能

在 P1 口输出低电平时，CPU 通过内部总线向锁存器写低电平，锁存器 $\overline{Q}$ 端为高电平，与 $\overline{Q}$ 端相连的场效应晶体管 VF 导通，从而使 P1 口引脚接地、为低电平。输出高电平时，CPU 向 P1 锁存器写高电平，锁存器 $\overline{Q}$ 端为低电平，使得 VF 截止、处于高阻态，因为 P1 口通过内部上拉电阻与电源相连，所以输出高电平。

2．输入功能

与作为"普通 I/O 口"的 P0 引脚相似，P1.X 引脚作为输入引脚时，也需要预先通过指令向 P1.X 引脚写高电平，使场效应晶体管 VF 截止；然后，再执行读取指令，令"读引脚"信号为高电平，P1.X 引脚的电平信号通过三态缓冲器 2 进入内部总线。

因为，读 P1 口引脚之前需要预先通过指令向引脚锁存器写高电平，所以 P1 口不是真正的双向 I/O 口，而是准双向 I/O 口。

2.4.3　P2 口的引脚特性

P2 口的引脚电路结构如图 2-10c 所示，由锁存器、三态缓冲器 1 和 2、多路选择器 MUX、"非"门、场效应晶体管 VF 和内部上拉电阻组成。P2 口可以作为普通 I/O 口使用，也可以在扩展外部数据存储器、程序存储器或 I/O 接口时，作为地址总线传输高 8 位地址。

1．P2 口作为普通 I/O 口

P2 口作普通 I/O 口时，"控制"信号必须为低电平，使得多路选择器 MUX 切换至锁存器的 Q 端。

（1）输出功能

输出低电平时，通过内部总线向锁存器写低电平，锁存器 Q 端的低电平通过 MUX 后被"非"门取反，取反后的高电平使 VF 导通，进而使 P2.X 引脚接地并输出低电平。输出高电平时，向锁存器写高电平，锁存器 Q 端的高电平经 MUX 过后被"非"门取反，并使 VF 截止，从而使经内部上拉电阻与电源相连的 P2.X 引脚输出高电平。

（2）输入功能

与 P0 口和 P1 口类似，P2 口作为普通 I/O 口输入端时，首先，需要通过指令向锁存器写入 1，使场效应晶体管 VF 截止；然后，执行读指令，CPU 使"读引脚"信号为高电平，打开三态缓冲器 2，使 P2.X 引脚信号进入内部总线。

2．P2 口作为地址总线

P2 口作为地址总线时，"控制"信号必须为高电平，使多路选择器 MUX 切换到"地址"信号端。作为地址总线，P2 口只能输出，不能输入。当输出地址时，若地址是 1，则"地址"信号端为高电平，该高电平被"非"门取反后成为低电平，从而使 VF 截止，P2.X 引脚经内部上拉电阻与 Vcc 相连，输出高电平；若地址是 0，则"地址"信号端为低电平，使得 VF 导通，从而使 P2.X 引脚接地，输出低电平。

2.4.4　P3 口的引脚特性

P3 口的引脚电路结构如图 2-10d 所示，由锁存器、三态缓冲器 1 和 2、"与非"门、场效应晶体管 VF 和内部上拉电阻组成。P3 口是准双向 I/O 口，除了可以作为普通 I/O 口使用，还有第二功能。

1．P3 口作为普通 I/O 口

（1）输出功能

P3 口作为普通 I/O 口进行输出时，"第二输出功能"信号必须为 1，锁存器 Q 端被"与非"门取反后，连接至场效应晶体管 VF 的栅极。若输出 1，则 1 经内部总线写入锁存器，锁存器 Q 端输出的高电平经"与非"门取反后，使得 VF 截止，进而使经过内部上拉电阻连接至 Vcc 的 P3.X 引脚输出高电平；若输出 0，则 0 写入锁存器后，经"与非"门取反，使得场效应晶体管 VF 导通，从而使 P3.X 引脚接地、输出低电平。

（2）输入功能

P3 口作为普通 I/O 口进行输入时，首先，必须通过指令向 P3.X 锁存器写 1，使锁存器 Q 端为高电平，"与非"门输出的低电平使 VF 截止，在内部上拉电阻作用下，P3.X 引脚处于高电平状态；然后，执行指令读 P3.X 引脚，CPU 使"读引脚"信号为高电平，P3.X 引脚信号先后经过缓冲 3 和 2 进入内部总线。

2．P3 口作为第二功能

（1）输出功能

在第二功能输出状态下，CPU 会自动向 P3.X 的锁存器写 1，使 Q 端为高电平，此时"与非"门对于"第二输出功能"信号来说相当于一个非门。而第二功能信号，如 $\overline{RD}$、$\overline{WR}$ 和 TXD 信号等，将从 P3.X 引脚输出。若"第二输出功能"信号为高电平，则"与非"门输出为低电平，使 VF 截止，使得 P3.X 经上拉电阻接至 Vcc，从而输出高电平；反之，则"与非"门输出高电平，使 VF 导通，P3.X 引脚接地、输出低电平。

（2）输入功能

在第二功能输入时，CPU 会自动向 P3.X 的锁存器写 1，使 Q 端为高电平，同时令"第二输出功能"信号为高电平，使得"与非"门输出为低电平，将 VF 截止。此时，读取的 P3.X 引脚信号将通过缓冲器 3，并由"第二输入功能"线进入单片机内部的功能模块，如定时/计数器模块、串口模块和外部中断模块等。因为，第二功能的输入信号仅与单片机内部功能模块的硬件电路有关，与 CPU 无关，所以不会通过三态缓冲器 2 进入内部总线。

2.5　MCS-51/52 单片机的最小系统电路

单片机工作时需要一些基本的、必备的外围电路，包括时钟电路和复位电路。另外，单片机必须执行程序，因此单片机系统必须具备能够存储程序的程序存储器，而没有片内程序存储器的单片机（如 8031 单片机）则必须扩展片外程序存储器。本节将介绍时钟电路和复位电路的功能和设计方法。

2.5.1　时钟电路和时钟信号

1. 时钟电路

时钟电路如图 2-11 所示，其中 C_1 和 C_2 为匹配电容，若外接晶体振荡器，则一般选用 30pF 瓷片电容。在该电路中，晶振的频率范围为几百千赫兹至几十兆赫兹。时钟电路的作用是产生时钟振荡信号，该信号频率稳定，相当于一个打拍器，用于协调单片机各部件统一工作。

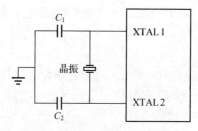

图 2-11　单片机的时钟电路

2. 时钟信号

图 2-12 为图 2-11 电路产生的时钟信号波形。其中：①1 个节拍 P 是 1 个晶振振荡周期；②1 个状态周期 S 中包含 2 个节拍，其中前一个节拍为 P1，后一个节拍为 P2；③1 个机器周期中包含 6 个状态周期 S，即 S1～S6；④指令周期，是执行 1 条指令所耗费的机器周期个数。MCS-51 单片机的指令周期通常为 1～4 个机器周期。

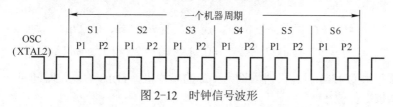

图 2-12　时钟信号波形

晶振振荡周期、机器周期、状态周期和晶振振荡频率 f_{osc} 之间的关系为：晶振振荡周期= $1/f_{osc}$、状态周期= $2/f_{osc}$ 和机器周期= $12/f_{osc}$。例如，若晶振频率为 12MHz，则机器周期为 1μs。

2.5.2　复位电路

1. 复位的作用

复位是单片机的初始化操作，也是单片机上电后的第一个操作。复位后，单片机的程序计数器（PC）为 0000H，使单片机从程序存储器中地址为 0000H 的存储单元中取指令，并执行该指令。另外，复位后单片机绝大部分特殊功能寄存器的值是确定的，见表 2-8。

表 2-8　单片机复位后 PC 及部分 SFR 的值

寄存器	复位后值	寄存器	复位后值	寄存器	复位后值
PC	0000H	TL0	00H	IE	$0\times\times00000B$
ACC	00H	TH0	00H	TMOD	00H
PSW	00H	TL1	00H	SCON	00H
SP	07H	TH1	00H	SBUF	不定
DPTR	0000H	P0~P3	FFH	PCON	$0\times\times\times0000B$
TCON	00H	IP	$\times\times000000B$		

注：表中"×"表示值是随机不能确定的，即可能是 0 也可能是 1。

2. 复位电路的设计

RST 引脚是单片机复位信号的输入端，高电平有效，当该引脚持续出现至少两个机器周期的高电平时，单片机即可复位。

复位电路的作用是产生有效的复位脉冲，使单片机复位。常用的复位电路有两种：上电复位电路和手动按键复位电路。

（1）上电复位电路

上电复位电路的原理图如图 2-13 所示。在单片机刚通电（上电）时，电容 C 通过电阻 R 充电，在单片机的 RST 脚产生高电平复位信号，使单片机进入初始化操作。下面介绍计算该复位电路中电阻 R 和电容 C 参数的方法。

在图 2-13 中，RST 引脚电压为 $u_{RST}=V_{cc}\times e^{-\frac{t}{RC}}$，$V_{cc}$=+5V，假设 $u_{RST}\geqslant 3V$ 能使单片机可靠复位，则复位时必须满足

$$u_{RST}=5\times e^{-\frac{t}{RC}}\geqslant 3 \tag{2-1}$$

由式（2-1）可知

$$t\leqslant RC\times\ln\frac{5}{3}\approx 0.511RC \tag{2-2}$$

由式（2-2）可知，RC 越大，复位时间越长。若 R=1kΩ、C=22μF，则

$$t=0.511\times 1k\Omega\times 22\mu F=0.511\times 10^3\times 22\times 10^{-6}s\approx 11ms$$

对于晶振频率为 12MHz、机器周期为 1μs 的单片机，11ms 的复位时间符合要求。

（2）手动按键复位

手动按键复位电路的原理图如图 2-14 所示。单片机"跑飞"（是单片机程序进入死循环，或单片机脱离用户程序控制的一种非正常状态）时，用户按一下按键 SB，即可在单片机的 RST 引脚上产生复位信号，使单片机复位。在图 2-14 中，按键 SB 按下时，RST 引脚电压为

$$u_{RST}=\frac{R_1}{R_1+R_2}V_{cc} \tag{2-3}$$

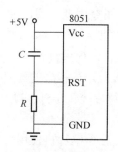
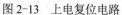

图 2-13　上电复位电路

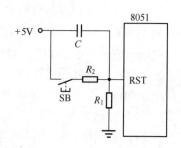

图 2-14　手动按键复位电路

需要注意，按键复位时电压 u_{RST} 必须符合复位要求，如 $u_{RST} \geqslant 3V$。例如，若 R_1=1kΩ、
R_2=200Ω，则 $u_{RST} = \dfrac{1k\Omega}{200\Omega + 1k\Omega} \times 5V \approx 4.2V$，符合复位电压要求。按键 SB 抬起后，随着电
容 C 的充电，u_{RST} 将逐渐衰减、变小。比较图 2-13 和图 2-14 可知，按键复位电路也包含上
电复位的功能，因此，实际电路中手动按键复位电路更常用。

图 2-15 所示的电路即为一个典型的最小系统电路，其中包含了一个单片机系统工作所
必备的最基本硬件条件，即电源信号、时钟电路、复位电路和程序存储器。

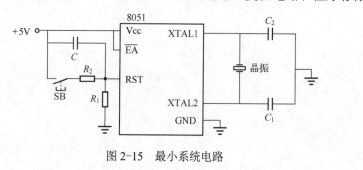

图 2-15　最小系统电路

拓展阅读：黄令
仪——毕生致力
于集成电路事业
的科学家

2.6　小结

本章介绍了 MCS-51 单片机的结构框图、内部结构、存储器配置、常用特殊功能寄存器
的作用，以及引脚功能和时钟电路、复位电路的设计方法。需要读者熟悉片内数据存储器的
划分及各分区的寻址方式；掌握主要特殊功能寄存器的作用，如 PSW 各位的作用；能根据
晶振频率计算机器周期；掌握单片机最小系统的概念，以及单片机时钟电路、复位电路的设
计方法。

2.7　习题

1. 简述 MCS-51 单片机的存储器组织结构。

2. 请说明位地址 00H 和字节地址 00H 的差别，并指明位地址为 00H 的位在片内 RAM
中的具体存放位置。

3. 简述 MCS-51 单片机程序状态字寄存器（PSW）中各位的作用。

4．什么是 MCS-51 单片机的振荡周期、机器周期、指令周期？假设单片机系统的晶振频率为 6MHz，请计算 MCS-51 单片机的振荡周期和机器周期。

5．在单片机应用系统中，80C31 单片机的 $\overline{EA}$ 引脚应该如何连接？

6．堆栈有什么作用？堆栈操作遵循什么原则？如何设置堆栈栈底的位置？

7．简述复位电路的作用，及对复位脉冲的要求。复位后 MCS-51 单片机的 PC、SP、P0~P3 和 PSW 的值各是什么？

8．单片机复位后，使用哪一个工作寄存器区子区？若令单片机使用工作寄存器 3 子区，则 PSW 应当如何设置？在工作寄存器 3 子区中，R0 所对应的片内 RAM 存储单元的地址是什么？

第3章 MCS-51单片机汇编语言程序设计

单片机在程序的控制下才能完成特定的工作和任务，而程序是若干条指令的集合。本章将介绍MCS-51单片机的汇编语言指令系统和程序设计方法。

3.1 汇编语言的伪指令

MCS-51单片机的汇编语言程序由若干条汇编语言指令和伪指令构成。指令存放在程序存储器中，被单片机读取并执行，且执行结果将影响单片机自身的状态。

本节将介绍伪指令的格式和使用方法。"伪"即是假，伪指令是说明性的指令，与真正的指令不同，不会存储在存储器中，也不会被单片机的CPU所执行，其作用仅仅是控制汇编软件的汇编过程。汇编软件的作用是将汇编语言程序翻译成机器代码。

1. 伪指令的格式

MCS-51单片机伪指令的格式为

    [标号:] 伪指令助记符 参数1 [,参数2,……]   [;注释]

其中，由中括号"[ ]"标注的部分是可选项，可以不出现；伪指令助记符指明要进行的汇编操作；参数1和参数2等可以是常量和表达式等；注释必须以分号";"开头，不影响汇编操作，由编程者根据需要自主编写。需要特别注意的是：标号不能是保留字，不能以数字开头，可以包含字母、数字和一些特殊符号（如"_""$""?""@"等），不能包含算术逻辑运算符（如"+""-""*""&"等）。

2. 定位伪指令ORG

伪指令ORG用于程序存储器中的存储单元定位，其格式为

    ORG   K16

其中，K16是一个16位的无符号数，代表程序存储器的地址；ORG表示定位程序存储器的位置到地址为K16的存储单元，在该伪指令之后定义的变量或书写的指令都将从该存储单元开始存放。

3. 汇编结束伪指令END

伪指令END写在汇编语言程序的末尾，代表程序的结束。汇编软件在将汇编语言程序翻译成机器代码时，遇到END将停止汇编，END之后书写的指令将不被处理。

【例3-1】 ORG和END的使用。源程序及其在ROM中的存放情况如下：

| | | ROM字节 | |
指令		单元的内容	地址
MOV A, 12H	{	E5H	0000H
		12H	0001H
SJMP $	{	80H	0002H
		FEH	0003H
			0004H

```
ORG      0000H
MOV      A, 12H
SJMP     $
END
```

本例中有两条指令"MOV A, 12H"与"SJMP $",其机器代码分别是"E512H"和"80FEH",被连续存放在 ROM 的字节单元中,存放的起始单元地址由"ORG 0000H"确定为"0000H"。END 代表这个程序的结束。

4．定义字节伪指令 DB

伪指令 DB 用于定义字节型的变量,其格式为

[标号:]　　DB　字节数据或字节数据表　[；注释]

其中,"标号"是所定义的变量的名字,该变量既可以是一个字节型数据,也可以是由多个字节型数据构成的数据表,表中的元素由逗号分开,并被连续地存入程序存储器的字节单元中。

需要注意的是:变量名字一经定义后,就可以代表变量的地址或变量数据表首元素的地址。例如在例 3-2 中,变量名 STR_A 代表了字节数据表"12H, 34H"中第一个数字 12H 在程序存储器中的存放地址,即 2000H。

【例 3-2】 DB 的应用。源程序及其在 ROM 中的存放情况如下:

			定义中的数据	ROM字节单元的内容	地址
	ORG	2000H	STR_A 12H	12H	2000H
STR_A:	DB	12H, 34H	34H	34H	2001H
STR_B:	DB	'A', 'B'	STR_B 'A'	41H	2002H
STR_C:	DB	'1', 'b'	'B'	42H	2003H
STR_D:	DB	1, −2	STR_C '1'	31H	2004H
			'b'	62H	2005H
			STR_D 1	01H	2006H
			−2	FEH	2007H

在本例中,"ORG 2000H"的作用是:将其后定义的变量 STR_A、STR_B、STR_C 和 STR_D 存放于程序存储器中起始地址为 2000H 的连续字节单元中。需要注意的是:①负数将被自动转换成补码存入存储器中,如"−2"将以 FEH 的形式存放;②字符型数据将被转换成 ASCII 码存放,如'A'将被自动转换成 41H 后存放于存储器中。

【例 3-3】 多个 ORG 的应用。源程序及其在 ROM 中的存放情况如下:

			定义中的数据	ROM字节单元的内容	地址
	ORG	2000H	STR_A 12H	12H	2000H
STR_A:	DB	12H, 34H	34H	34H	2001H
STR_B:	DB	'A', "B"	STR_B 'A'	41H	2002H
	ORG	2007H	"B"	42H	2003H
STR_C:	DB	'1', 'b'			2004H
					2005H
					2006H
			STR_C '1'	31H	2007H
			'b'	62H	2008H

在本例中，"ORG　2007H"可以重新确定数据存放的位置，使数据不再连续存放。需要注意的是：当程序中有多个 ORG 时，ORG 后面的数字应该从小到大变化，且不能重复。

【例 3-4】 无变量名的 DB 应用。源程序及其在 ROM 中的存放情况如下：

			定义中的数据	ROM字节单元的内容	地址
	ORG	01A6H	12	0CH	01A6H
	DB	12, 16	16	10H	01A7H
DAT:	DB	12H, 34H	12H	12H	01A8H
	DB	4+5	34H	34H	01A9H
			4+5	09H	01AAH

（DAT 指向 01A6H）

本例表明：①由 DB 定义的数据可以不设置变量名称，这时 DB 的作用仅仅是确定存储器中的数据；②数据表中的元素可以是算术表达式，如"4+5"。

5. 定义字伪指令 DW

DW 用于定义字型变量，其格式为

[标号:]　　DW　字数据或字数据表　　[；注释]

字型变量在存储器中占用 2 个字节。MCS-51 单片机的字型变量以"大端存储"的方式存放。所谓"大端存储"是指多字节数据存放时，高字节数据存于地址小的存储单元中，低字节数据存于地址大的存储单元中。而"小端存储"则与之相反。

【例 3-5】 DW 的应用。源程序及其在 ROM 中的存放情况如下：

			定义中的数据	ROM字节单元的内容	地址
	ORG	2000H	1234H	12H	2000H
				34H	2001H
	DW	1234H, 34H	34H	00H	2002H
				34H	2003H
X:	DW	'AB', 'A'	X 'AB'	41H	2004H
				42H	2005H
Y:	DW	1,-1	'A'	00H	2006H
				41H	2007H
			Y 1	00H	2008H
				01H	2009H
			-1	FFH	200AH
				FFH	200BH

在本例中，DW 定义的每个变量元素都在存储器中占用 2 个字节单元（即 1 个字单元）。不够 2 个字节的元素被扩展成 2 个字节，扩展时，正数或无符号数在高位补 0，即"零扩展"，如：34H 和 1 分别被扩展为 0034H 和 0001H；而负数被直接转换成 2 个字节的补码，即"符号位扩展"，如：-1 被扩展为 FFFFH。

6. 等值伪指令 EQU

伪指令 EQU 的格式为

字符名　　　　EQU　数、汇编符号或表达式

EQU 的作用是将"数、汇编符号或表达式"赋予"字符名"，建立"数、汇编符号或表达式"与"字符名"之间的等价关系。在汇编语言程序中，经过 EQU 定义后的"字符名"可以代替对应的"数、汇编符号或表达式"。需要注意的是，由 EQU 定义的字符名必须先定

义后使用，并且表达式必须能计算得到数值。

【例3-6】 EQU 的应用。源程序如下：

START	EQU	0000H
TABLE	EQU	0200H
NUM	EQU	2+4
REG	EQU	R1
ORG	START	
MOV	REG, NUM	
SJMP	$	
ORG	TABLE	
DB	12H, 34H	

ORG	0000H
MOV	R1,6H
SJMP	$
ORG	0200H
DB	12H,34H

在本例中，左侧和右侧的两个程序完全等价，它们之间的差别仅在于：左边程序中，以字符名代替数值、汇编符号或表达式，如：REG 代替汇编符号 R1，TABLE 代替数值 0200H，NUM 代替算术表达式"2+4"的运算结果6。

由例3-6可以看出，用恰当的字符名可以提高程序的可读性，并使程序修改更方便，如：使用 TABLE 代替数据表的起始地址，修改数据表的起始地址时不用翻看程序，直接修改程序最开始定义的 TABLE 即可。

7. 数据地址赋值伪指令 DATA

伪指令 DATA 的格式为

　　　　字符名　　DATA　　数或表达式

DATA 用于字符名赋值。需要注意的是：①由 DATA 定义的字符名可以先使用后定义；②与字符名建立等价关系的只能是数或可计算出结果的表达式，不能是汇编符号。

【例3-7】 DATA 的应用。程序如下：

START	DATA	0000H	
TABLE	DATA	0200H	
NUM	DATA	2+4	
REG	DATA	R1	;错误的用法
ORG	START		
MOV	REG, NUM		
SJMP	$		
ORG	TABLE		
DB	12H, 34H		
END			

将例3-6中的 EQU 换成 DATA 就可以得到本例中的程序。但是需要注意伪指令"REG DATA R1"是错误的，因为 DATA 不能将汇编符号（如工作寄存器的符号 R1）赋予字符名。另外，"#"符号不能出现在 EQU 和 DATA 伪指令定义中，如"NUM EQU #12H"和"NUM DATA #12H"都是错误的。

8. 位地址符号定义伪指令 BIT

伪指令 BIT 的格式为

　　　　字符名　　　　BIT　　　　位地址表达式

该伪指令的作用是给位地址定义一个等价的字符名。

【例 3-8】　BIT 的应用。源程序如下：

```
LED      BIT      P0.4
BUZZER   BIT      20H
ORG      0000H
SETB     LED
CLR      BUZZER
SJMP     $
END
```

```
ORG      0000H
SETB     P0.4
CLR      20H
SJMP     $
END
```

在本例中，左、右两侧的程序等价。在左侧程序中，LED 和 BUZZER 分别等价于位地址 P0.4 和 20H。

3.2　指令格式和相关符号

微课：指令格式
与寻址方式

MCS-51 单片机共有 111 条汇编语言指令，可以完成加、减、乘、除运算和数据传输等操作。本节将介绍这些指令的格式和使用方法。

3.2.1　指令格式

MCS-51 单片机汇编语言的指令格式如下：

[标号:]　操作码 [操作数 1][,操作数 2][,操作数 3]　　[；注释]

1）"[ ]"所标注的项是可选项。

2）操作码是指令的核心部分，确定单片机完成何种操作，如数据传输、加法运算或乘法运算等。

3）操作数是指令处理的对象，通常操作数 1 被称为目的操作数，操作数 2 被称为源操作数，大部分指令都没有操作数 3，也有些指令没有操作数。

4）注释必须以分号开头，对指令的执行没有任何影响，仅用于说明指令的作用以提高程序的可读性。

5）标号加在指令操作码之前，代表指令在程序存储器中的存放地址，也被称为标号地址。

【例 3-9】　指令的标号地址。源程序及其在 ROM 中的存放情况如下：

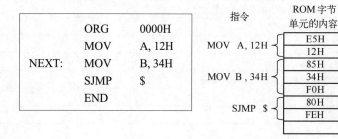

在本例中，NEXT 代表指令"MOV　B，34H"在 ROM 中存放时的首地址 0002H。

3.2.2 指令的分类和指令描述符号

1. 指令的分类

指令可以按照功能、执行时间和长度进行分类。

功能是指令实际完成的操作，比如：数据传输指令 MOV、加法指令 ADD、减法指令 SUB 和跳转指令 SJMP 等。

执行时间是指令执行所消耗的时间，MCS-51 单片机的每条指令执行时都会消耗指定个数的机器周期，比如：指令"MOV A,12H"执行 1 次需要消耗 1 个机器周期的时间，如果 1 个机器周期为 1μs，则该指令每执行 1 次消耗的时间为 1μs。MCS-51 单片机指令的执行时间一般为 1～4 个机器周期。

指令的长度是指令在 ROM 中存放时所占用的字节单元数，比如：指令"MOV A,12H"的长度是 2 个字节。MCS-51 单片机指令的长度一般为 1～3 个字节。

2. 指令描述中的常用符号

本书讲解汇编语言指令时会用到一些描述符号，其功能见表 3-1。

表 3-1 常用的指令描述符号

符号	含　义
Rn	当前选定的工作寄存器子区中的寄存器 R7～R0，n=0～7
direct	8 位内部数据单元地址，可以是片内 RAM 地址（0～127）或特殊功能寄存器的地址（128～255）
@	寄存器间接寻址、变址寻址和相对寻址中的寄存器前缀
Ri	寄存器间接寻址所用的寄存器，i=0 或 1
#	立即数的前缀
#data	8 位立即数 00H～0FFH（0～255）
#data16	16 位立即数 0000H～FFFFH（0～65535）
addr16	16 位程序存储器目标地址。用于 LCALL 和 LJMP 指令。转移分支可以位于 64KB 程序存储器空间内的任何位置
addr11	11 位程序存储器目标地址。用于 ACALL 和 AJMP 指令。转移分支可以位于下一条指令所在的 2KB 程序存储器数据页内的任何位置
rel	带符号的 8 位偏移地址（补码表示-128～+127），用于 SJMP 和所有有条件跳转指令，代表目标地址与下一条指令首地址之间的相对地址偏移量
bit	位地址
(x)	地址为 x 的字节存储单元中的内容
((x))	以 x 单元中的数据为地址的存储单元中的内容
$\overline{(x)}$	x 单元中的内容二进制按位取反
DPTR	16 位的数据指针
←	将箭头后面的内容传送到箭头之前去
←→	将左边箭头之前的内容和右边箭头之后的内容相互交换
/	加在位地址之前，表示对位数据取反
PC	程序计数器
$	程序计数器的当前值
C	进位标志位 CY，即特殊功能寄存器 PSW 的最高位
∧	按位进行的逻辑与运算
∨	按位进行的逻辑或运算
⊕	按位进行的逻辑异或运算

3.3　指令的寻址方式

操作数是指令的处理对象，是指令的重要组成部分。寻址方式是确定操作数存放位置的方式，是正确掌握指令使用方法的基础。

MCS-51 单片机指令有 7 种寻址方式，分别是立即数寻址、寄存器寻址、直接寻址、寄存器间接寻址、位寻址、变址寻址和相对寻址。

3.3.1　立即数寻址

立即数是以“#”开头的数字，如#10、#10010B、#13H、#1256H 和#0ACH 等。在指令中，立即数只能是源操作数，不能是目的操作数。

【例 3-10】 立即数寻址。指令在 ROM 中的存放如下：

在指令“MOV A，#12H”中，立即数#12H 是源操作数，紧随操作码 74H 之后存放在 ROM 中。该指令执行时，单片机先从 ROM 中读取操作码 74H，对操作码 74H 解码后，确定要进行的操作是将一个 8 位立即数送入累加器 A，接下来单片机从紧邻操作码的下一个存储单元中取得立即数 12H 并送入累加器 A。另外，该指令的目的操作数累加器 A 隐含在操作码中，没有明确给出。

3.3.2　寄存器寻址

当指令的操作数位于某一寄存器中时，该操作的寻址方式为寄存器寻址。可用于寄存器寻址的寄存器有：工作寄存器 R0~R7、累加器 A、数据指针寄存器 DPTR，以及 MUL 和 DIV 指令中的累加器 A 和寄存器 B。

【例 3-11】 寄存器寻址。指令及其在 ROM 中的存放如下：

　①MOV　　R0, #12H　　　　;R0←12H，即将十六进制数 12H 送入寄存器 R0
　②MOV　　R2, #13H　　　　;R2←13H，即将十六进制数 13H 送入寄存器 R2
　③INC　　　DPTR　　　　　　;DPTR←DPTR+1，即将 DPTR 中的数加 1

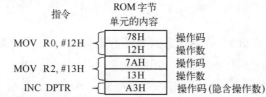

在本例中，R0、R2 和 DPTR 均为寄存器寻址的操作数。其中，指令“MOV R0, #12H”和“MOV R2, #13H”的操作码分别是 78H 和 7AH，单片机对操作码进行译码后即可知指令要完成的操作分别是将一个立即数送入工作寄存器 R0 和 R2 中；“INC DPTR”的操作码中隐含了操作数，其操作是将 DPTR 中的数加 1。

3.3.3 直接寻址

若指令中直接给出操作数的存储地址，则该操作数的寻址方式是直接寻址。可以通过直接寻址方式访问存放于片内 RAM（地址范围为 00H～7FH）和特殊功能寄存器（地址范围为 80H～FFH）中的操作，并且直接寻址操作数的地址将出现在指令的机器码中。

【例 3-12】 直接寻址。指令及其在 ROM 中的存放如下：

①MOV　SP, #12H　　;SP←12H，即将 12H 送入特殊功能寄存器 SP
②MOV　10H, #13H　　;(10H)←13H，即将 13H 送入地址为 10H 的片内 RAM 存储单元

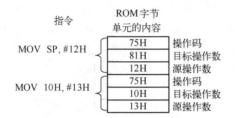

在本例中，两条指令的操作码都是 75H，代表指令要完成的操作是将一个立即数传送给一个直接寻址的操作数。目标操作数 SP 和 10H 的寻址方式均为直接寻址，其中，SP 是特殊功能寄存器，其地址为 81H。需要注意的是，代表地址的数字 10H 没有以"#"开头，若数字以"#"开头即为立即数寻址。

3.3.4 寄存器间接寻址

采用寄存器间接寻址的操作数均存放在存储器中，其存储地址在寄存器中。指令执行时，首先要从寄存器中获得操作数的存储地址，然后根据该地址找到存放操作数的存储单元，进而实现操作数的访问。在寄存器间接寻址中，寄存器的作用类似于指针，用于存放数据的地址。可用于寄存器间接寻址的寄存器有 R0、R1 和 DPTR。寄存器间接寻址方式可以用于访问片内 RAM、片外 RAM、片外 I/O 接口和 ROM。

【例 3-13】 寄存器间接寻址。指令及其在 ROM 中的存放如下：

MOV　@R0, #12H　　;((R0))←12H，即将 12H 送入片内 RAM 的 1 个字节
　　　　　　　　　;存储单元中，而该存储单元的地址存放于 R0 中

在本例中，目标操作数@R0 的寻址方式是寄存器间接寻址。若寄存器 R0 中的数值是 34H，则数值 12H 将被传送到片内 RAM 区中地址为 34H 的存储单元中。指令执行时，单片机取得操作码 76H，对操作码进行译码后，确定需要完成的任务是将一个立即数送入一个片内 RAM 存储单元中，而该存储单元的地址在 R0 中，需要传送的立即数在 ROM 中并存放于操作码之后。

3.3.5 位寻址

前几种寻址方式均用于访问字节型数据，属于字节数据寻址。可以对单独一位进行访

间，所采用的寻址方式为位寻址。位寻址可用于访问片内 RAM 的位寻址区和可以按位寻址的特殊功能寄存器的位。

片内 RAM 位寻址区中位的表达方式有以下两种：①位地址值(00H～7FH)；②字节地址.位序号。

可以按位寻址的特殊功能寄存器位的表达方式有以下 4 种：①位地址值(80H～0F7H)；②位名称；③特殊功能寄存器字节地址.位序号；④特殊功能寄存器名称.位序号。另外，特殊功能寄存器名称是特殊功能寄存器地址的符号表示，它们是等价的。

需要特别注意的是：在表示累加器 A 中的位的位地址时，不能用"A.位序号"，只能用"ACC.位序号"。

【例 3-14】 片内 RAM 中的位寻址。指令如下：

```
①SETB   20H        ;将位地址为 20H 的位置为 1
②SETB   24H.0      ;作用同上一条指令，字节地址为 24H 的存储单元的第 0 位的位地址是 20H
```

【例 3-15】 特殊功能寄存器 PSW 的位寻址。指令如下：

```
①SETB   0D5H       ;0D5H 是 PSW 的第 5 位的位地址
②SETB   F0         ;F0 是 PSW 的第 5 位的位名称
③SETB   PSW.5      ;PSW.5 表示 PSW 的第 5 位，恰好是 F0
④SETB   0D0H.5     ;0D0H 是 PSW 的字节地址，0D0H.5 代表 PSW 的第 5 位
```

3.3.6 变址寻址

变址寻址是"基址寄存器加变址寄存器间接寻址"的简称。在这种寻址方式中，基址寄存器是 16 位的程序计数器（PC）或 16 位的数据指针寄存器（DPTR），变址寄存器是累加器 A。指令执行时，基址寄存器内的数与变址寄存器内的数相加构成 16 位的源操作数地址。这种寻址方式只能用于程序存储器的访问。另外，因为程序存储器中的内容无法改变，所以这种寻址方式只适用于源操作数。

采用变址寻址方式的指令共有 3 条，包括："MOVC A,@A+PC""MOVC A,@A+ DPTR"和"JMP @A+DPTR"。下面仅以指令"MOVC A,@A+DPTR"为例介绍变址寻址方式。

【例 3-16】 变址寻址 MOVC 指令。指令如下：

```
MOVC     A,@A+DPTR          ;以(A)+(DPTR)为地址，从 ROM 中取 1 个字节数据送入累加器 A
```

在本例中，指令"MOVC A,@A+DPTR"的机器码是 93H，其中隐含了源操作数和目标操作数，该指令执行时，单片机取得操作码 93H 并对其译码后，即知要完成的操作是以(A)+(DPTR)为地址，从 ROM 中取 1 个字节数据送入累加器 A。若该指令执行之前，(A)=30H、(DPTR)=2000H，则该指令执行时，源操作数在程序存储器的地址为 30H+2000H=2030H。该指令执行后，程序存储器中地址为 2030H 的字节单元中的数据将被传送给累加器 A。

3.3.7 相对寻址

相对寻址主要用于相对转移指令，相对转移指令执行时程序将发生跳转。根据计算机的工作原理，程序执行之前被存放在存储器中，程序执行时计算机将以程序计数器中的值为地

址到相应的存储器单元中取指令，取得的指令将被译码并执行。因此，跳转指令之所以能使程序发生跳转，是因为其能使计算机不按存储顺序取指令。

在相对寻址中，目标地址=程序计数器（PC）的当前值+地址偏移量 rel。指令执行后，目标地址被送入 PC，使得单片机到目标地址所指向的程序存储器单元中取指令，从而改变程序的执行顺序。需要注意的是：①程序计数器（PC）的当前值（可简称为当前 PC 值）是相对转移指令的下一条指令在程序存储器中的存放地址，可以由转移指令本身的存放地址加上转移指令本身的字节长度获得；②地址偏移量 rel 是 8 位有符号数（-128～+127）。

【例 3-17】 相对寻址。程序段及其在 ROM 中的存放如下：

```
        ORG     0200H
        MOV     A,#12H
        SJMP    NEXT
        MOV     @R0,#13H
NEXT:   MOV     10H,#13H
```

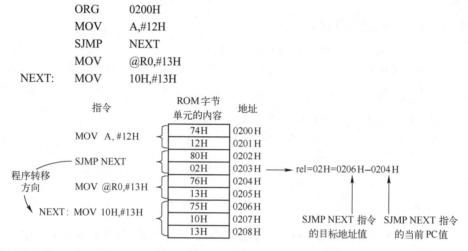

在本例中，指令"SJMP   NEXT"的作用为：使 CPU 绕过指令"MOV   @R0,#13H"，而跳转去执行标号"NEXT"所对应的指令。指令"SJMP NEXT"的机器码是"8002H"，其中："80H"是操作码，表示指令执行 SJMP 跳转；"02H"是地址偏移量 rel，是指令"MOV 10H,#13H"与"MOV   @R0,#13H"在 ROM 中的地址差，由汇编软件计算。

3.4 MCS-51 指令集

单片机程序由指令构成，指令是单片机程序设计的基础。MCS-51 单片机指令按功能可分为数据传送指令、算术运算指令、逻辑运算指令、移位指令和控制转移指令。

3.4.1 数据传送指令

单片机工作时，经常需要进行算术逻辑运算等操作，而数据通常存放于存储器和寄存器中，因此进行有效的数据传送、获取操作数是单片机程序设计的基础。

微课：数据传送指令

根据数据的存放区域可以将数据传送指令分为以下几类：

1）片内 RAM 区和特殊功能寄存器的数据传送，包括 MOV 指令、堆栈操作指令（PUSH、POP）和交换指令（SWAP、XCH 和 XCHD）。

2）片外 RAM 或 I/O 端口与累加器 A 之间的数据传送，即 MOVX 指令。

3）ROM 中数据向累加器 A 的数据传送，即 MOVC 指令。

1. MOV 指令

MOV 指令的目的操作数可以是累加器 A、工作寄存器 Rn（n=0～7）、直接寻址操作数 direct、寄存器间接寻址操作数@Ri（i=0 或 1）和数据指针寄存器（DPTR）等。表 3-2 为 MCS-51 单片机指令集中的 MOV 指令。

表 3-2　MOV 指令

操作码	目的操作数	源操作数	功能	机器码	长度（字节数）	执行时间（机器周期数）	数据类型
MOV	A	Rn	(A)←(Rn)	E8H～EFH	1	1	
		direct	(A)←(direct)	E5H direct	2	1	
		@Ri	(A)←((Ri))	E6H～E7H	1	1	
		#data	(A)←data	74H data	2	1	
	Rn	A	(Rn)←(A)	F8H～FFH	1	1	
		direct	(Rn)←(direct)	A8H～AFH direct	2	2	
		#data	(Rn)←data	78H～7FH data	2	1	
	direct	A	(direct)←(A)	F5H direct	2	1	字节
		Rn	(direct)←(Rn)	88H～8FH direct	2	2	
		direct2	(direct)←(direct2)	85H direct2 direct	3	2	
		@Ri	(direct)←((Ri))	86H～87H direct	2	2	
		#data	(direct)←data	75H direct data	3	2	
	@Ri	A	((Ri))←(A)	F6H～F7H	1	1	
		direct	((Ri))←(direct)	A6H～A7H direct	2	2	
		#data	((Ri))←data	76H～77H data	2	1	
	DPTR	#data16	(DPTR)←data16	90H data16	3	2	字
	C	bit	(CY)←(bit)	A2H bit	2	1	位
	bit	C	(bit)←(CY)	92H bit	2	2	

总结表 3-2 所列出的指令语法格式，可以得到图 3-1 所示的 MOV 指令数据传送方向，其中箭头所指方向即为数据传送方向。

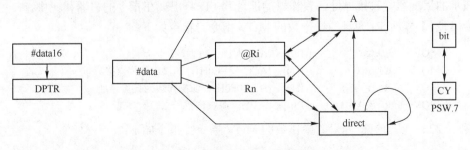

图 3-1　MOV 指令数据传送方向

需要特别说明的是，大多数书籍中将"MOV C, bit"和"MOV bit, C"归入位操作指令，而本书将其与字节传输指令列入同一个表格，是为了便于进行字节传送指令和位传送指令的对照，有利于读者理解、记忆和区分这些指令。

【例 3-18】 以累加器 A 为目的操作数的 MOV 指令。指令如下：

①MOV　A,R0　　　;(A)←(R0)，R0 中的数送入 A，源操作数为寄存器寻址
②MOV　A,72H　　;(A)←(72H)，片内 RAM 中 72H 单元的数送入 A，源操作数为直接寻址
③MOV　A,PSW　　;(A)←(PSW 或 0D0H)，PSW 中的数送入 A，源操作数为直接寻址
④MOV　A,@R1　　;(A)←((R1))，片内 RAM 中以 R1 中数为地址的单元的数送入 A,
　　　　　　　　　　;源操作数为寄存器间接寻址
⑤MOV　A,#72H　　;(A)←72H，数值 72H 送入 A，源操作数为立即数寻址

在本例中，需要注意以下几点：

1）累加器 A 的寻址方式是寄存器寻址。

2）指令②和⑤中的源操作数的寻址方式不同，②中的 72H 前没有"#"是直接地址，⑤中的 72H 前有"#"是立即数。

3）PSW 是特殊功能寄存器，其字节地址是 0D0H；特殊功能寄存器的名称是其字节地址的符号化，在指令中特殊功能寄存器的地址与其符号名称是等价的。

【例 3-19】 以 Rn 为目的操作数的 MOV 指令。指令如下：

①MOV　R0,A　　　;(R0)←(A)，A 中的数送入 R0
②MOV　R7,09H　　;(R7)←(09H)，片内 RAM 中 09H 单元的数送入 R7
③MOV　R5,SP　　;(R5)←(SP 或 81H)，SP 中的数送入 R5
④MOV　R1,#18H　;(R1)←18H，数值 18H 数送入 R1

【例 3-20】 以 direct 为目的操作数的 MOV 指令。指令如下：

①MOV　51H,A　　;(51H)←(A)，源操作数为寄存器寻址
②MOV　51H,ACC　;(51H)←(ACC 或 0E0H)，源操作数为直接寻址
③MOV　10H,R3　　;(10H)←(R3)，源操作数为寄存器寻址
④MOV　42H,P0　　;(42H)←(P0 或 80H)，源操作数为直接寻址
⑤MOV　70H,6FH　;(70H)←(6FH)，源操作数为直接寻址
⑥MOV　7FH,@R1　;(7FH)←((R1))，源操作数为寄存器间接寻址
⑦MOV　3CH,#0ABH　;(3CH)←0ABH，源操作数为立即数寻址

在本例中，需要特别注意的是指令①和②的作用完全相同，而且源操作数均是累加器。但是以 A 表示的累加器是寄存器寻址，累加器的地址不会出现在指令的机器代码中；以 ACC 表示的累加器是直接寻址，累加器的地址 0E0H 将出现在指令的机器代码中。

【例 3-21】 以@Ri 为目的操作数的 MOV 指令。指令如下：

①MOV　@R0,A　　;((R0))←(A)，源操作数为寄存器寻址
②MOV　@R1,ACC　;((R1))←(ACC 或 0E0H)，源操作数为直接寻址
③MOV　@R1,B　　;((R1))←(B 或 0F0H)，源操作数为直接寻址
④MOV　@R0,#0ABH　;((R0))←0ABH，源操作数为立即数寻址

【例 3-22】 以 DPTR 为目的操作数的 MOV 指令。指令如下：

　MOV　DPTR,#1234H　;(DPTR)←1234H，即(DPH)←12H 且(DPL)←34H

"MOV　DPTR,#data"是 MCS-51 指令中唯一的 16 位数据传输指令，DPTR 由两个特殊功能寄存器 DPH 和 DPL 构成，分别对应 DPTR 的高字节和低字节。

【例 3-23】 位传送指令。指令如下：

①MOV　C, 20H　　　　;将位地址为 20H 的位传送给进位标志位 CY
②MOV　24H.0,C　　　;将进位标志位 CY 传送给字节单元 24H 的第 0 位（其位地址是 20H）
③MOV　C,0D5H　　　;将位地址为 0D5H 的位（即 PSW 的第 5 位）传送给进位标志位 CY
④MOV　F0,C　　　　;将进位标志位 CY 传送给 F0（即 PSW 的第 5 位）
⑤MOV　PSW.5,C　　;将进位标志位 CY 传送给 PSW 的第 5 位
⑥MOV　C,0D0H.5　　;将字节地址为 0D0H 的字节单元的第 5 位（即 PSW 的第 5 位）传送给进位标志位

在本例中，20H 和 24H.0 是同一个位地址；0D5H、F0、PSW.5 和 0D0H.5 是同一个位，即 PSW 寄存器的第 5 位。

【例 3-24】　判断指令对错。指令如下：

①MOV　A,A　　　　　;(×)
②MOV　A,ACC　　　　;(√),(A)←(direct)
③MOV　@R1,@R1　　　;(×)
④MOV　#23H,A　　　　;(×)
⑤MOV　R0,#08H　　　;(√),(Rn)←#data
⑥MOV　R0,R1　　　　;(×)
⑦MOV　A,#1234H　　　;(×)
⑧MOV　DPTR,#1234H　;(√)
⑨MOV　DPH,A　　　　;(√),(direct)←(A)
⑩MOV　DPL,A　　　　;(√),(direct)←(A)
⑪MOV　40H,64H　　　;(√),(direct)←(direct2)
⑫MOV　DPH,DPL　　　;(√),(direct)←(direct2)
⑬MOV　DPTR,20H　　;(×)
⑭MOV　A,C　　　　　;(×)
⑮MOV　F0,24H.0　　　;(×)

判断 MOV 指令对错的基本方法是：检查指令的格式是否符合表 3-2 的要求，不符合的即是错误的。在例 3-24 中，指令⑭和⑮的错误原因如下：

1）根据表 3-2，位传送指令中必然出现进位标志位 CY，而指令⑭试图完成进位标志位 CY 和字节型寄存器 A 之间的数据传输，但是由于 CY 和 A 数据类型不一致，所以无法完成数据传送。

2）指令⑮的源操作数和目的操作数虽然都是位寻址操作数。但是由表 3-2 可知，位传送指令中必须有一个操作数为 CY，所以单片机不能识别该指令。

2. 堆栈操作指令

堆栈是片内 RAM 区中的一块连续的字节存储单元，遵循"先入后出、后入先出"的使用原则。堆栈操作分为"入栈"和"出栈"两种，入栈操作通过 PUSH 指令将数据放入堆栈，而出栈操作通过 POP 指令将数据从堆栈中取出。一般情况下，堆栈操作指令 PUSH 和 POP 应该成对出现，并且满足堆栈"先入后出、后入先出"的使用原则。堆栈通常用于子程序和中断服务处理程序的调用、返回操作及参数传递和现场保护，也可以用于存放程序执行时产生的临时数据。

PUSH 指令和 POP 指令只能进行字节类型的数据传送，而且指令中唯一的操作数必须采用直接寻址方式，其格式见表 3-3。

表 3-3　堆栈操作指令

操作码	目的操作数	源操作数	功能	机器码	长度（字节数）	执行时间（机器周期数）	数据类型
POP	direct	—	(direct)←((SP)) (SP)←(SP)-1	D0H direct	2	2	字节
PUSH	—	direct	(SP)←(SP)+1 ((SP))←(direct)	C0H direct	2	2	

堆栈操作中用到的特殊功能寄存器 SP 被称为堆栈指针。堆栈操作时，SP 中的数被当作片内 RAM 存储单元的地址。MCS-51 单片机在入栈操作时 SP 增加、出栈时 SP 减小，这样的堆栈被称为"向上生长型"的堆栈。而入栈时 SP 减小、出栈时 SP 增大的堆栈被称为"向下生长型"的堆栈。堆栈操作前，SP 初始值所指向的片内 RAM 存储单元被称为"栈底"，每次堆栈操作后，SP 所指向的片内 RAM 存储单元被称为"栈顶"。

【例 3-25】堆栈操作指令。程序段及指令执行时片内 RAM 中的数据存放情况如下：

```
MOV    20H,#0C3H  ;(20H)←0C3H
MOV    SP,#42H    ;(SP)←42H
MOV    A,#12H     ;(A)←12H
MOV    B,#00H     ;(B)←00H
PUSH   20H        ;因为(SP)←(SP)+1，所以(SP)=43H，因为((SP))←(20H),所以(43H)←(20H)=0C3H
PUSH   ACC        ;因为(SP)←(SP)+1，所以(SP)=44H，
                  ;因为((SP))←(ACC)，所以(44H)←(ACC)=12H
POP    B          ;因为(B)←((SP))，所以(B)←(44H)=12H，因为(SP)←(SP)-1，所以(SP)=43H
POP    1FH        ;因为(1FH)←((SP))，所以(1FH)←(43H)=0C3H，
                  ;因为(SP)←(SP)-1，所以(SP)=42H
```

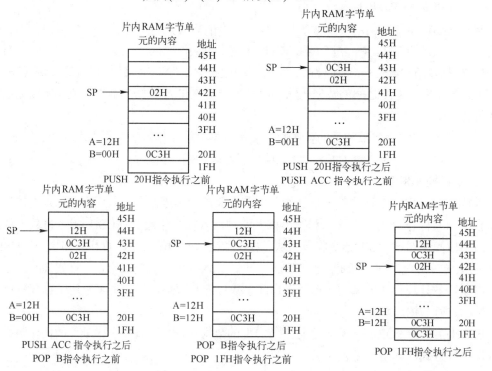

本例给出了指令执行过程中片内 RAM 中数据变化的情况，读者应将其与程序指令对照分析，并注意堆栈操作过程中 SP 的变化。

【例 3-26】　错误堆栈操作指令举例。以下 4 条指令均是错误的。

```
①PUSH      A
②POP       R0
③POP       DPTR
④PUSH      #0DEH
```

本例指令错误的原因是：在指令①和②中，A 和 R0 都是寄存器，属于寄存器寻址方式，而堆栈操作指令的操作数只能是直接寻址的；在指令③中，DPTR 由 DPH 和 DPL 两个特殊功能寄存器构成，而 DPTR 本身不是特殊功能寄存器，不符合堆栈操作指令对操作数寻址方式的要求；在指令④中，立即数不能作堆栈操作指令的操作数。

3．交换指令

交换指令的功能是交换操作数的存放位置，指令语法格式见表 3-4。

表 3-4　交换指令语法格式

操作码	目的操作数	源操作数	功能	机器码	长度（字节数）	执行时间（机器周期数）	数据类型
XCH	A	Rn	(A)←→(Rn)	C8H~CFH	1	1	字节
		direct	(A)←→(direct)	C5H direct	2	1	
		@Ri	(A)←→((Ri))	C6H~C7H	1	1	
XCHD	A	@Ri	$(A)_{3\sim0}$←→$((Ri))_{3\sim0}$	D6H~D7H	1	1	半字节
SWAP	A		$(A)_{3\sim0}$←→$(A)_{7\sim4}$	C4H	1	1	

【例 3-27】　交换指令举例。指令如下：

```
①XCH    A,R5      ;(A)←→(R5)，累加器 A 的数据与寄存器 R5 的数据交换
②XCH    A,B       ;(A)←→(B)，累加器 A 的数据与寄存器 B 的数据交换，
                  ;寄存器 B 是直接寻址的操作数
③XCH    A,72H     ;(A)←→(72H)，累加器 A 的数据与片内 RAM 中 72H 单元的数据交换
④XCH    A,@R0     ;(A)←→((R0))，累加器 A 的数据与 1 个片内 RAM 字节单
                  ;中的数据交换，该字节单元的地址存于寄存器 R0 中
⑤XCHD   A,@R0     ;(A)₃~₀←→((R0))₃~₀，累加器 A 中数据的第 3~0 位与 1 个片内 RAM 字节单
                  ;元的第 3~0 位进行交换，该字节单元的地址存于寄存器 R0 中
⑥SWAP   A         ;累加器 A 的高半字节和低半字节互换
```

在本例中，若假设指令执行之前，(A)=0AFH、(R5)=23H、(B)=51H、(72H)=67H、(R0)=18H、(18H)=9EH，则上述 6 条指令执行的结果分别如下：

```
①(A)=23H,(R5)=0AFH
②(A)=51H,(B)=0AFH
③(A)=67H,(72H)=0AFH
④(A)=9EH,((R0))=(18H)=0AFH
⑤(A)=0AEH,((R0))=(18H)=9FH
⑥(A)=0FAH
```

4. MOVX 指令

MOVX 指令用于片外 RAM 或 I/O 端口与累加器 A 之间的数据传送，指令语法格式见表 3-5。

表 3-5　MOVX 指令语法格式

操作码	目的操作数	源操作数	功能	机器码	长度（字节数）	执行时间（机器周期数）	数据类型
MOVX	A	@DPTR	(A)←((DPTR)) 片外 RAM	E0H	1	2	字节
		@Ri	(A)←((Ri)) 片外 RAM	E2H～E3H	1	2	
	@DPTR	A	((DPTR)) 片外 RAM←(A)	F0H	1	2	
	@Ri		((Ri)) 片外 RAM←(A)	F2H～F3H	1	2	

MCS-51 单片机的片外 RAM 和片外 I/O 空间统一编址，地址为 16 位，地址范围为 0000H～FFFFH。MOVX 指令执行时，16 位地址的高 8 位和低 8 位分别通过 P2 和 P0 口传送。在指令"MOVX A,@DPTR"和"MOVX @DPTR,A"中，DPTR 存放 16 位地址，DPH 和 DPL 分别存放地址的高 8 位和低 8 位。在指令"MOVX A,@Ri"和"MOVX @Ri,A"中，低 8 位地址存放在 8 位寄存器 Ri（i=0 或 1）中；高 8 位地址只能通过直接设置 P2 口状态的方式来确定，如指令"MOV P2, #0FFH"将地址的高 8 位设置为 0FFH。

以累加器 A 为目的操作数的 MOVX 指令是输入指令，将由@DPTR 或@Ri 所指定的片外 RAM 单元或 I/O 端口的 8 位数据送入累加器 A。反之，以累加器 A 为源操作数的 MOVX 指令是输出指令。

【例 3-28】 MOVX 输出指令。程序段如下，程序的功能见其注释。

```
MOV     A,#47H          ;(A)←47H
MOV     DPTR,#2582H     ;(DPTR)←2582H
MOVX    @DPTR,A         ;累加器 A 中的数送入地址为 2582H 的片外 RAM 存储单元或 I/O 端口中
```

【例 3-29】 MOVX 输入指令。程序段如下，程序的功能见其注释。

```
MOV     A,#47H          ;(A)←47H
MOV     R1,#31H         ;(R1)←31H，地址的低 8 位
MOV     P2,#65H         ;(P2)←65H，地址的高 8 位
MOVX    A,@R1           ;地址为 6531H 的片外 RAM 存储单元或 I/O 端口中的数送入累加器 A 中
```

【例 3-30】 错误的 MOVX 指令举例。指令如下：

```
①MOVX    A,DPTR
②MOVX    A,2582H
③MOVX    PSW,@DPTR
```

本例中 3 条指令错误的原因是不符合 MOVX 指令的语法格式要求（见表 3-5）。

5. MOVC 指令

MOVC 指令用于读取程序存储器（ROM）中的数据，其指令语法格式见表 3-6。MOVC 指令只能将数据从 ROM 中取出并送入累加器 A，反之则不可以，因为 ROM 是只读

型存储器，其存储内容不能修改。

表 3-6 MOVC 指令语法格式

操作码	目标操作数	源操作数	功能	机器码	长度 （字节数）	执行时间 （机器周期数）	数据类型
MOVC	A	@A+DPTR	(A)←((A)+(DPTR))	93H	1	2	字节
		@A+PC	(PC)←(PC) +1 (A)←((A)+(PC))	83H	1	2	

在表 3-6 中，"(PC)←(PC) +1"内的第二个"(PC)"是指令"MOVC A,@A+PC"在 ROM 中的存放地址，第一个"(PC)"是指令"MOVC A,@A+PC"的"当前 PC 值"，即存储器中紧邻指令"MOVC A,@A+PC"存放的下一条（存放地址更大的）指令的存放地址。

【例 3-31】 MOVC 指令，操作数包含 PC。程序段及其在 ROM 中的存放如下：

```
ORG    0200H        ;程序存储器定位于地址为 0200H 的存储单元
MOV    A,#38H        ;(A)←38H
MOVC   A,@A+PC       ;地址为 023BH 的 ROM 存储单元的字节型数据送入累加器 A 中
```

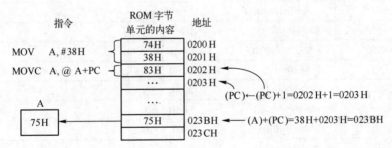

本例程序段包含 3 条指令，其功能是读取 ROM 中指定字节单元的数据并送入累加器 A。

【例 3-32】 MOVC 指令，操作数包含 DPTR。程序段如下：

```
MOV    A,#38H        ;(A)←38H
MOV    DPTR,#2000H   ;(DPTR)←2000H
MOVC   A,@A+DPTR     ;(A)←((A) +(DPTR))=(2000H+38H)=(2038H)，将地址为 2038H 的
                     ; ROM 存储单元中的字节型数据送入累加器 A 中
```

本例程序的功能与例 3-31 类似，即读取 ROM 中的字节型数据并送入累加器 A。

3.4.2 算术运算指令

算术运算指令包括加、减、乘和除法指令，其语法格式见表 3-7。由表 3-7 可知，算术运算指令会对 PSW 中的某些位产生影响。

微课：算术运算
指令

表3-7 算术运算指令语法格式

操作码	目的操作数	源操作数	功能	机器码	长度（字节数）	执行时间（机器周期数）	受影响的标志位
ADD	A	Rn	(A)←(A)+(Rn)	28H～2FH	1	1	CY AC OV P
		direct	(A)←(A)+(direct)	25H direct	2	1	
		@Ri	(A)←(A)+((Ri))	26H～27H	1	1	
		#data	(A)←(A)+data	24H data	2	1	
ADDC	A	Rn	(A)←(A)+(Rn)+(Cy)	38H～3FH	1	1	
		direct	(A)←(A)+(direct)+(Cy)	35H direct	2	1	
		@Ri	(A)←(A)+((Ri))+(Cy)	36H～37H	1	1	
		#data	(A)←(A)+data+(Cy)	34H data	2	1	
DA	A		将由 ADD 和 ADDC 完成的运算结果转换成压缩 BCD 码	D4H	1	1	CY,AC,P
SUBB	A	Rn	(A)←(A)-(Rn)-(Cy)	98H～9FH	1	1	CY AC OV P
		direct	(A)←(A)-(direct)-(Cy)	95H direct	2	1	
		@Ri	(A)←(A)-((Ri))-(Cy)	96H～97H	1	1	
		#data	(A)←(A)-data-(Cy)	94H data	2	1	
INC	A		(A)←(A)+1	04H	1	1	P
	Rn		(Rn)←(Rn)+1	08H～0FH	1	1	无
	direct		(direct)←(direct)+1	05H direct	2	1	
	@Ri		((Ri))←((Ri))+1	06H～07H	1	1	
	DPTR		(DPTR)←(DPTR)+1	A3H	1	2	
DEC	A		(A)←(A)-1	14H	1	1	P
	Rn		(Rn)←(Rn)-1	18H～1FH	1	1	无
	direct		(direct)←(direct)-1	15H direct	2	1	
	@Ri		((Ri))←((Ri))-1	16H～17H	1	1	
MUL	AB		(B)(A)←(B)×(A)	A4H	1	4	CY OV
DIV	AB		(A)商和(B)余数←(A)/(B)	84H	1	4	

1. 加法指令 ADD 和 ADDC

ADD 指令将源操作数和累加器 A 中的数相加，加法的结果存入累加器 A，并且运算结果会影响 PSW 中的 CY、OV、AC 和 P 标志位。ADD 指令对标志位的影响如下：当加法结果的第 7 位有进位时，则进位标志位 CY 被置 1，否则被清 0；如果加法结果的第 3 位有进位，则辅助进位标志位 AC 被置 1，否则被清 0；如果加法结果的第 6 位和第 7 位的进位情况不一致，则溢出标志位 OV 被置 1，否则被清 0；运算结束时，奇偶标志位 P 的值由累加器 A 中的数决定，若累加器 A 中的值以二进制表示后，其中"1"的个数为奇数个，则 P 为 1，否则 P 为 0。

ADDC 指令与 ADD 指令的唯一区别是，前者在源操作数和累加器 A 的加法基础上再加上 CY 中的值。

【例 3-33】加法指令举例。确定下段程序执行后累加器 A 和 PSW 的值。

```
MOV    A,#0AH
MOV    R1,#7EH
```

```
MOV     PSW,#00H
ADD     A,R1            ;(A)=(88H)、(PSW)=44H（即 P=0、OV=1、AC=1 和 CY=0）
ADDC    A,#0AH          ;(A)=92H、(PSW)=41H（即 P=1、OV=0、AC=1 和 CY=0）
```

解： 该程序段运行结果是：(A)=92H、(PSW)=41H（即 P=1、OV=0、AC=1 和 CY=0）。

2．十进制调整指令 DA

指令 ADD 和 ADDC 将其源操作数和目的操作数作为二进制数（或十六进制数）进行加法计算，遵循"逢 2 进 1"（或"逢 16 进 1"）的二进制（或十六进制）计算规则，得到的运算结果为二进制数（或十六进制数）。如果用 ADD 和 ADDC 指令进行压缩 BCD 码（十进制数）的加法计算，则得不到正确的十进制计算结果，而使用 DA 指令可以将 ADD 和 ADDC 指令的运算结果调整为十进制的运算结果。

使用"DA　A"指令进行十进制调整时，必须满足以下要求：在 DA 指令之前必须进行 ADD 或 ADDC 加法运算，并且参与加法运算的操作数必须是压缩 BCD 码数。

"DA　A"指令调整时，先处理"个位"，再处理"十位"，"个位"的处理结果将影响"十位"的调整，具体步骤如下：

（1）调整 BCD 码运算结果的"个位"

1）若累加器 A 中运算结果的"个位"（即低 4 位）数大于 9（非 BCD 码），则在累加器 A 的"个位"上加"6"。这样做是因为：在 BCD 码计算时，结果大于 9 则应产生进位，但是 ADD 和 ADDC 按照十六进制进行计算，只有结果大于 15 时才进位，从而导致"晚"进位，所以此时加"6"相当于将"逢 16 进 1"的十六进制运算强制调整为"逢 10 进 1"十进制运算。

2）若累加器 A 中运算结果的"个位"（即低 4 位）产生进位（辅助进位标志位 (AC)=1），则在累加器 A 的"个位"上加"6"。这样处理的理由是："个位"产生进位，意味着 BCD 码加法结果的个位大于 15 而产生了进位，但是该进位将使 BCD 码加法结果的个位数被减去 16，而正常的十进制加法进位应该使个位数被减去 10，所以需通过加"6"操作补上多减去的"6"。

（2）调整 BCD 码运算结果的"十位"

若累加器 A 中运算结果的"十位"（即高 4 位）数大于 9（非 BCD 码）或累加器 A 中"十位"产生进位（进位标志位 (CY)=1），则在累加器 A 的"十位"上加"6"。这样做的原因与步骤（1）相似。

【例 3-34】 DA 指令举例。

以下程序段可以完成压缩 BCD 码的加法运算 88H+02H=90H。

```
MOV     A,#88H          ;(A)←88H
ADD     A,#02H          ;(A)←88H+02H=8AH，是十六进制的计算结果
DA      A               ;(A)←90H，是十进制 BCD 码的计算结果
```

3．减法指令 SUBB

SUBB 指令将累加器 A 中的数减去源操作数和进位标志位 CY，并将减法结果存入累加器 A，其运算结果会影响 PSW 中的 CY、OV、AC 和 P 标志位。SUBB 指令对标志位的影响如下：当减法的第 7 位有借位时，则进位标志位 CY 被置 1，否则被清 0；如果减法结果的第 3 位有借位，则辅助进位标志位 AC 被置 1，否则被清 0；如果减法结果的第 6 位和第 7

位的借位情况不一致，则溢出标志位被置 1，否则被清 0；运算结束时，奇偶标志位 P 的值由累加器 A 中的数决定，若累加器 A 中的值以二进制表示后，其中"1"的个数为奇数个，则(P)=1，否则(P)=0。

【例 3-35】 SUBB 指令举例。确定下段程序执行后，累加器 A 和 PSW 的值。

```
MOV    A,#0AH
MOV    R1,#7EH
MOV    PSW,#00H
SUBB   A,R1
```

解： 运行结果是(A)=8CH、(PSW)=0C1H（即 P=1、OV=0、AC=1 和 CY=1）。

4. 加 1 指令 INC 和减 1 指令 DEC

INC 指令和 DEC 指令分别对指令中唯一的操作数进行加 1 和减 1 操作，并将结果送回操作数。除了"INC A"和"DEC A"指令将影响奇偶标志位 P 以外，其他 INC 和 DEC 指令均不影响任何标志位。注意：这里所说的"不影响"是指标志位原来的状态保持不变。另外，"INC DPTR"指令进行 16 位数加 1 操作，该指令执行时，先将 DPL 加 1，若产生进位，则将 DPH 加 1，并且 DPL 加 1 和 DPH 加 1 产生的进位不影响 AC 和 CY。另外，无"DEC DPTR"指令。

还需特别注意的是：若用 INC 和 DEC 修改单片机并行 I/O 口（P0~P3）的引脚状态，如指令"INC P0"，则指令执行时采用的是"读-修改-写"方式，即先从端口的输出锁存器（而不是端口的引脚）读取端口数据，然后修改该数据（INC 指令进行加 1 操作，DEC 指令进行减 1 操作），最后将修改结果输出到端口引脚上。

【例 3-36】 INC 和 DEC 指令举例。确定以下程序段中每条指令执行后，指令操作数和 CY 的值。

```
MOV    PSW, #80H      ;(PSW)←80H,(CY)=1
MOV    A,#0F9H        ;(A)←0F9H
INC    A              ;(A)=0F9H+1=0FAH,(CY)=1
MOV    A,#0FFH        ;(A)←0FFH
INC    A              ;(A)=0FFH+1=00H,(CY)=1
MOV    DPTR,#12FFH    ;(DPTR)←12FFH
INC    DPTR           ;(DPTR)←1300H,(CY)=1
MOV    A,#00H         ;(A)←00H
DEC    A              ;(A)←0FFH,(CY)=1
```

解： 答案在每条指令的注释中给出，需注意 INC 指令和 DEC 指令不影响 CY 的值。

5. 乘法指令 MUL

乘法指令的格式见表 3-7，乘法的被乘数和乘数均为 8 位无符号数，且默认存放在累加器 A 和寄存器 B 中。乘积为 16 位无符号数，其低 8 位存放于累加器 A 中，高 8 位存放在寄存器 B 中，如图 3-2 所示。

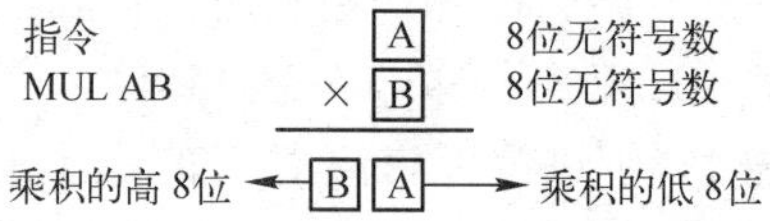

图 3-2 乘法指令示意图

乘法指令对标志位的影响为：若乘积大于 0FFH，则溢出标志位 OV 被置 1，否则被清 0；进位标志位总会被乘法指令清 0。

【例 3-37】 MUL 指令举例。确定以下程序段执行后累加器 A、寄存器 B 及标志位 CY 和 OV 的值。

```
MOV    PSW,#00H    ;(PSW)←00H
MOV    A,#12H      ;(A)←12H
MOV    B,#39H      ;(B)←39H
MUL    AB          ;(B)(A)←(A)×(B)=0402H，即(B)=04H 和(A)=02H
                   ;(PSW)=05H，即(OV)=1、(P)=1 并且其他标志位均为 0
```

解： 答案在程序段的注释中给出。

6. 除法指令 DIV

除法指令的格式见表 3-7。与乘法指令相似，除法指令的被除数和除数均为 8 位无符号数，被除数默认放在累加器 A 中，除数默认放在寄存器 B 中。除法的商和余数均为 8 位无符号数，分别存于累加器 A 中和寄存器 B 中，如图 3-3 所示。

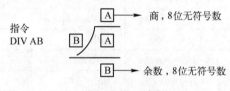

图 3-3　除法指令示意图

除法指令对标志位的影响：若除数不为 0，则溢出标志位 OV 和进位标志位 CY 均被清 0；若除数为 0，则溢出标志位（OV）被置为 1，且累加器 A 和寄存器 B 的值是不确定的。

【例 3-38】 DIV 指令举例。确定以下程序段执行后累加器 A、寄存器 B 及标志位 CY 和 OV 的值。

```
MOV    PSW,#00H    ;(PSW)←00H
MOV    A,#0E3H     ;(A)←0E3H
MOV    B,#07H      ;(B)←07H
DIV    AB          ;(A)←(A)/(B)的商=20H，(B)←(A)/(B)的余数=03H
                   ;(PSW)=01H，即(OV)=0、(CY)=0、(P)=1，其他标志位均为 0
```

解： 答案在程序段的注释中给出。

3.4.3 逻辑运算指令

逻辑运算可以分成字节逻辑运算和位逻辑运算两大类，其指令格式见表 3-8。当逻辑运算指令的目的操作数是累加器 A、程序状态字寄存器 PSW 或进位标志位 CY 时，PSW 会受到影响，否则 PSW 不受影响。

微课：逻辑运算指令

表 3-8 逻辑运算指令格式

操作码	目的操作数	源操作数	功能	机器码	长度（字节数）	执行时间（机器周期数）	数据类型
CLR	A		(A)←0	E4H	1	1	
CPL	A		(A)←$\overline{(A)}$	F4H	1	1	
ANL	A	Rn	(A)←(A)∧(Rn)	58H~5FH	1	1	
		direct	(A)←(A)∧(direct)	55H direct	2	2	
		@Ri	(A)←(A)∧((Ri))	56H~57H	1	1	
		#data	(A)←(A)∧data	54H data	2	1	
	direct	A	(direct)←(direct)∧(A)	52H direct	2	1	
		#data	(direct)←(direct)∧data	53H direct data	3	2	
ORL	A	Rn	(A)←(A)∨(Rn)	48H~4FH	1	1	字节
		direct	(A)←(A)∨(direct)	45H direct	2	1	
		@Ri	(A)←(A)∨((Ri))	46H~47H	1	1	
		#data	(A)←(A)∨data	44H data	2	1	
	direct	A	(direct)←(direct)∨(A)	42H direct	2	1	
		#data	(direct)←(direct)∨data	43H direct data	3	2	
XRL	A	Rn	(A)←(A)⊕(Rn)	68H~6FH	1	1	
		direct	(A)←(A)⊕(direct)	65H direct	2	1	
		@Ri	(A)←(A)⊕((Ri))	66H~67H	1	1	
		#data	(A)←(A)⊕data	64H data	2	1	
	direct	A	(direct)←(direct)⊕(A)	62H direct	2	1	
		#data	(direct)←(direct)⊕data	63H direct data	3	2	
CLR	C		(CY)←0	C3H	1	1	
	bit		(bit)←0	C2H bit	2	1	
SETB	C		(CY)←1	D3H	1	1	
	bit		(bit)←1	D2H bit	2	1	
CPL	C		(CY)←$\overline{(CY)}$	B3H	1	1	位
	bit		(bit)←$\overline{(bit)}$	B2H bit	2	1	
ANL	C	bit	(CY)←(CY)∧(bit)	82H bit	2	2	
		/bit	(CY)←(CY)∧$\overline{(bit)}$	B0H bit	2	2	
ORL	C	bit	(CY)←(CY)∨(bit)	72H bit	2	2	
		/bit	(CY)←(CY)∨$\overline{(bit)}$	A0H bit	2	2	

1. 字节清零 CLR 和取反 CPL 指令

字节清零指令"CLR A"将累加器 A 清 0。字节取反指令"CPL A"将累加器 A 中的数按位二进制取反。

【例 3-39】 字节取反指令。确定以下两条指令执行后累加器 A 的值。

MOV A,#0F0H ;(A)←0F0H=11110000B

```
CPL    A              ;(A)←0FH=00001111B
```

解：答案在程序段的注释中给出。

2. 字节"与"ANL、"或"ORL 及"异或"XRL 运算指令

字节"与"ANL、"或"ORL 及"异或"XRL 运算指令对指令中的两个操作数进行按位的二进制"与""或""异或"运算，运算结果存放于目的操作数中。

【例 3-40】 字节逻辑运算指令 ANL、ORL 和 XRL。确定以下程序段中 ANL、ORL 和 XRL 指令执行后累加器 A 的值。

```
MOV    A,#0FFH        ;(A)←0FFH =11111111B
ANL    A,#0F2H        ;(A)←(A)∧0F2H=11111111B∧11110010B =11110010B=0F2H
MOV    A,#00H         ;(A)←00H=00000000B
ORL    A,#02H         ;(A)←(A)∨02H=00000000B∨00000010B =00000010B=02H
MOV    A,#0FFH        ;(A)←0FFH=11111111B
XRL    A,#02H         ;(A)←(A)∨02H=11111111B∨00000010B =11111101B=FDH
```

解：答案在程序段的注释中给出。由本例可知：①与"0"进行"与"运算的二进制位会被清 0，与"1"进行"与"运算的二进制位保持不变；②与"1"进行"或"运算的二进制位会被置 1，与"0"进行"或"运算的二进制位保持不变；③与"1"进行"异或"运算的二进制位会被取反，与"0"进行"异或"运算的二进制位保持不变。

3. 位变量状态设置指令 CLR、SETB、CPL

见表 3-8，位变量状态设置指令 CLR 和 SETB 指令中仅有一个位操作数，这两条指令分别对位操作数进行清 0 和置 1 的操作，而 CPL 指令的作用是将位操作数取反。

【例 3-41】 位变量状态设置指令。确定下段程序中，每条指令执行后 F0 的值。

```
SETB   F0             ;(F0)←1
CPL    F0             ;(F0)←(F0)=0
CLR    20H            ;(20H)←0，这里 20H 是位地址值
```

解：答案在程序段的注释中给出。

位清 0 指令"CLR C"（或"CLR bit"）与字节清 0 指令"CLR A"的差别是：字节清 0 指令中唯一的操作数一定是累加器 A，如果 CLR 指令的操作数不是累加器 A，则一定是位清 0 指令。相似地，位取反指令与字节取反指令的差别也在于操作数是否是累加器 A。

4. 位"与"ANL 及"或"ORL 运算指令

见表 3-8，位"与"ANL 及"或"ORL 指令的逻辑运算在两个位操作数之间进行，而且目的操作一定是进位标志位 CY。

【例 3-42】 位"与"ANL 及"或"ORL 运算指令。确定下段程序中，每条指令执行后操作数的值。

```
SETB   53H            ;(53H)←1，这里 53H 是位地址值
CLR    58H            ;(58H)←0，这里 58H 是位地址值
SETB   C              ;(CY)←1，这里 C 即是进位标志位 CY
ANL    C,58H          ;(CY)←(CY)∧(58H)=1∧0=0，"∧"代表"与"运算
ORL    C,53H          ;(CY)←(CY)∨(53H)=0∨1=1，"∨"代表"或"运算
```

解：答案在程序段的注释中给出。

3.4.4 移位指令

移位指令对其操作数进行循环移位，其指令语法格式见表 3-9。二进制数向左移位一次相当于乘以 2，向右移位一次相当于除以 2。通过移位的方法进行乘、除法运算比使用 MUL 和 DIV 指令速度更快，因为 MUL 和 DIV 指令执行时间是 4 个机器周期（见表3-7），而移位指令执行 1 次仅用时 1 个机器周期（见表3-9）。图 3-4 展示了移位指令的工作方式，结合表 3-9 可以更好地理解移位指令的功能。

表 3-9 移位指令语法格式

操作码	目的操作数	源操作数	功能	机器码	长度 （字节数）	执行时间 （机器周期数）
RL			$(A) \leftarrow (A)_{6\sim0}(A)_7$	23H	1	1
RLC			$(CY)(A) \leftarrow (A)_7(A)_{6\sim0}(CY)$	33H	1	1
RR	A		$(A) \leftarrow (A)_0(A)_{7\sim1}$	03H	1	1
RRC			$(CY)(A) \leftarrow (A)_0(CY)(A)_{7\sim1}$	13H	1	1

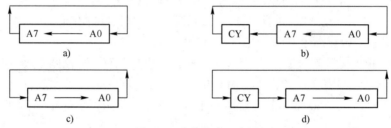

图 3-4 移位指令示意图

a) RL b) RLC c) RR d) RRC

【例 3-43】 移位指令。确定下段程序中，每条指令执行后操作数的值。

```
MOV     A,#04H      ;(A)←04H
RL      A           ;(A)←04H×2=08H
RR      A           ;(A)←08H/2=04H
SETB    C           ;(CY)←1
RLC     A           ;(CY)(A)←(0B)(0000100B)(1B)，即(CY)=0，(A)=09H
RRC     A           ;(CY)(A)←(1B)(0B)(0000100B)，即(CY)=1，(A)=04H
```

解：答案在程序段的注释中给出。

3.4.5 控制转移指令

控制转移指令能够改变单片机程序寄存器（PC）的值，即改变单片机从 ROM 中读取指令的顺序，从而改变程序执行顺序。控制转移指令包括以下几类：无条件转移指令、条件转移指令和子程序调用及返回指令等。

微课：控制转移指令

1. 无条件转移指令

转移指令也称为跳转指令，其中无条件转移指令执行时，程序必定发生跳转，其指令语法格式见表 3-10。

表 3-10　无条件转移指令语法格式

操作码	操作数	功能	机器码	长度（字节数）	执行时间（机器周期数）	指令名称
LJMP	addr16	(PC)←addr16	02H addr16	3	2	长转移指令
AJMP	addr11	(PC)←(PC)+2 (PC)$_{10\sim0}$←addr11	addr16$_{10\sim8}$00001 addr16$_{7\sim0}$B	2	2	绝对转移指令
SJMP	rel	(PC)←(PC)+2 (PC)←(PC)+rel	80H rel	2	2	相对转移指令
JMP	@A+DPTR	(PC)←(A)+(DPTR)	73H	1	2	散转指令
NOP	—	(PC)←(PC)+1	00H	1	1	空操作指令

（1）长转移指令 LJMP

LJMP 指令的操作数是 16 位目标地址值。指令执行时该地址值被送入程序计数器 PC，使得单片机从目标地址所对应的程序存储器单元取指令，并执行该指令。目标地址值是 16 位的，可以指向 64KB ROM 地址空间的任何一个单元，即 LJMP 指令可以不受限制地跳转到程序的任何位置。

【例 3-44】 LJMP 指令。程序段如下：

```
            LJMP    2000H                    LJMP    NEXT
            MOV     A,#00H                   MOV     A,#00H
            ORG     2000H                    ORG     2000H
     NEXT:  MOV     A,#01H            NEXT:  MOV     A,#01H
```

程序分析：左侧程序与右侧程序的功能完全一致，即：程序将越过指令"MOV A,#00H"直接跳转到 NEXT 标号处执行"MOV A,#01H"指令；指令"LJMP NEXT"中的"NEXT"是指令"MOV A, #01H"的标号地址，实际上等于"MOV A, #01H"在 ROM 中的存放地址。

需要指出的是：在实际程序设计时，跳转指令中均以标号地址代表目标地址值；程序汇编时，汇编程序会自动将标号地址转换成实际的目标地址，不需要程序员计算。

（2）绝对转移指令 AJMP

在表 3-10 所示的 AJMP 功能解释"(PC)←(PC)+2"中，"←"右侧的 PC 值是 AJMP 指令在 ROM 中的存放地址，而 AJMP 指令长度为 2B，所以"←"左侧的 PC 值是在 ROM 中紧邻 AJMP 指令的下一条指令的存放地址，即 AJMP 指令的当前 PC 值。另外，由 AJMP 功能解释的第二部分"(PC)$_{10\sim0}$←addr11"可知，AJMP 指令跳转时当前 PC 的高 5 位(PC)$_{15\sim11}$不变化，低 11 位(PC)$_{10\sim0}$的变化范围为 2^{11}=2KB 范围内，即 (PC)$_{10\sim0}$ 的取值范围为 0000000000B～11111111111B。

通常，单片机的 64KB 程序地址空间可以被划分成 32 页，每页 2KB，其中页的编号（0～31，即 00000B～11111B）也被称为页地址，而每页内存储单元的编号（0～7FFH，即 0000000000B～11111111111B）被称为页面内地址。因此，可以说 AJMP 指令的跳转范围是 1 个页，该页即是紧邻 AJMP 指令的下一条指令所在的页。

【例 3-45】 AJMP 指令。程序段如下：

	ORG	0000H		ORG	0000H
	AJMP	NEXT ;超范围跳转出错		AJMP	NEXT
	MOV	A,#00H		MOV	A,#00H
	ORG	2000H		ORG	0700H
NEXT:	MOV	A,#01H	NEXT:	MOV	A,#01H

程序分析：左边程序中 AJMP 指令的当前 PC 值（AJMP 指令的下一条指令的 PC 值）为 0002H，而 NEXT 标号所对应的目标地址为 2000H，因此该 AJMP 指令的跳转范围超出了允许范围，从而导致程序无法通过编译；右边程序的 AJMP 指令跳转范围符合要求，是正确的。另外，程序中的"MOV A,#00H"是不可能被执行的"无用"指令，仅用于辅助说明 AJMP 指令的作用。在实际程序中不应该存在这种无用指令。

（3）相对转移指令 SJMP

SJMP 指令中的地址偏移量 rel 是 8 位有符号数，其数值范围是-128～+127。SJMP 指令执行时，首先，将 SJMP 指令的存储地址加 2，以获得下一条指令的地址值，即当前 PC 值；然后，将当前 PC 值加上 rel，从而使程序以当前 PC 为中心发生-128～+127 个字节范围内的跳转。正因为 SJMP 的跳转范围与当前 PC 值有关，其跳转范围是相对而非绝对的，所以该指令属于相对转移指令。

【例 3-46】 SJMP 指令。程序段如下：

```
        ORG    0000H
        SJMP   NEXT
        MOV    A,#00H
        ORG    10H
NEXT:   MOV    A, #01H
```

程序分析：SJMP 指令执行后，程序将直接跳转到标号 NEXT 处执行。与例 3-45 相似，SJMP 指令的跳转范围是有限的，一定要注意跳转的目标地址是否符合跳转范围的要求。

（4）散转指令 JMP

散转指令 JMP 通常用于多分支程序设计，该指令将累加器 A 中的 8 位无符号数与数据指针寄存器 DPTR 中的 16 位无符号数相加，相加的结果作为转移目标地址送入 PC 中，使程序跳转到目标地址所对应的 ROM 单元取指令并执行指令。JMP 指令不改变累加器 A 和 DPTR 的值，也不影响任何标志位。

【例 3-47】 JMP 指令。程序段如下：

```
        ORG    0000H
        MOV    A,#2H        ;(A)←2，选择执行分支 PRO_2
        MOV    B,#3H        ;(B)←3，每条转移指令 LJMP 长度为 3 个字节
        MUL    AB           ;(A)←(A)×3=6
        MOV    DPTR,#PROC   ;(DPTR)←PROC
        JMP    @A+DPTR      ;(PC)←(A)+(DPTR)=PROC+6
;转移指令表，表中每条 LJMP 指令占用 ROM 的 3 个字节单元
PROC:   LJMP   PRO_0        ;本条指令在 ROM 中的存放地址(PC)=PROC+0×3
        LJMP   PRO_1        ;本条指令在 ROM 中的存放地址(PC)=PROC+1×3
        LJMP   PRO_2        ;本条指令在 ROM 中的存放地址(PC)=PROC+2×3
```

```
            LJMP      PRO_3          ;本条指令在 ROM 中的存放地址(PC)=PROC+3×3
            LJMP      PRO_4          ;本条指令在 ROM 中的存放地址(PC)=PROC+4×3
;各分支程序
PRO_0:      MOV       B,#0H          ;分支 0 的工作
            SJMP      STOP
PRO_1:      MOV       B,#1H          ;分支 1 的工作
            SJMP      STOP
PRO_2:      MOV       B,#2H          ;分支 2 的工作
            SJMP      STOP
PRO_3:      MOV       B,#3H          ;分支 3 的工作
            SJMP      STOP
PRO_4:      MOV       B,#4H          ;分支 4 的工作
STOP:       SJMP      $
            END
```

程序分析如下：

1）本程序中第一条指令"MOV A, #2H"（"ORG　0000H"属于伪指令）将 2 送入累加器 A 作为索引，用于从多个程序分支中选择第 2 个分支 PRO_2。

2）"MUL AB"的作用是将累加器 A 中的数乘以 3，因为在分支跳转指令表 PROC 中，每条跳转指令（如"LJMP PRO_3"）的长度是 3 个字节。

3）分支跳转指令表 PROC 也被称为"转移指令表"，因为累加器 A 的数值范围是 0～255，所以"转移指令表"中最多只能存放 256 条跳转指令。

（5）空操作指令 NOP

NOP 指令执行时，除了使程序计数器（PC）的内容加 1 及执行下一条指令外，没有其他作用。NOP 指令可以用于延时程序，实现对程序执行时间的微调。

2. 条件转移指令

条件转移指令仅当某一特定条件被满足时才跳转，否则顺序执行转移指令的下一条指令。条件转移指令的语法格式见表 3-11。

表 3-11　条件转移指令语法格式

操作码	操作数	功能	机器码	长度（字节数）	执行时间（机器周期数）	指令名称
JZ	rel	若(A)=0，则(PC)←(PC)+2+rel; 若(A)≠0，则(PC)←(PC)+2	60H rel	2	2	累加器 A 判 0 转移
JNZ	rel	若(A)≠0，则(PC)←(PC)+2+rel; 若(A)= 0，则(PC)←(PC)+2	70H rel	2	2	
JC	rel	若(CY)=1，则(PC)←(PC)+2+rel; 若(CY)≠1，则(PC)←(PC)+2	40H rel	2	2	位判断转移
JNC	rel	若(CY)≠1，则(PC)←(PC)+2+rel; 若(CY)=1，则(PC)←(PC)+2	50H rel	2	2	
JB	bit, rel	若(bit)=1，则(PC)←(PC)+3+rel; 若(bit)≠1，则(PC)←(PC)+3	20H bit rel	3	2	
JNB	bit, rel	若(bit)≠1，则(PC)←(PC)+3+rel; 若(bit)=1，则(PC)←(PC)+3	30H bit rel	3	2	
JBC	bit, rel	若(bit)=1，则(PC)←(PC)+3+rel,(bit)←0; 若(bit)≠1，则(PC)←(PC)+3	10H bit rel	3	2	

（续）

操作码	操作数	功能	机器码	长度 （字节数）	执行时间 （机器周期数）	指令名称
CJNE	A, direct, rel	若(A)≠(direct)，则(PC)←(PC)+3+rel； 若(A)=(direct)，则(PC)←(PC)+3	B5H bit rel	3	2	比较不 相等转移
	A, #data, rel	若(A)≠data，则(PC)←(PC)+3+rel； 若(A)=data，则(PC)←(PC)+3	B4H data rel	3	2	
	Rn, #data, rel	若(Rn)≠data，则(PC)←(PC)+3+rel； 若(Rn)= data，则(PC)←(PC)+3	B8H~BFH data rel	3	2	
	@Ri, #data, rel	若((Ri))≠data，则(PC)←(PC)+3+rel； 若((Ri))=data，则(PC)←(PC)+3	B6H~B7H data rel	3	2	
DJNZ	Rn, rel	(Rn)←(Rn)-1， 若(Rn)≠0，则(PC)←(PC)+2+rel； 若(Rn)=0，则(PC)←(PC)+2	D8H~DFH rel	2	2	减 1 不 为 0 转移
	direct, rel	(direct)←(direct)-1， 若(direct)≠0，则(PC)←(PC)+2+rel； 若(direct)=0，则(PC)←(PC)+2	D5H direct rel	3	2	

（1）累加器 A 判 0 转移指令 JZ 和 JNZ

JZ 和 JNZ 指令可以判断累加器 A 中的数是否为 0，常用于比较数值大小的程序中，根据比较结果确定后续程序的执行顺序。JZ 和 JNZ 指令的差别是前者在累加器 A 为 0 时跳转，而后者在累加器 A 不为 0 时跳转。

【例 3-48】 JZ 和 JNZ 指令。程序段如下，分析其功能。

```
        MOV     A,#06H      ;(A)←06H
        MOV     B,#09H      ;(B)←09H
        CLR     C           ;(CY)←0
        SUBB    A,B         ;(A)←(A)-(B)=06H-09H=-3H=FDH(-3 的补码)
        JZ      NEXT        ;(A)=0，程序跳转到 NEXT 处
        SETB    F0          ;(F0)←1，表示(A)≠(B)
        SJMP    STOP        ;程序跳转到 STOP 处
NEXT:   CLR     F0          ;(F0)←0，表示(A)=(B)
STOP:
```

程序分析：此段程序用于判断累加器 A 和寄存器 B 中的数值是否相等。若相等，则 "SUBB A,B" 指令执行后，(A)=0，进而紧随其后的 "JZ NEXT" 指令因(A)=0 而跳转至 NEXT 处将 F0 清 0；若(A)≠(B)，则 "JZ NEXT" 不跳转，而执行其后的 "SETB F0" 指令将 F0 置 1。因为(A)=06H≠(B)=09H，所以此段程序执行后：(F0)=1、(A)=0FDH、(CY)=1。

（2）位判断转移指令 JC 和 JNC

JC 和 JNC 指令能判断进位标志位（CY）是否为 1，与累加器 A 判 0 转移指令相似，也常用于比较数值大小的程序中，根据比较的结果确定程序后续执行的顺序。JC 和 JNC 的差别是，JC 指令在 CY 为 1 时跳转，而 JNC 在 CY 为 0 时跳转。

【例 3-49】 JC 和 JNC 指令。程序段如下，分析其功能。

```
        MOV     A,#05H      ;(A)←05H，(A)的初值
        CLR     C           ;(CY)←0
        RRC     A           ;(A)中数的第 0 位送入 CY，其余位向右移 1 位
```

```
            JC      NEXT        ;(CY)≠0，即(A)的初值是奇数，则跳至 NEXT
            SETB    F0          ;(F0)←1，表示(A)的初值是偶数（第 0 位为 0）
            SJMP    STOP        ;程序跳转到 STOP 处
   NEXT:    CLR     F0          ;(F0)←0，表示(A)的初值是奇数（第 0 位为 1）
   STOP:
```

程序分析：此段程序可判断累加器 A 中的数是否为奇数。若是奇数则将 F0 清 0，否则将 F0 置 1。因为(A)=05H 是奇数，所以"RRC A"指令将累加器 A 的第 0 位中的"1"移入 CY，此后"JC　NEXT"指令因判断 CY 为 1 而跳转至 NEXT 处，并将 F0 清 0，以表示累加器 A 的初值是奇数。

（3）位判断转移指令 JB、JNB 与 JBC

与 JC 和 JNC 指令相似，JB、JNB 与 JBC 也用于判断位数据的状态。不同的是，这 3 条指令所判断的位可以是包括进位标志位（CY）在内的任意一个可以按位寻址的位。JB 和 JNB 指令分别在所判断位为 1 和为 0 时跳转，而 JBC 指令与 JB 指令唯一的差别是 JBC 会在跳转的同时将被判断的位清0。

【例 3-50】 JB、JNB 与 JBC 指令。程序段如下，分析其功能。

```
            MOV     B,#-6H      ;(B)← -06H,(B)的初值
            JB      B.7,NEXT    ;若寄存器 B 的最高位即第 7 位为 1，则寄存器 B
                                ;的值是负数，则跳至 NEXT
            SETB    F0          ;(F0)←1，表示 B 是正数
            SJMP    STOP        ;程序跳转到 STOP 处
   NEXT:    CLR     F0          ;(F0)←0，表示 B 是负数
   STOP:
```

程序分析：此段程序用于判断寄存器 B 中的数是否为负数。若是负数则将 F0 清 0，否则将 F0 置 1。负数在单片机中以补码的形式存放，且(B)=-06H 是负数，所以"JB B.7 NEXT"指令因判断 B.7 为 1 而跳转至 NEXT 处，并将 F0 清 0，以表示寄存器 B 中的数是负数。

（4）比较不相等转移指令 CJNE

CJNE 指令可比较指令中前两个无符号操作数是否相等，如果不相等则跳转。实际上，该指令隐含执行了一个减法运算，即：目的操作数（即第 1 个操作数）-源操作数（即第 2 个操作数），并且若目的操作数小于源操作数，则(CY)=1，否则(CY)=0。在 CJNE 指令执行后，可以进一步根据 CY 的值来判断 CJNE 指令中前两个操作数的大小关系。另外，隐含执行的减法操作不改变 CJNE 指令的前两个操作数的值。

【例 3-51】 CJNE 指令。程序段如下，分析其功能。

```
            MOV     A,#6H       ;(A)←06H
            MOV     B,#8H       ;(B)←08H
            CJNE    A,B,RS      ;若寄存器 A 和 B 中数据不相等，则跳转至 RS，否则执行下一条指令
   RS:      JC      RSL         ;若(CY)=1，即(A)<(B)，则跳转至 RSL 处
            MOV     R0,B        ;因为(CY)=0，所以(A)≥(B)，则(R0)←(B)
            SJMP    OK          ;跳转至 OK 处
   RSL:     MOV     R0,A        ;到此处意味着(A)<(B)，则(R0)←(A)
   OK:
```

程序分析：此段程序可比较累加器 A 和寄存器 B 中数值的大小，并将其中较小的数送入寄存器 R0 中。因为，(A)=6H<(B)=8H，所以程序执行后(R0)=6H。

（5）减 1 不为 0 转移指令 DJNZ

DJNZ 指令用于控制循环次数。该指令执行时，首先将指令中的第 1 个操作数减 1，然后判断减 1 的结果是否为 0，若为 0 则跳转，否则不跳转。

【例 3-52】 DJNZ 指令。程序段如下，分析其功能。

```
            MOV    A,#0H      ;(A)←00H
            MOV    R7,#5H     ;(R7)←05H
    LOOP:   INC    A          ;(A)←(A)+1
            DJNZ   R7,LOOP    ;若 R7 减 1 后不为 0，则跳转至标号 LOOP 处，否则继续向下执行
```

程序分析：此段程序循环执行累加器 A 中数据自加 1 的操作，循环次数由 R7 中的数值确定为 5 次。程序执行后，(A)=5H。

3．子程序调用及返回指令

程序中经常需要完成一些重复性的操作，为了减少代码录入工作量、缩短程序长度和降低程序修改及维护的成本，可将这些重复性操作的指令块编制成为子程序。子程序可以被调用指令调用并执行，也可以通过返回指令结束运行。子程序调用指令和返回指令的语法格式见表 3-12。

表 3-12　子程序调用指令和返回指令的语法格式

操作码	操作数	功能	机器码	长度 (字节数)	执行时间 (机器周期数)	指令名称
LCALL	addr16	$(PC)\leftarrow(PC)+3$ $(SP)\leftarrow(SP)+1,((SP)\leftarrow(PC)_{7\sim0}$ $(SP)\leftarrow(SP)+1,((SP))\leftarrow(PC)_{15\sim8}$ $(PC)\leftarrow addr16$	12H addr16	3	2	长调用 指令
ACALL	addr11	$(PC)\leftarrow(PC)+2$ $(SP)\leftarrow(SP)+1, ((SP))\leftarrow(PC)_{7\sim0}$ $(SP)\leftarrow(SP)+1,((SP))\leftarrow(PC)_{15\sim8}$ $(PC)_{10\sim0}\leftarrow addr11$	$addr16_{10\sim8}10001\ addr16_{7\sim0}B$	2	2	短调用 指令
RET	/	$(PC)_{15\sim8}\leftarrow((SP)),(SP)\leftarrow(SP)-1$ $(PC)_{7\sim0}\leftarrow((SP)),(SP)\leftarrow(SP)-1$	22H	1	2	子程序 返回指令
RETI	/	$(PC)_{15\sim8}\leftarrow((SP)),(SP)\leftarrow(SP)-1$ $(PC)_{7\sim0}\leftarrow((SP)),(SP)\leftarrow(SP)-1$ 清除中断状态寄存器	32H	1	2	中断 返回指令

对比无条件转移指令（见表 3-10）与调用指令可以发现，这两类指令都可以使程序发生转移（即跳转），其差别是：调用指令将目标地址（addr16 或 addr11）送入 PC 前，会将返回地址压入到堆栈之中。所谓返回地址是指紧邻调用指令的下一条指令在 ROM 中的存放地址，即"(PC)←(PC)+2"中"←"左侧的 PC 值，而"←"右侧的 PC 值是调用指令本身的存放地址。

调用指令将返回地址压入堆栈的目的是：在子程序返回时，可以通过返回指令（RET 或

RETI）将返回地址从堆栈中取出并送入程序指针计数器（PC），从而使程序返回并执行调用指令的下一条指令。由此可知，转移指令的目标是使程序发生跳转，而调用指令不但使程序跳转，而且还要与返回指令配合使子程序运行结束后返回。

RET 指令和 RETI 指令的差别是：①RETI 比 RET 多了一个"清除中断状态寄存器"操作，即通知 CPU 中断已处理完毕，可以开放与该中断同级别的中断，以确保中断系统的逻辑正确性，专用于中断程序的返回；②RET 指令仅用于一般子程序返回。切记 RET 和 RETI 指令不能互换使用。

【例 3-53】 子程序调用和返回指令。程序如下，分析其功能。

```
RSLT    EQU     40H     ;伪指令定义存放运算结果的存储单元地址
        ORG     0000H   ;接下来指令在 ROM 中的存放地址为 0000H
        MOV     A,#3H   ;(A)←03H
        ACALL   CALC    ;调用名字为"CALC"的子程序
        MOV     RSLT,A  ;将累加器 A 中存放的子程序结果送入 RSLT 存储单元
        SJMP    $       ;程序停留此处（不再向下执行），此指令将子程序与主程序
                        ;分隔开，以保证子程序不被调用时不执行
;以下是名字为 CALC 的子程序
CALC:   ADD     A,#2H   ;(A)←(A)+2，A 是子程序的入口和出口参数
        RET             ;子程序返回
        END
```

程序分析：本例程序是一个结构完整的单片机程序，其中子程序 CALC 将入口参数（即累加器 A 中的数据）加 2，并将加法结果存入出口参数（即累加器 A）。主程序通过调用指令 ACALL 调用执行子程序 CALC，子程序 CALC 结束时通过 RET 指令返回主程序继续执行。本程序执行后，累加器 A 中的数为 5。

3.5　汇编语言程序设计

目前，结构化是程序设计的基本要求，可以使程序结构清晰、易于读写且方便调试，也能够提高程序设计的效率。在结构化程序设计中，程序的基本结构有三种，即顺序结构、分支结构及循环结构。而子程序（也被称为函数或过程）是一种提高程序模块化程度和重复利用率的程序设计技巧，有时也被当作一种基本的程序结构。本节将结合实例介绍顺序结构程序、分支结构程序、循环结构程序及子程序的设计方法。

3.5.1　顺序程序设计

顺序结构是最简单的程序结构，也是程序设计的基础。这种结构的特点是，程序指令的执行顺序与指令在程序存储器中的存放顺序一致，如图 3-5 所示。实际上，指令执行的顺序最终是由 CPU 取指令的顺序决定的。

微课：顺序和循环程序设计

【例 3-54】 编写程序，将片内 RAM 中地址为 40H～44H 的存储单元清 0。

解： 本例的源程序及其流程图如图 3-5 所示。

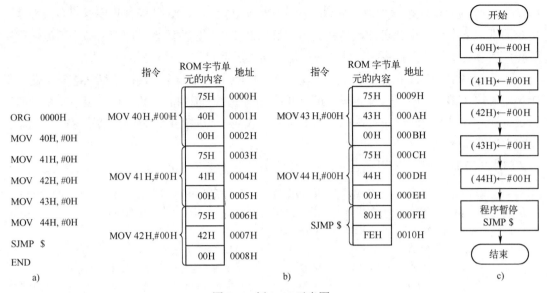

图 3-5 例 3-54 示意图

a) 源程序 b) ROM 中的机器代码 c) 流程图

【例 3-55】 编写双字节加法程序，完成双字节数据 7345H 和 0F8EAH 的加法，结果按由高字节到低字节的顺序分别存放在寄存器 R2、R1 和 R0 中。要求：加法结果为三字节数据。

解：下面参考程序的运行结果是：（R2）=01H，（R1）=6CH 和（R0）=2FH。

```
ORG     0000H      ;0000H 是程序入口地址，不能改为其他值
MOV     R1,#73H    ;被加数的高字节送 R0
MOV     R0,#45H    ;被加数的低字节送 R1
MOV     R3,#0F8H   ;加数的高字节送 R3
MOV     R2,#0EAH   ;加数的低字节送 R2
MOV     A,R0       ;被加数低字节送 A
ADD     A,R2       ;加数低字节与 A 相加，若有进位，则 CY=1
MOV     R0,A       ;低字节加法结果送 R0
MOV     A,R1       ;被加数高字节送 A
ADDC    A,R3       ;加数高字节与 A 相加，并加上低字节加法进位 CY
MOV     R1,A       ;高字节加法结果送 R1
MOV     A,#0H      ;A 清 0
ADDC    A,#0H      ;A+0+CY，实际将高字节加法进位（有进位 CY=1，无进位 CY=0）送入 A
MOV     R2,A       ;最高字节的进位送入 R2
SJMP    $          ;该指令不能去掉，否则实际的单片机应用系统可能失控
END
```

【例 3-56】 将十六进制数 7BH 转换成非压缩 BCD 码，并将结果的百位、十位和个位分别存入 R2、R1 和 R0 中。

解：参考程序如下，运行结果是：（R2）=01H，（R1）=02H 和（R0）=03H。

```
ORG     0000H
MOV     A,#7BH      ;十六进制数送入 A
```

```
MOV      B,#100         ;十进制数 100 送入 B
DIV      AB             ;十进制数除以 100,商是百位,余数是除去百位后的十进制数
MOV      R2,A           ;存非压缩 BCD 码的百位
MOV      A,B            ;除去百位后的十进制数送 A
MOV      B,#10          ;十进制数 10 送入 B
DIV      AB             ;十进制数除以 10,商是十位,余数是除去百位和十位后的十进制数
MOV      R1,A           ;存非压缩 BCD 码的十位
MOV      R0,B           ;存非压缩 BCD 码的个位
SJMP     $
END
```

【例 3-57】 计算 X^2+Y^2。要求：X 和 Y 均为 0～10 的整数，并分别存于片内 RAM 的 40H 和 41H 单元中，二次方和存于 42H 单元中。

解： 参考程序如下，运行结果是：（40H）=55H。

```
X        EQU      2H             ;假设 X=2
Y        EQU      9H             ;假设 Y=9
         ORG      0000H
         MOV      40H,#X         ;数 X 送入 40H
         MOV      41H,#Y         ;数 Y 送入 41H
         MOV      A,40H          ;数 X 送入 A
         MOV      DPTR,#TABS     ;二次方表的表首送入 DPTR
         MOVC     A,@A+DPTR      ;查表法获得 X 的二次方并送入 A
         MOV      B,A            ;X 的二次方暂存于 B 中
         MOV      A,41H          ;数 Y 送入 A
         MOV      DPTR,#TABS     ;二次方表的表首送入 DPTR
         MOVC     A,@A+DPTR      ;查表法获得 Y 的二次方并送入 A
         ADD      A,B            ;求 X 与 Y 的二次方和,并放入 A 中
         MOV      42H,A          ;二次方和送入 42H 单元
         SJMP     $              ;此指令可将表格与程序分隔开
;二次方表(0～10 的二次方值,每个二次方值占 1 个字节)
TABS:    DB       00,01,04,09,16,25
         DB       36,49,64,81,100 ;每一行必须以 DB 或 DW 开头
         END
```

3.5.2　分支程序设计

分支结构程序的指令执行顺序与指令在 ROM 中的存放顺序不同，其中某些具有判断功能的指令会根据判断结果改变接下来的指令执行顺序，从而使程序产生一个或多个分支流向。可用于分支结构程序设计的判断指令主要包括 JZ、CJNE 和 JB 等有条件转移指令。根据程序分支的数量，可以将分支程序分为三类：单分支、一般多分支和散转多分支。

微课：子程序和分支结构程序设计

1. 单分支程序

单分支程序仅进行一个条件判断，程序流程相对简单。

【例 3-58】 判断单字节数的奇偶性。要求：单字节数 X 存放于片内 RAM 地址为 55H 的存储单元中，判断其奇偶性，若其为奇数则将 PSW 寄存器中的 F0 置 1，否则将 F0 清 0。

解： 参考程序如下，运行结果是：（F0）=01。该程序的流程图如图3-6所示。

X	EQU	27H	;假设 X=27H
	ORG	0000H	
	MOV	55H,#X	;数 X 送入 55H
	MOV	A,55H	;55H 单元中的 X 送入 A
	CLR	C	;标志位 CY 被清 0
	RRC	A	;将 A 中数据二进制右移一位，最末位进入 CY
	CLR	F0	;将 F0 清 0
	JNC	STOP	;若 CY=0，则数为偶数，则转至 STOP 处，F0=0 保持不变
	SETB	F0	;若 CY=1，则数为奇数，令 F0=1
STOP:	SJMP	$	;此指令可将表格与程序分隔开
	END		

【**例 3-59**】 判断两个单字节型无符号数的大小。要求：单字节型无符号数 X 和 Y 分别存放于寄存器 R0 和 R1 中，比较两个数的大小，将其中较大的数存入 R2 中。

解： 参考程序如下，运行结果是：（R2）=20H。该程序的流程图如图3-7所示。

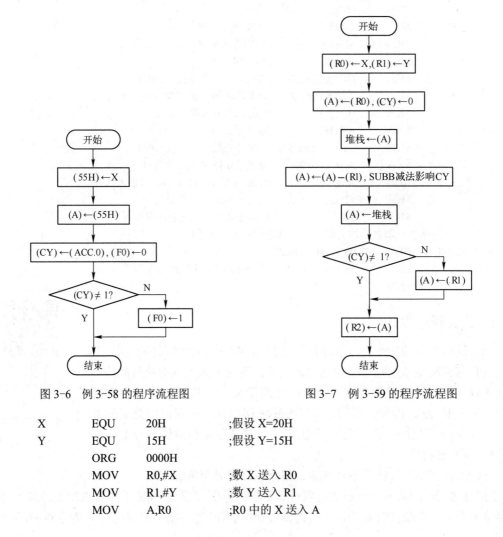

图 3-6 例 3-58 的程序流程图   图 3-7 例 3-59 的程序流程图

X	EQU	20H	;假设 X=20H
Y	EQU	15H	;假设 Y=15H
	ORG	0000H	
	MOV	R0,#X	;数 X 送入 R0
	MOV	R1,#Y	;数 Y 送入 R1
	MOV	A,R0	;R0 中的 X 送入 A

```
              CLR      C              ;CY 被清 0
              PUSH     ACC            ;A 中数据暂存于堆栈中
              SUBB     A,R1           ;(A)=X-Y
              POP      ACC            ;A 中数据从堆栈恢复
              JNC      NEXT           ;若 CY=0,则 A 中的 X 较大,并跳转存放结果
              MOV      A,R1           ;若 CY=1,则 R1 中的 Y 较大,将 Y 存入 A
      NEXT:   MOV      R2,A           ;将 A 中存放的较大数存入 R2
              SJMP     $
              END
```

2. 一般多分支程序

一般多分支程序需要进行两次或两次以上的分支判断,而且一个判断可能需要两条(或以上)条件转转移指令配合完成。

【例 3-60】 求三个无符号字节型数据 X、Y 和 Z 中的最大值。要求:X、Y 和 Z 分别存放于片内 RAM 的 30H、31H 和 32H 单元,最大值存于 33H 单元。

解:以下参考程序的运行结果是:(33H)=57H,其程序流程图如图 3-8 所示。分析程序和流程图可知,大于等于的判断由 CJNE 和 JNC 两条指令配合实现,并且大于等于判断进行了两次,因此本程序属于多分支的程序结构。

```
      X       EQU      12H            ;假设 X=12H
      Y       EQU      57H            ;假设 Y=57H
      Z       EQU      9H             ;假设 Z=9H
              ORG      0000H
              MOV      30H,#X         ;数 X 送入 30H
              MOV      31H,#Y         ;数 Y 送入 31H
              MOV      32H,#Z         ;数 Z 送入 32H
              MOV      A,30H          ;将 30H 中的 X 送入 A
              CJNE     A,31H,N_A      ;X 与 Y 比较大小,隐含 X-Y,若 X<Y,则 CY=1
      N_A:    JNC      N_B            ;若 X>Y,则跳转去比较 X 与 Z 的大小
              MOV      A,31H          ;Y 中的大数放入 A 中
      N_B:    CJNE     A,32H,N_C      ;比较 X 和 Y 的大数与 Z 的大小,若 Z 最大,则 CY=1
      N_C:    JNC      N_D            ;若 Z 是最大数,则不跳转
              MOV      A,32H          ;将最大数放入 A 中
      N_D:    MOV      33H,A          ;将最大数放入 33H 单元
              SJMP     $
              END
```

【例 3-61】 X 和 Y 均是单字节有符号数,并且分别存于片内 RAM 的 30H 和 31H 单元中。已知 X 的值,根据下式求 Y 的值。

$$Y = \begin{cases} 1, & X>0 \\ 0, & X=0 \\ -1, & X<0 \end{cases}$$

解:在单片机等计算机中,负数均以补码形式存放,负数补码最高位为 1,而 0 和正数的最高位均为 0,因此可以利用最高位判断数的正负。参考程序如下,运行结果是:(31H)=0FFH=-1,其程序流程图如图 3-9 所示。

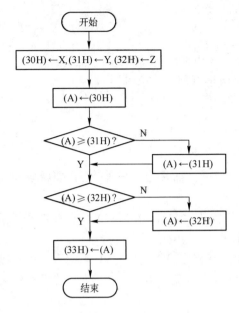

图 3-8　例 3-60 的程序流程图

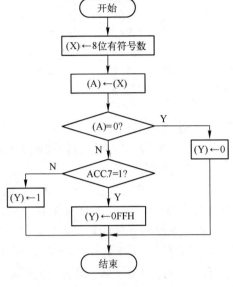

图 3-9　例 3-61 的程序流程图

X	EQU	30H	;变量 X 的地址为 30H
Y	EQU	31H	;变量 Y 的地址为 31H
	ORG	0000H	
	MOV	X,#-14	;给变量 X 赋值
	MOV	A,X	;X 的值送入 A
	JNZ	CMSB	;若 A 中 X 不为 0,则跳转至 CMSB
	MOV	Y,#00H	;A 中 X 不为 0,所以 Y 的值为 0
	SJMP	STOP	;跳转至程序末尾
CMSB:	JB	ACC.7,NEG	;A 最高位(符号位)为 1,则 X 是负数
	MOV	Y,#01H	;X 最高位是 0,X 是正数,所以 Y=1
	SJMP	STOP	;跳转至程序末尾
NEG:	MOV	Y,#0FFH	;X 是负数,所以 Y=0FFH(-1 的补码)
STOP:	SJMP	$	
	END		

特别要注意,在例 3-61 中不能用 CJNE 和 SUBB 指令判断数是否小于 0。因为,CJNE 隐含的减法操作与 SUBB 的减法都是无符号数的减法,而显然任何一个非零的无符号数都比 0 大。

3. 散转多分支程序

与一般多分支程序相比,散转多分支程序具有更多分支,可以根据用户输入或之间的处理结果转向相应分支,并执行对应的处理程序。散转多分支程序所用的转移指令是散转指令 "JMP @A+DPTR"。散转多分支程序的设计方法有三种:转移指令表法、分支地址表法和地址偏移量表法。其中,转移指令表法已经结合指令 JMP 进行了讲解(见例 3-47),因此本小节仅介绍后两种方法。

（1）分支地址表法

分支地址表法将各分支程序的首条指令的地址存入一个表中，当执行某个分支时，通过索引在该表中查找分支地址，并送入程序指针寄存器（PC），从而实现程序的分支转移。

【例 3-62】 利用分支地址表法，实现与例 3-47 程序相同的功能。

解： 参考程序如下：

```
            ORG     0000H
            MOV     DPTR,#PRTAB     ;(DPTR)←PRTAB，地址偏移量表首地址送入 DPTR
            MOV     A,#2            ;(A)←2，选择执行分支 PRO_2
            CLR     C               ;CY=0
            RLC     A               ;(A)←(A)×2=(A)+(A)，(A)×2 是因为分支地址表
                                    ;表中每一项占 2 个字节，若 CY=1，表明(A)×2>255，
                                    ;下面当 A+DPTR 时，这个进位应该加到 DPTR 的高 8 位 DPH 上
            JNC     LOOK            ;若 CY=1，表明 DPH 应该加 1
            INC     DPH
LOOK:       MOV     B,A             ;查找分支地址表的索引暂存于 B 中
            MOVC    A,@A+DPTR       ;查找表中指定项的高字节，即分支程序地址高字节
            XCH     A,B             ;(A)←查表索引，(B)←分支程序地址高字节
            INC     A               ;查表索引加 1，指向表中下一个字节
            MOVC    A,@A+DPTR       ;查找表中指定项的低字节，即分支程序地址低字节
            MOV     DPL,A           ;(DPL)←分支程序地址低字节
            MOV     DPH,B           ;(DPH)←分支程序地址高字节
            MOV     A,#00H          ;A 清 0
            JMP     @A+DPTR         ;(PC)←(A)+(DPTR)=PRTAB+2
                                    ;各分支程序
PRO_0:      MOV     B,#0H           ;分支 0 的工作
            SJMP    STOP
PRO_1:      MOV     B,#1H           ;分支 1 的工作
            SJMP    STOP
PRO_2:      MOV     B,#2H           ;分支 2 的工作
            SJMP    STOP
PRO_3:      MOV     B,#3H           ;分支 3 的工作
            SJMP    STOP
PRO_4:      MOV     B,#4H           ;分支 4 的工作
STOP:       SJMP    $
;各分支程序的地址表
;ROM 中的指令地址是 16 位的，所以表中每项占 2 个字节（1 个字）的 ROM 存储单元，
;字类型表格必须用 DW 来定义，并且高字节地址低，低字节地址高
PRTAB:      DW      PRO_0           ;ROM 中的存放地址为 PRTAB+0
            DW      PRO_1           ;ROM 中的存放地址为 PRTAB+1×2
            DW      PRO_2           ;ROM 中的存放地址为 PRTAB+2×2
            DW      PRO_3           ;ROM 中的存放地址为 PRTAB+3×2
            DW      PRO_4           ;ROM 中的存放地址为 PRTAB+4×2
            END
```

在以上参考程序中，累加器 A 的初始值为 2，程序将以 2 为索引在表 PRTAB 中查找分支程序 PRO_2 的地址，并将该地址送入 PC，从而使单片机的 CPU 按照该地址到 ROM 中读

取分支 PRO_2 的指令并执行，从而实现程序向分支 PRO_2 的转移。

（2）地址偏移量表法

地址偏移量表法需要建立一个表，表中存放各程序分支首指令地址与该表表首地址的偏差，然后利用 MOVC 指令和 JMP 指令，通过查表的方法将目标分支指令的地址送入程序指针寄存器 PC，从而实现程序的分支转移。

【例 3-63】 利用地址偏移量表法，实现与例 3-47 程序相同的功能。

解： 参考程序如下：

```
              ORG    0000H
              MOV    DPTR,#TAB        ;(DPTR)←TAB，地址偏移量表首地址送入 DPTR
              MOV    A,#2            ;(A)←2，选择执行分支 PRO_2
              MOVC   A,@A+DPTR       ;(A)←PRO_2-TAB
              JMP    @A+DPTR         ;(PC)←(A)+TAB=(PRO_2-TAB)+ TAB=PRO_2
TAB:          DB     PRO_0-TAB       ;PRO_0 程序在 ROM 中地址与表 TAB 表首的地址差
              DB     PRO_1-TAB       ;PRO_1 程序在 ROM 中地址与表 TAB 表首的地址差
              DB     PRO_2-TAB       ;PRO_2 程序在 ROM 中地址与表 TAB 表首的地址差
              DB     PRO_3-TAB       ;PRO_3 程序在 ROM 中地址与表 TAB 表首的地址差
              DB     PRO_4-TAB       ;PRO_4 程序在 ROM 中地址与表 TAB 表首的地址差
;各分支程序
PRO_0:        MOV    B,#0H           ;分支 0 的工作
              SJMP   STOP
PRO_1:        MOV    B,#1H           ;分支 1 的工作
              SJMP   STOP
PRO_2:        MOV    B,#2H           ;分支 2 的工作
              SJMP   STOP
PRO_3:        MOV    B,#3H           ;分支 3 的工作
              SJMP   STOP
PRO_4:        MOV    B,#4H           ;分支 4 的工作
STOP:         SJMP   $
              END
```

3.5.3 循环程序设计

在例 3-54 中，为将片内 RAM 中地址为 40H～44H 的连续 5 个字节单元清 0，执行了 5 条 MOV 指令。显然，当需要清 0 操作的字节单元的个数增加时，程序中 MOV 指令的个数也会随之增加。为了降低程序中重复代码的数量，缩短程序的长度，可以采用循环程序结构进行程序设计。

【例 3-64】 编写程序，将片内 RAM 中地址为 40H～7EH 的存储单元清 0。

解： 下面给出两个参考程序。

（1）参考程序 1

```
NUM           EQU    7EH-40H+1       ;存储单元个数 7EH-40H+1=3FH
              ORG    0000H
              MOV    40H,#23H         ;为了验证程序效果将该存储单元赋予非 0 数据
              MOV    45H,#24H         ;为了验证程序效果将该存储单元赋予非 0 数据
              MOV    50H,#0F1H        ;为了验证程序效果将该存储单元赋予非 0 数据
```

```
        MOV      63H,#0AH        ;为了验证程序效果将该存储单元赋予非 0 数据
        MOV      78H,#0EFH       ;为了验证程序效果将该存储单元赋予非 0 数据
        MOV      7EH,#89H        ;为了验证程序效果将该存储单元赋予非 0 数据
        MOV      R7,#NUM         ;存储单元个数赋予 R7
        MOV      R0,#40H         ;指向存储单元的地址指针寄存器 R0
                                 ;被赋予首个存储单元的地址
NT:     MOV      @R0,#00H        ;将地址指针 R0 所指向的存储单元清 0
        INC      R0              ;地址指针寄存器 R0 中存放的地址加 1
                                 ;指向下一个存储单元
        DJNZ     R7,NT           ;(R7)←(R7)-1=还未被清 0 的存储单元数目
                                 ;若该数目不是 0，；则跳转到 NEXT 处，继续操作
STOP:   SJMP     $               ;程序在此暂停
        END
```

（2）参考程序 2

```
FIRST   EQU      40H             ;第一个存储单元的地址
LAST    EQU      7EH             ;最后一个存储单元的地址
        ORG      0000H
        MOV      40H,#23H        ;为了验证程序效果将该存储单元赋予非 0 数据
        MOV      45H,#24H        ;为了验证程序效果将该存储单元赋予非 0 数据
        MOV      50H,#0F1H       ;为了验证程序效果将该存储单元赋予非 0 数据
        MOV      63H,#0AH        ;为了验证程序效果将该存储单元赋予非 0 数据
        MOV      78H,#0EFH       ;为了验证程序效果将该存储单元赋予非 0 数据
        MOV      7EH,#89H        ;为了验证程序效果将该存储单元赋予非 0 数据
        MOV      R0,#FIRST       ;指向存储单元的地址指针寄存器 R0 被赋予首个存储单元的地址
NT:     MOV      @R0,#00H        ;将地址指针 R0 所指向的存储单元清 0
        INC      R0              ;地址指针寄存器 R0 中存放的地址加 1，指向下一个存储单元
        CJNE     R0,#LAST+1,NT   ;如果 R0 中的地址没有指向最后一个存储单元则重复
STOP:   SJMP     $               ;程序在此暂停
        END
```

由例 3-64 可知，如图 3-10 所示，循环结构程序由循环变量初始化、循环体、循环变量修改和循环结束控制等部分构成。例 3-64 中两个参考程序的主要差别是循环结束控制方式不同，参考程序 1 通过已知的循环次数控制程序结束，而参考程序 2 则通过循环结束条件控制循环次数。

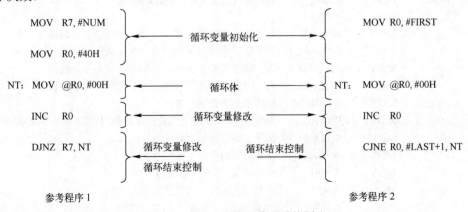

图 3-10　例 3-64 源程序的结构划分

另外，根据循环结束控制所处的位置，可以将循环程序分为直到型循环和当型循环。直到型循环先执行循环体后进行循环结束条件的判断，当型循环则与之相反，如图 3-11 所示。

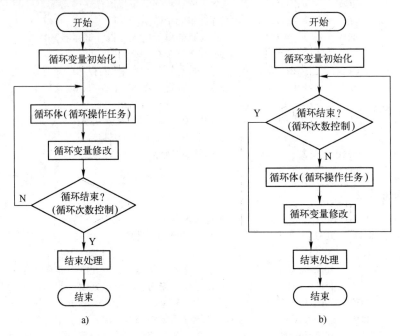

图 3-11 直到型循环和当型循环结构程序流程图

a) 直到型循环 b) 当型循环

若循环中嵌入循环则为多重循环，否则为单重循环，如例 3-64 的两个参考程序均属于单重循环程序。下面举例说明单重循环和多重循环程序的设计方法。

1．单重循环程序

【例 3-65】 将片内 RAM 中地址从 60H 开始的 20H 个单字节数据相加。要求：和为双字节数据，并按照由高字节到低字节的顺序存放于片内 RAM 的 41H 和 40H 单元中。

解：参考程序如下：

```
NUM     EQU     20H     ;数据的个数
ADR     EQU     60H     ;数据在片内 RAM 中的起始地址
        ORG     0000H
        MOV     60H,#1H     ;为了验证程序效果将该存储单元赋予非 0 数据
        MOV     62H,#0FEH   ;为了验证程序效果将该存储单元赋予非 0 数据
        MOV     70H,#3H     ;为了验证程序效果将该存储单元赋予非 0 数据
        MOV     7FH,#4H     ;为了验证程序效果将该存储单元赋予非 0 数据
        MOV     R7,#NUM     ;存储单元个数赋予 R7
        MOV     R0,#ADR     ;指向存储单元的地址指针寄存器 R0 被赋予首个存储单元的地址
        MOV     41H,#0H     ;保存结果的存储单元清 0
        MOV     40H,#0H     ;保存结果的存储单元清 0
        MOV     A,#0H       ;A 被清 0，用于加法计算
NT:     MOV     A,40H       ;将上一次加法和的低字节送入 A
        ADD     A,@R0       ;新数据与之前的加法和低字节相加，得到新和的低字节并存入 A
```

```
        MOV     40H,A      ;和的低字节送入 40H 单元
        MOV     A,#0H      ;A 被清 0，用于高字节的加法计算
        ADDC    A,41H      ;将低字节加法的进位与之前加法和的高字节相加并存入 A 中
        MOV     41H,A      ;和的高字节送入 41H 单元
        INC     R0         ;地址指针寄存器 R0 中存放的地址加 1，指向下一个存储单元
        DJNZ    R7,NT      ;(R7)←(R7)-1=还未被加上的存储单元数，若不是 0，则跳转
STOP:   SJMP    $          ;程序在此暂停
        END
```

在该参考程序中，数据低字节加法不需要考虑进位，因此使用 ADD 指令；而低字节加法可能产生进位，且该进位必须加入到高字节的运算结果中，所以高字节加法应使用带进位的加法指令 ADDC。

【例 3-66】 将片外 RAM 中地址从 1234H 开始的 20H 个单字节分别存入片内 RAM 中地址从 50H 开始的 20H 个字节单元中。

解： 参考程序如下：

```
NUM     EQU     20H              ;数据的个数
ADRS    EQU     1234H            ;存放数据的片外 RAM 存储单元的起始地址
ADRD    EQU     50H              ;存放数据的片内 RAM 存储单元的起始地址
        ORG     0000H
        MOV     DPTR,#1234H
        MOV     A,#12H
        MOVX    @DPTR,A          ;为了验证程序效果，将片外 RAM 地址为 1234H 的单元赋非 0 值
        MOV     DPTR,#124BH
        MOV     A,#2CH
        MOVX    @DPTR,A          ;为了验证程序效果，将片外 RAM 地址为 124BH 的单元赋非 0 值
        MOV     R7,#NUM          ;存储单元个数赋予 R7
        MOV     DPTR,#ADRS       ;片外 RAM 存储单元的起始地址送入 DPTR
        MOV     R0,#ADRD         ;片内 RAM 存储单元的起始地址送入 R0
NT:     MOVX    A,@DPTR          ;以 DPTR 内数为地址，找到片外 RAM 中字节数据并将其送入 A
        MOV     @R0,A            ;将 A 中数据送入片内 RAM 单元，该单元的地址在 R0 中存放
        INC     DPTR             ;地址指针 DPTR 中存放的地址加 1，指向下一个存储单元
        INC     R0               ;地址指针 R0 中存放的地址加 1，指向下一个存储单元
        DJNZ    R7,NT            ;(R7)←(R7)-1=还未传送的存储单元数，若该数不是 0，则跳转
STOP:   SJMP    $                ;程序在此暂停
        END
```

【例 3-67】 片内 RAM 地址从 40H 开始的 15 个字节单元中存放着无符号字节型数据，找出其中的最大数并存入 R3 中。

解： 参考程序如下：

```
NUM     EQU     15               ;数据的个数，是十进制数
ADR     EQU     40H              ;存放数据的片外 RAM 存储单元的起始地址
MAX     EQU     3FH              ;临时存放最大值的片内 RAM 存储单元
TIM     EQU     3EH              ;存放数据个数的片内 RAM 存储单元
        ORG     0000H
```

```
        MOV     TIM,#NUM      ;存储单元个数赋予 TIM 单元
        MOV     R0,#ADR       ;片内 RAM 存储单元的起始地址送入 R0
        MOV     MAX,#0H       ;将字节型无符号数最小值送入 MAX 单元,用于后续比较
NT:     MOV     A,@R0         ;将以 R0 为地址的存储单元中的数送入 A
        CJNE    A,MAX,LC      ;比较当前的最大值和存储单元中的数据,若(A)<(MAX),则 CY=1
LC:     JC      LP            ;若 CY=1,则 MAX 中的数更大,程序跳转,准备比较下一个数
        MOV     MAX,A         ;将 A 中存放的更大的数送入 MAX
LP:     INC     R0            ;地址指针 R0 中存放的地址加 1,指向下一个存储单元
        DJNZ    TIM,NT        ;(TIM)←(TIM)-1=还未比较的数据个数,若个数不是 0,则跳转
STOP:SJMP      $              ;程序在此暂停
        END
```

需要注意的是:在该参考程序中,存放最大值的 MAX 单元的初始值需设置为最小的字节型无符号数。

【例 3-68】 在片内 RAM 中,从 ALLDAT 单元开始的连续字节单元中存放着 N 个字节型有符号数。要求:分别统计该数据块中正数、负数和零的个数,并分别存入 PNUM、NNUM 和 ZNUM 单元中。

解: 参考程序如下:

```
ALLDAT  EQU     40H           ;数据块中起始存储单元的地址
N       EQU     20            ;数据的个数,是十进制数
NUM     EQU     30H           ;存放数总个数的存储单元地址
PNUM    EQU     31H           ;存放正数个数的存储单元地址
NNUM    EQU     32H           ;存放负数个数的存储单元地址
ZNUM    EQU     33H           ;存放零的个数的存储单元地址
        ORG     0000H
        MOV     PNUM,#0H      ;存放数个数的存储单元清 0
        MOV     NNUM,#0H      ;存放数个数的存储单元清 0
        MOV     ZNUM,#0H      ;存放数个数的存储单元清 0
        MOV     NUM,#N        ;存储单元个数赋予 NUM 单元
        MOV     R1,#ALLDAT    ;片内 RAM 存储单元的起始地址送入地址指针寄存器 R0
LOOP:   MOV     A,@R1         ;将以 R1 为地址的存储单元中的数送入 A
        CJNE    A,#00H,GOPN   ;比较数据是否为 0
        INC     ZNUM          ;数据为 0,则 ZNUM 中的数加 1
        SJMP    NEXT          ;跳转到 NEXT 开始准备处理下一个数
GOPN:   JB      ACC.7,GON     ;数据不为 0,则根据最高位是否为 1 判断其正负,为 1 则为负
        INC     PNUM          ;数据最高位不是 1,ZNUM 中的数加 1
        SJMP    NEXT          ;跳转到 NEXT 开始准备处理下一个数
GON:    INC     NNUM          ;数据最高位是 1,NNUM 中的数加 1
NEXT:   INC     R1            ;地址指针寄存器 R0 中的地址值加 1,指向下一个存储单元
        DJNZ    NUM,LOOP      ;(NUM)←(NUM)-1=还未比较的数据个数,若不是 0,则跳转
STOP:   SJMP    $             ;程序在此暂停
        END
```

在该参考程序中,不能用 SUBB 或 CJNE 指令判断数据正负,而应采用例 3-61 的方法,即通过数据的符号位(即最高位)判断数的正负。

【例 3-69】 计算下面这段延时程序执行一遍所需的时间，假设单片机晶振频率为 12MHz。

;指令		指令注释	指令机器周期数
MOV	R7,#0FFH	;将 0FFH 送入 R0	1
DJNZ	R7,$	;此指令重复执行 R7 次	2

解：

1）单片机的机器周期是晶振周期的 12 倍，可得机器周期 T=12/(12MHz)=1μs。

2）这是一个单重循环程序，第一条指令将 0FFH 送入 R7 后，第二条指令 DJNZ 将重复执行 R7 次，即 0FFH 次，因此这段程序的执行时间是所有指令的机器周期数乘以执行次数再相加的和，即：1μs×1 +2μs×0FFH= 511μs =0.511ms。

3）被称为延时程序是因为这样的程序仅对所涉及的寄存器（或存储单元）数据产生影响，并且执行用时是可以计算的，在单片机系统程序中仅用于消耗时间。

4）若第一条指令将 0 送入 R7，则该程序的执行时间将达到最长，即：1μs×1 +2μs×(0FFH+1)= 513μs=0.513ms。

5）如果单片机晶振频率改为 6MHz，则机器周期 T=12/6MHz=2μs，该延时程序的执行时间将加倍。

2. 多重循环程序

【例 3-70】 计算下面这段延时程序执行一遍所需的时间，假设单片机晶振频率为 12MHz。

;指令		指令注释	指令机器周期数
DELY:	MOV	R6,#14H	;14H 送入 R6	1
DL:	MOV	R7,#0FFH	;0FFH 送入 R7	1
	DJNZ	R7,$	;此指令执行 R7 次	2
	DJNZ	R6,DL	;此指令执行 R6 次	2

解：

1）在此段程序中，例 3-69 的程序作为内循环被嵌入另一个外循环中，外循环的次数为 R6=14H。因此，内循环指令将与外循环控制指令"DJNZ R6,DL"一起执行 14H 次。

2）本程序为双重循环程序，执行的时间为：1μs×1+(511μs+2μs)×14H=10261μs。

【例 3-71】 片内 RAM 中 50H 单元开始存有一个长度为 N 的字节型无符号数据块，请将该数据块中的数据按照由小到大的顺序（即升序）重新排序。

解： 参考程序如下：

R	EQU	50H	;数据块中起始存储单元的地址
ADR	EQU	30H	;存放数据起始地址的存储单元
N	EQU	10	;数据的个数
NUM	EQU	31H	;存放数总个数的存储单元地址
TMP	EQU	32H	;排序过程中用到的临时存储单元地址
	ORG	0000H	
	CLR	F0	;F0=0,表示没有数据交换；F0=1，表示有数据交换
	MOV	ADR,#50H	;数据块起始地址送入存储单元存放
	MOV	R7,#N	;参与比较的数据个数，送入 R7
	DEC	R7	;比较次数是数据个数减 1，送入 R7
LOOP:	MOV	A,R7	;比较次数送入 A

```
        MOV     R6,A            ;比较次数是送入 R6，"MOV R6,R7"是错误指令
        MOV     R0,ADR          ;数据块第一个数的地址送入 R0
        MOV     R1,ADR          ;数据块第一个数的地址送入 R1
        INC     R1              ;数据块第二个数的地址送入 R1
        CLR     F0
NEXT:   MOV     A,@R0           ;被比较的两个数中的前一个数送入 A
        MOV     TMP,@R1         ;被比较的两个数中的后一个数送入 A
        CJNE    A,TMP,NEQ       ;相邻的两个数进行比较
NEQ:    JC      NEX             ;若 CY=1，则前一个数小于后一个数，符合要求，跳转
        XCH     A,@R1           ;若 CY=0，则前一个数大于后一个数，交换数据存放位置
        XCH     A,@R0
        SETB    F0              ;令 F0=1，表示本轮比较过程中发生了数据交换
NEX:    INC     R0              ;前一个数的地址加 1，指向下一次比较的前一个数
        INC     R1              ;后一个数的地址加 1，指向下一次比较的后一个数
        DJNZ    R6,NEXT         ;(R6)←(R6)-1=剩余比较次数，不为 0，则跳转继续比较
        JB      F0,GO           ;若 F0=1，则本轮比较中有数据交换，跳转继续排序
        MOV     R7,#1H          ;F0=0 表示本轮比较中无数据交换，已排好序，令 R7=1，提前结束排序
GO:     DJNZ    R7,LOOP         ;(R7)←(R7)-1=下一轮比较的数据个数，不为 0，则进入下一轮比较
        SJMP    $               ;程序在此暂停
        END
```

该参考程序使用了"冒泡法"排序，该排序方法每次仅比较相邻的两个数（即第一个数与第二个数比较，第二个数与第三个数比较，依此类推），若不符合排序规则（本例中要求按从小到大排序），则交换这两个数据。每轮排序将所有相邻的数比较一遍后，最大数将被存入参与本轮排序的地址最大的存储单元中，而且该存储单元中的数将不参与下一轮排序。另外，本参考程序使用了两条 DJNZ 指令，属于双重循环程序，内、外循环次数分别由 R6 和 R7 控制。

特别需要注意，在设计循环程序时，为避免出现"死循环"（即循环体执行无限次），必须遵循以下设计原则：

1）不能从循环体外直接跳入循环体内。

2）不能从外循环直接跳入内循环。

3）内、外循环不能相互交叉。

3.5.4　子程序设计

子程序是模块化程序设计的一种常用技巧，将完成某种特定任务的指令整合在一起，可以被重复使用，能提高编程效率。

子程序分为中断服务处理子程序和普通功能性子程序两种，其中：

（1）中断服务处理子程序

中断服务处理子程序可简称为中断服务处理程序或中断程序，用于处理单片机的中断事件，只能被单片机硬件调用执行，而不能通过子程序调用指令（ACALL 或 LCALL）调用执行。中断服务处理程序只能通过 RETI 指令返回。

（2）普通功能性子程序

普通功能性子程序必须通过子程序调用指令（ACALL 或 LCALL）调用执行，并且只能

通过 RET 指令返回。

子程序设计过程中需要注意：

1）RET 指令和 RETI 指令分别用于功能性子程序和中断服务处理程序的返回，不能相互替换使用。

2）子程序可能会与主程序共用一些资源（如寄存器和存储器等），这些资源通常被称为"现场"。为了不干扰主程序运行，子程序执行前后应保证"现场"不变。为此，进入子程序后需进行现场保护，子程序返回之前需进行现场恢复。现场保护的常用方法是通过堆栈操作指令 PUSH 将现场存入堆栈中，而恢复时用 POP 指令将现场从堆栈中取出。

3）主程序调用子程序时，需要将入口参数传递给子程序，而子程序返回前需要将出口参数（执行结果）传回主程序。

4）子程序的出口参数不能被当作现场进行保护。

5）子程序还可以调用其他子程序，即子程序嵌套。子程序嵌套时，同样也存在现场保护和参数传递的问题。

本节将通过实例介绍普通功能性子程序的设计方法，中断服务处理程序的设计方法将在下一章介绍。

1. 延时类子程序

【例 3-72】 将例 3-69 中的延时程序改写为子程序，并进行一次调用。

解： 参考程序如下，其中 DEALAY 是一个由例 3-69 延时程序改写的延时子程序。由于 RET 指令的机器周期数为 2，因此相较于例 3-69，子程序 DEALAY 的延时时间多了两个机器周期，即 2μs。另外，子程序 DEALAY 没有入口和出口参数。

```
            ORG     0000H
            ACALL   DEALAY   ;调用子程序
            SJMP    $
;子程序名：DEALAY
;功能：延时，12MHz 晶振延时 0.513ms
;入口和出口参数：无
;所用资源：R7
DEALAY:     MOV     R7,#0FFH
            DJNZ    R7,$
            RET
            END
```

2. 数值计算类子程序

【例 3-73】 计算 X^2+Y^2。要求：X 和 Y 均为 0～10 的整数，并分别存放于片内 RAM 的 40H 和 41H 单元中，二次方和存于 42H 单元中；由子程序完成数据二次方的计算。

分析： 本例的设计任务与例 3-57 基本一致，不同仅在于本例必须用子程序计算二次方。因此，本例的程序可以由例 3-57 的参考程序改编而得。

解： 本例的参考程序及其说明如图 3-12 所示。子程序 SQRT 通过查表法计算数据的二次方，其入口和出口参数均为累加器 A。通过累加器或特殊功能寄存器在主程序和子程序之间传递参数，是一种比较常用的参数传递方法，另外，也可以通过存储单元或堆栈进行参数传递。SQRT 子程序中对 DPTR 进行了保护，以免干扰主程序中其他与 DPTR 有关的操作，而累加器 A 作为出口参数不能被保护，否则子程序结束后累加器的值将恢复为进入子程序之前的值。另外，特别需要注意的是，利用堆栈进行现场保护时必须遵守堆栈"先入后出，后入先出"的使用原则，即先"PUSH"的数据应该后"POP"，反之亦然。

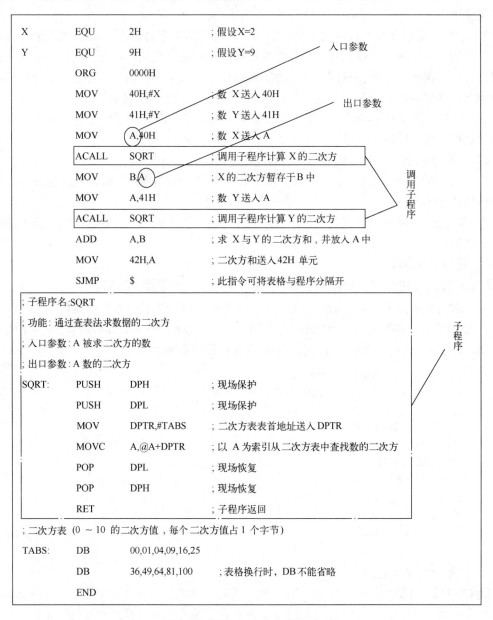

图 3-12　例 3-73 参考程序及说明

【例 3-74】　编写双字节无符号数乘法子程序，并利用该子程序计算乘法 3857H×0AFFCH，计算结果按照由高字节到低字节的顺序保存到片内 RAM 的 43H～40H 单元中。

　　解：本例的参考程序如下，其乘法计算的思路如图 3-13 所示，该图中的字母"H"和"L"分别表示计算结果的高字节和低字节。

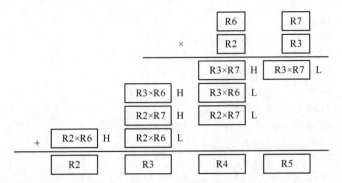

图 3-13　例 3-74 双字节无符号数乘法计算的思路

```
        ORG     0000H
        MOV     R2,#38H      ;乘数高字节送入口参数
        MOV     R3,#57H      ;乘数低字节送入口参数
        MOV     R6,#0AFH     ;被乘数高字节送入口参数
        MOV     R7,#0FCH     ;被乘数低字节送入口参数
        ACALL   MULD         ;调用双字节乘法子程序
        MOV     43H,R2       ;保存乘积
        MOV     42H,R3
        MOV     41H,R4
        MOV     40H,R5
        SJMP    $
;子程序名：MULD
;功能：计算双字节无符号数乘法
;入口参数：R2R3 被乘数，R6R7 乘数
;出口参数：R2R3R4R5 乘积
MULD:   PUSH    PSW          ;现场保护
        PUSH    ACC          ;现场保护
        PUSH    B            ;现场保护
        PUSH    06H          ;现场保护工作寄存器区 0 区的 R6
        PUSH    07H          ;现场保护工作寄存器区 0 区的 R7
        MOV     A,R3         ; R3×R7
        MOV     B,R7
        MUL     AB
        MOV     R4,B         ;暂存部分积
        MOV     R5,A
        MOV     A,R3         ; R3×R6
        MOV     B,R6
        MUL     AB
        ADD     A,R4         ;累加部分积
        MOV     R4,A
        CLR     A
        ADDC    A,B
        MOV     R3,A
        MOV     A,R2         ;R2×R7
```

MOV	B,R7	
MUL	AB	
ADD	A,R4	;累加部分积
MOV	R4,A	
MOV	A,R3	
ADDC	A,B	
MOV	R3,A	
CLR	A	
RLC	A	
XCH	A,R2	; R2×R6
MOV	B,R6	
MUL	AB	
ADD	A,R3	;累加部分积
MOV	R3,A	
MOV	A,R2	
ADDC	A,B	
MOV	R2,A	
POP	07H	;恢复现场
POP	06H	;恢复现场
POP	B	;恢复现场
POP	ACC	;恢复现场
POP	PSW	;恢复现场
RET		
END		

【例3-75】 编写双字无符号数除法子程序，并利用该子程序计算 80008DEFH÷9C40H，将商和余数按照由高字节到低字节的顺序，分别保存到片内 RAM 的 43H、42H 和 41H、40H 单元中。

解：参考程序如下，其执行结果为：（43H）=0D1H、（42H）=0B7H、（41H）=9CH 和（40H）=2FH。

	ORG	0000H	
	MOV	R2,#080H	;被除数送入口参数
	MOV	R3,#000H	;被除数送入口参数
	MOV	R4,#08DH	;被除数送入口参数
	MOV	R5,#0EFH	;被除数送入口参数
	MOV	R6,#09CH	;除数送入口参数
	MOV	R7,#040H	;除数送入口参数
	ACALL	DDIV	;调用双字节除法子程序
	JB	F0,STOP	;判断除法运算是否有溢出，无溢出，则保存计算结果
	MOV	43H,R4	;保存商的高字节
	MOV	42H,R5	;保存商的低字节
	MOV	41H,R2	;保存余数的高字节
	MOV	40H,R3	;保存余数的低字节
STOP:	SJMP	$	
;子程序名:DDIV			
;功能:进行双字节无符号数除法运算			

```
;入口参数:R2R3R4R5 被除数，R6R7 除数
;出口参数:R4R5 商，R2R3 余数，F0 溢出标志（0：无溢出，1：有溢出）
;所用资源:A，B，R1
DDIV:    MOV    A,R3        ;溢出判断
         CLR    C
         SUBB   A,R7
         MOV    A,R2
         SUBB   A,R6
         JNC    DIV1        ;被除数高位字节大于除数，转溢出处理
         MOV    B,#16       ;无溢出执行除法，置循环次数
DDIV2:   CLR    C           ;被除数向左移一位，低位送 0
         MOV    A,R5
         RLC    A
         MOV    R5,A
         MOV    A,R4
         RLC    A
         MOV    R4,A
         MOV    A,R3
         RLC    A
         MOV    R3,A
         XCH    A,R2
         RLC    A
         XCH    A,R2
         MOV    F0,C        ;保护移出的最高位
         CLR    C
         SUBB   A,R7        ;高位移出位为 1，够减，转至 DV2
         MOV    R1,A
         MOV    A,R2
         SUBB   A,R6
         JB     F0,DV2
         JC     DV3
DV2:     MOV    R2,A        ;回送减法结果
         MOV    A,R1
         MOV    R3,A
         INC    R5          ;商上 1
DV3:     DJNZ   B,DDIV2     ;不够减，循环次数-1
         CLR    F0          ;除法正常结束，溢出标志 F0 清 0
         RET
DIV1:    SETB   F0          ;置溢出标志 F0 为 1
         RET
         END
```

本参考程序的二进制除法与人手工计算十进制除法的过程类似，分为以下几步：

1）将双字节除数与商的最高双字节对齐后比较大小，若被除数最高双字节大于除数，则商上 1，并从被除数的最高双字节中减掉除数，形成新的被除数；若被除数最高双字节小于除数，则商上 0，不做减法，被除数保持不变。

2）被除数左移一位，并重复步骤 1），直至被除数的所有位均参与处理后为止。需要注意的是，如果被除数的最高双字节大于或等于除数，则商超过两字节，无法存放，这种情况被称作除法的溢出；当溢出发生时，程序运算结果是不正确的，不能被采用。

3. 码制转换类子程序

单片机中常用的码制有 ASCII 码和 BCD 码，而单片机仅能识别和处理二进制数，因此需要进行二进制数与 ASCII 码和 BCD 码转换之间的转换。

【例 3-76】 编写将单字节无符号二进制数转换成压缩 BCD 码的子程序，并利用该子程序将 0FFH 转换成压缩 BCD 码，转换结果按照由高位到低位的顺序存入片内 RAM 的 51H 和 50H 单元。

解： 本例有两种程序设计思路，分别为：

1）与例 3-56 类似，通过数据除以 100 和 10 得到十进制的百位、十位和个位，参考程序如下：

```
        ORG     0000H
        MOV     A,#0FFH     ;将待转换字节数据送入口参数
        ACALL   H2BCD       ;调用子程序进行转换
        MOV     51H,R1      ;保存转换结果的高字节
        MOV     50H,R0      ;保存转换结果的低字节
        SJMP    $
;子程序名:H2BCD
;功能:将单字节无符号二进制数转成压缩 BCD 码
;入口参数:A 单字节无符号二进制数
;出口参数:R1R0,其中 R1 低半字节存压缩 BCD 码百位,R0 高、低半字节分别存 BCD 码十位和个位
H2BCD:  MOV     B,#100      ;十进制数 100 送入 B
        DIV     AB          ;十进制数除以 100,商是百位,余数是除去百位后的十进制数
        MOV     R1,A        ;存压缩 BCD 码的百位
        MOV     A,B         ;除去百位后的十进制数送 A
        MOV     B,#10       ;十进制数 10 送入 B
        DIV     AB          ;十进制数除以 10,商是十位,余数是除去百位和十位后的十进制数
        SWAP    A           ;通过高、低半字节的交换,将十位放到高半字节上
        ADD     A,B         ;通过加法将十位和个位拼成一个字节,也可用 ORL 代替 ADD
        MOV     R0,A        ;存压缩 BCD 码的十位和个位
        RET                 ;子程序返回
        END
```

2）利用公式 $D = b_7 \times 2^7 + b_6 \times 2^6 + \cdots + b_0 \times 2^0$ 将二进制数 $b_7 b_6 \cdots b_0$ 转换成对应的十进制数 D，其具体方法是利用移位指令和加法指令，按顺序依次完成下面的计算：

$$D_1 = 0 + b_7$$
$$D_2 = D_1 + D_1 + b_6 = 2 \times b_7 + b_6$$
$$D_3 = D_2 + D_2 + b_5 = 4 \times b_7 + 2 \times b_6 + b_5$$
$$\cdots$$
$$D_8 = D_7 + D_7 + b_0 = b_7 \times 2^7 + b_6 \times 2^6 + \cdots + b_0 \times 2^0$$

参考程序如下：

```
        ORG     0000H
        MOV     A,#0FFH      ;将待转换字节数据送入口参数
        ACALL   H2BCD        ;调用子程序进行转换
        MOV     51H,R1       ;保存转换结果的高字节
        MOV     50H,R0       ;保存转换结果的低字节
        SJMP    $
;子程序名:H2BCD
;功能:将单字节无符号二进制数转成压缩 BCD 码
;入口参数:A 单字节无符号二进制数
;出口参数:R1R0,其中 R1 低半字节存压缩 BCD 码百位,R0 高、低半字节分别存 BCD 码十位和个位
H2BCD:  MOV     R2,A
        MOV     R7,#8        ;数据位数送 R7
        MOV     R1,#0H
        MOV     R0,#0H
LOOP:   CLR     C
        MOV     A,R2
        RLC     A
        MOV     R2,A         ;R2 左移一位并送回,最高位进入 CY
        MOV     A,R0
        ADDC    A,R0         ;CY 加到移位后的数据中
        DA      A
        MOV     R0,A         ;(R0)×2 并送回 R0
        MOV     A,R1
        ADDC    A,R1
        DA      A
        MOV     R1,A         ;(R1)×2 并送回 R1
        DJNZ    R7,LOOP
        RET
        END
```

【例 3-77】　编写将一位十六进制数转换成 ASCII 码的子程序,利用该子程序将字节型数 09AH 的高、低半字节转换为 ASCII 码,并分别存入片内 RAM 的 31H 和 30H 单元。

解:本例参考程序如下。在 HASC 子程序中,累加器 A 既是入口参数,也是出口参数,即该子程序执行后累加器 A 的值被改变。

```
        ORG     0000H
        MOV     A,#09AH      ;待转换数送入入口参数
        PUSH    ACC          ;子程序 HASC 将改变 A 的值,所以要将源数据暂时存入堆栈
        ACALL   HASC         ;调用 ASCII 码转换子程序,转换低半字节十六进制数
        MOV     30H,A        ;保存低半字节的转换结果
        POP     ACC          ;从堆栈中恢复待转换数据
        SWAP    A            ;将待转换数据高、低半字节交换位置
        ACALL   HASC         ;调用 ASCII 码转换子程序,转换高半字节十六进制数
        MOV     31H,A        ;保存高半字节的转换结果
STOP:   SJMP    $
;子程序名:HASC
;功能:将一位十六进制数转换为 ASCII 码
```

;入口参数:A 低半字节存放待转换的十六进制数
;出口参数:A 转换后的 ASCII 码

HASC:	ANL	A,#0FH	;屏蔽掉高 4 位，仅保留低半字节待转换的十六进制数
	CJNE	A,#0AH,HC	;与 10 比较十六进制数，若比 10 小，则 CY=1，否则 CY=0
HC:	JC	HNEXT	;若 CY=1，则被转换数在 0～9 之间，跳转
	ADD	A,#07H	;CY=0，该数在 0AH～0FH 之间，数本身加 37H，即得 ASCII 码
HNEXT:	ADD	A,#30H	;该数在 0～9 之间，数本身加 30H，即得 ASCII 码
	RET		
	END		

拓展阅读：自主
知识产权软件与
数字中国

3.6 小结

本章介绍了 MCS-51 单片机汇编语言的伪指令和指令的语法格式及使用方法，并结合实例讲解了汇编语言程序的设计方法。通过本章的学习，读者应当掌握各种指令寻址方式的使用方法，识记常用指令的语法格式和用法，能够熟练编写简单的顺序结构、分支结构、循环结构程序和常用子程序。

微课：混合结构
程序设计

3.7 习题

1．MCS-51 指令系统有哪几种寻址方式？请分别举例说明。

2．请分别指出下列指令中源操作数和目的操作数的寻址方式。

（1）MOV　A,SP　　　（2）MOV　C,00H　　（3）MOV　20H,A

（4）MOV　@R0,A　　　（5）MOV　ACC,#00H

3．请判断下列伪指令的对错，错误的请指明错误原因。

（1）TIME　　　　　EQU　　#023H

（2）NUMBE　　　DATA　　2+3

（3）TIME　　　　　EQU　　23H

（4）NAME　　　　DATA　　R0

4．请指出下列指令的错误原因。

（1）MOV　C,SP　　　　　　（2）MOVX　A,@2000H

（3）MOV　A,A　　　　　　　（4）MOV　A,DPTR

（5）PUSH　R0　　　　　　　（6）PUSH　A

（7）MOVC　A,@DPTR　　　　（8）CJNE　A,R0,NEXT

（9）SETB　P0　　　　　　　（10）CPL　R0

5．假设(A)=7BH、(37H)=0F8H、(R0)=38H、(38H)=12H、(36H)=0C3H、(PSW)=00H、(SP)=37H。请写出以下各条指令执行后，受到影响的相关寄存器或存储单元的值。

（1）ADD　A,37H　　（2）MOV　A,@R0　　（3）PUSH　ACC　　（4）POP　ACC

（5）INC　R0　　　　（6）INC　38H　　　（7）INC　@R0

6．请写出完成下列任务的指令。

（1）将累加器 A 的第 0 位（ACC.0）和第 5 位（ACC.5）清 0，其他位保持不变。

（2）将累加器 A 的第 0 位（ACC.0）和第 5 位（ACC.5）置 1，其他位保持不变。

（3）将累加器 A 的第 0 位（ACC.0）和第 5 位（ACC.5）取反，其他位保持不变。

7. 请计算下面这段程序的执行时间。假设单片机晶振频率为 6MHz。

```
NEXT:    MOV    R1,#00H
AGAIN:   MOV    R7,#09H
LOOP:    INC    A
         DJNZ   R7,LOOP
         DJNZ   R1,AGAIN
```

8. 片内 RAM 地址从 30H 单元开始连续存放着 20 个无符号字节数据，请编写程序，统计其中无符号数 56 出现的次数，并将其存入累加器 A。

9. 编写程序，将累加器 A 中存放的十六进制数转成十进制数，转换结果的个位、十位和百位分别存入片内 RAM 的 40H、41H 和 42H 单元中。

10. 编写程序，将片内 RAM 中 50H～5FH 单元中的数据存入片外 RAM 中 2000H 开始的连续字节单元中。

11. x 和 y 均是单字节无符号数，分别存放在片内 RAM 的 40H 和 41H 单元中。请编写程序，根据 x 的值计算 y 的值。

$$y = \begin{cases} x, & x < 10 \\ 3x, & 10 \leqslant x \leqslant 40 \\ x+5, & x > 40 \end{cases}$$

第4章 MCS-51单片机的内部功能单元

MCS-51 单片机内部标准功能单元包括中断系统、定时/计数器和串行通信接口，本章以51子系列为例，介绍这些功能单元的逻辑结构、基本功能和使用方法。

4.1 中断系统

4.1.1 单片机与外部设备的数据传送方式

在单片机与外部设备（简称外设）的数据传送过程中，单片机处于核心地位，所谓的数据输入和输出都是相对单片机而言。数据由外设传送至单片机，为"输入"，反之为"输出"。通常，单片机与外设的数据传送速度差别较大，因此，选择恰当的数据传送时间和传送时间间隔，是保证数据正确传送的关键。在单片机系统中，有三种解决该问题的方法，即程序控制传送、中断式传送和 DMA 传送。

1．程序控制传送

程序控制的传送方式可分为无条件传送和查询方式传送。无条件传送默认外设始终处于可以进行数据传送的状态，单片机可以随时与之进行数据交换。这种传送方式过于简单，对于复杂的外设应用较少。查询方式传送又称为有条件传送。在该方式下，单片机需不断读取外设的状态信息，并通过该信息判断外设是否处于可进行数据传送的就绪状态，若是则进行数据传送，否则继续查询外设状态。查询方式传送的优点是硬件电路和程序简单，可靠性高；缺点是由于外设处理速度比较慢，导致单片机 CPU 被外设状态查询程序占用，工作效率低。

2．中断传送

在程序运行过程中，若有突发、紧急的内部或外部事件发生，需要单片机处理，单片机将暂停原有程序，转而执行处理该突发事件的子程序，这一过程就是所谓的"中断"。引起中断的事件或发出中断请求的对象被称为"中断源"，而处理中断的专用子程序被称为"中断服务处理程序"。中断方式数据传送利用了单片机的中断机制和功能。当外设需要与单片机进行数据传送时，外设主动向单片机发出中断请求。单片机若响应该请求，则通过中断服务处理程序完成与外设间的数据传送。与查询方式相比，中断方式的数据传送更合理，能够解放单片机 CPU，提高单片机的工作效率，更适合于实时工作系统，也有利于系统应对突发故障的处理，可以进一步提高系统的可靠性和安全性。

3．DMA 传送

在 DMA 传送中，直接存储器访问（Direct Memory Access，DMA）控制器负责管理存储器与外设之间的数据交换，单片机 CPU 得以从数据传送管理任务中解放出来，其工作效率可以进一步提高。

4.1.2　MCS-51 单片机中断系统的功能和结构

1．中断系统的功能

单片机中断系统由硬件和软件共同构成，其主要功能如下：

（1）中断源的识别

MCS-51 单片机有 5 个中断源，当接收到中断请求时，MCS-51 单片机可以识别出中断的来源，并执行相应的中断服务处理程序。

（2）中断的开放和屏蔽

单片机系统用户可以通过中断系统的软件和硬件实现对某一中断请求的开放（或允许）和屏蔽。开放是指中断请求发生时中断系统响应该请求，并完成相应的中断服务处理工作；而屏蔽则是指中断系统既不接收中断请求，也不进行中断处理。

（3）中断的优先级别排队

单片机每次只能处理一个中断源的中断请求，当多个被开放的中断源同时发出中断请求时，单片机必须确定优先响应哪一个中断请求。

MCS-51 单片机具有中断优先级排队功能，可以根据预先设定好的优先级别对所有发出请求的中断源进行优先级别的排序。优先级别最高的中断请求首先被响应和处理，高级别中断处理结束后再处理低级别的中断。

（4）中断的响应和处理

中断响应是指单片机中断系统根据对中断源的判断结果，临时中止当前的程序并控制程序跳转至中断服务处理程序，以完成相应的中断服务操作。

（5）中断的返回

中断返回是指单片机退出中断服务处理程序，并返回中断请求响应之前被中止的位置继续执行程序。中断返回操作由单片机中断服务处理程序中的 RETI 指令完成。

2．中断系统的结构

MCS-51 单片机中断系统的结构如图 4-1 所示。MCS-51 单片机有 5 个中断源，分别是 2 个外部中断源、2 个定时/计数器中断源和 1 个串行接口中断源。与中断系统有关的寄存器有 TCON、SCON、IE 和 IP，它们都可以按位寻址，其中的每一位都可以通过指令来设置。

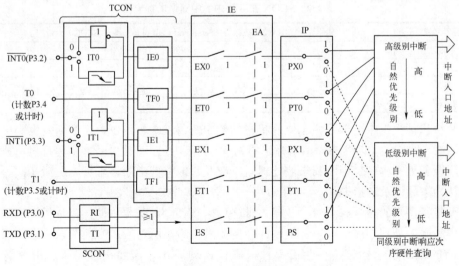

图 4-1　MCS-51 单片机中断系统的结构

下面结合图4-1介绍 MCS-51 单片机中断系统的基本工作流程。

（1）中断的触发

单片机两个外部中断源 $\overline{\text{INT0}}$ 和 $\overline{\text{INT1}}$ 的中断请求信号来自单片机的外部引脚 $\overline{\text{INT0}}$ 和 $\overline{\text{INT1}}$。有效的外部中断请求信号（即中断触发方式）可以是低电平信号或电平的下降沿信号。

定时/计数器 T0 和 T1 可以工作在计数和定时两种工作方式下，两种工作方式都可以产生中断请求。工作于计数方式时，定时/计数器记录 T0 和 T1 引脚上的脉冲个数，当脉冲数达到指定值时，将产生中断请求；工作于定时方式时，定时/计数器通过记录机器周期的个数完成定时工作，定时时间到时将产生中断请求。

单片机的串行通信接口（简称串口）可以向外发送数据或从外部接收数据，通常 TXD 引脚发送数据，RXD 引脚接收数据。串口每发送或接收完一个字符帧后都会发出中断请求，分别被称为发送中断请求和接收中断请求。

另外，在 MCS-51 单片机中，串口的发送中断和接收中断虽然不同，但却被当作同一个中断源，对应同一个中断服务处理程序。

（2）中断请求

单片机给每个中断事件分配了一个中断请求标志位，当某一中断源发出中断请求时，其对应的中断请求标志位被置 1，以表示该中断发出了中断请求。外部中断 $\overline{\text{INT0}}$ 和 $\overline{\text{INT1}}$、定时/计数器 T0 和 T1 以及串口发送中断和接收中断的中断请求标志位分别为 IE0、IE1、TF0、TF1、TI 和 RI，这些中断请求标志位分别存放在定时/计数器控制寄存器 TCON（见表 4-1）和串口控制寄存器 SCON（见表 4-2）中。

表4-1　TCON 寄存器中的中断请求标志位

寄存器名称	定时/计数控制寄存器（Timer/Counter Control Register，TCON）							
字节地址	88H							
位序号	7	6	5	4	3	2	1	0
位地址	8FH		8DH		8BH		89H	
位名称	TF1		TF0		IE1		IE0	

表4-2　SCON 寄存器中的中断请求标志位

寄存器名称	串口控制寄存器（Serial Port Control Register，SCON）							
字节地址	98H							
位序号	7	6	5	4	3	2	1	0
位地址							99H	98H
位名称							TI	RI

单片机只能根据中断请求标志位的状态判断中断请求是否发生，若中断发生则中断请求标志位为 1，否则为 0。若中断请求标志位为 1 且该中断没有被屏蔽，则单片机将执行该中断的中断服务处理程序。中断请求被处理后，应及时地将其中断请求标志位清 0，否则单片机将误认为中断请求未消失。

需要特别注意的是，对于 2 个外部中断和 2 个定时/计数器中断，单片机响应中断请求并进入中断服务处理程序后，单片机硬件会自动将中断源所对应的中断请求标志位清 0；而串口中断的中断请求标志位不会被单片机硬件自动清 0，需要在程序通过指令清 0，即"CLR　TI"或"CLR　RI"。

（3）中断的开放与屏蔽

MCS-51 单片机的所有中断源均可被屏蔽。中断源的开放与屏蔽由中断允许寄存器 IE（见表 4-3）控制。IE 寄存器中各位的定义如下：

1）EX0：外部中断 0（$\overline{\text{INT0}}$）的中断允许位。

2）ET0：定时/计数器 0（T0）的中断允许位。

3）EX1：外部中断 1（$\overline{\text{INT1}}$）的中断允许位。

4）ET1：定时/计数器 1（T1）的中断允许位。

5）ES：串口的中断允许位。

6）EA：CPU 中断总允许位。

表 4-3　IE 寄存器

寄存器名称	中断允许寄存器（Interrupt Enable Register，IE）							
字节地址	0A8H							
位序号	7	6	5	4	3	2	1	0
位地址	AFH			ACH	ABH	AAH	A9H	A8H
位名称	EA			ES	ET1	EX1	ET0	EX0

上述标志位被置 1 时，对应的中断源被开放（即允许）；被清 0 时，则对应的中断源被屏蔽（即禁止）。例如：若 EX0=0、ET0=0、EX1=1、ET1=0 和 ES=1 时，仅有外部中断 1 和串口中断被开放，其他中断均被屏蔽。中断总允许位 EA 相当于中断的总开关，若 EA=0，则所有中断被禁止；若 EA=1，则各中断源是否被禁止，将由其自身的中断允许位决定。

（4）中断优先级别和中断嵌套

MCS-51 单片机仅有两个中断优先级别，即高级和低级。中断源的中断优先级别由中断优先级寄存器 IP（见表 4-4）决定。IP 寄存器各位的定义如下：

1）PX0：外部中断 0（$\overline{\text{INT0}}$）的中断优先级设定位。

2）PT0：定时/计数器 0（T0）的中断优先级设定位。

3）PX1：外部中断 1（$\overline{\text{INT1}}$）的中断优先级设定位。

4）PT1：定时/计数器 1（T1）的中断优先级设定位。

5）PS：串口中断的优先级设定位。

上述位若被置 1，则对应的中断源被设定为高级别中断，否则被设定为低级别中断，即单片机利用寄存器 IP 将所有中断源分成高级别和低级别两类。例如：若 PX0=0、PT0=1、PX1=1、PT1=0 和 PS=1，则外部中断 0 和定时/计数器 1 被设定为低级别中断，而定时/计数器 0、外部中断 1 和串口中断均为高级别中断。此时，若串口和定时/计数器 1 同时发出中断请求，单片机将首先响应和处理其中的高级别中断，即串口中断。

表 4-4　IP 寄存器

寄存器名称	中断优先级寄存器（Interrupt Priority Register，IP）							
字节地址	B8H							
位序号	7	6	5	4	3	2	1	0
位地址				BCH	BBH	BAH	B9H	B8H
位名称				PS	PT1	PX1	PT0	PX0

另外，MCS-51 单片机又在同一中断优先级别内设定了自然优先级别，见表 4-5。当多个同级别中断同时发出中断请求时，单片机中断系统将按照自然优先级别进行中断排序，并首先响应其中自然优先级别最高的中断。

表 4-5 中断的自然优先级别

中 断 源	中断请求标志位	自然优先级别顺序
外部中断 0（$\overline{INT0}$）	IE0	高
定时/计数器 0（T0）	TF0	
外部中断 1（$\overline{INT1}$）	IE1	
定时/计数器 1（T1）	TF1	
串口的中断	RI 或 TI	低

中断优先级的作用方式如下：

1）单片机处理高级别中断时，无法处理新产生的高级别或低级别中断请求。高级别中断的中断服务处理程序结束并通过指令 RETI 返回时，RETI 指令将通知 CPU 高级别中断已处理完毕，单片机又可以响应新的高级别中断请求。

2）单片机处理低级别中断时，无法响应和处理新产生的低级别中断请求。但是，若新产生的是高级别中断请求，则单片机将暂停当前的低级别中断服务处理程序，转而去执行新产生的高级别中断请求的中断服务处理程序。该过程就是所谓的中断嵌套，如图 4-2 所示。此后与作用方式 1）中的描述类似，中断系统不再响应其他高级别中断请求。当嵌套的高级别中断服务处理程序结束返回后，之前被暂时中断的低级别中断服务处理程序将继续执行。最后，该低级别中断的处理程序结束并通过 RETI 返回主程序，同时 RETI 指令将通知 CPU 低级别中断已处理完毕，可以重新开放单片机对低级别中断请求的响应。

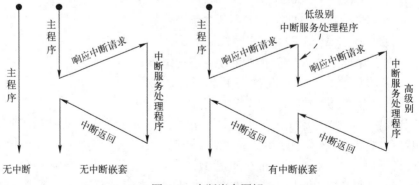

图 4-2 中断嵌套图解

综上所述，MCS-51 单片机有两个中断优先级别，允许两级中断嵌套，其中断优先级别的控制原则为：

1）正在被处理的中断能够被新的高级别的中断请求所中断。

2）正在被处理的中断不能被新的同级别的和低级别的中断请求所中断。

3）自然优先级别仅用于多个同级别中断请求同时发生时，其作用是确定这些同级别中断中，哪一个中断应该被优先处理。

为了避免将自然优先级别与中断优先级别（仅包含高优先级别和低优先级别）相混淆，

现举例说明。

【例 4-1】　中断自然优先级别的使用。请分别回答以下两个问题。

问题 1：假设单片机当前没有处理任何中断，并且所有中断源均被设置为高级别中断（即 PX0=1、PT0=1、PX1=1、PT1=1 和 PS=1），则若外部中断 0 和串口同时发出中断请求，哪个中断请求会被单片机优先处理？

解：外部中断 0 将被单片机优先处理。因为所有中断源都被设定为高级别中断，所以当它们同时发生中断请求时，单片机将按照表 4-5 所示的自然优先级别对外部中断 0 和串口中断排序，并且外部中断 0 因为其自然优先级别高于串口中断而被单片机优先处理。

问题 2：假设所有中断源均被设置为高级别中断（即 PX0=1、PT0=1、PX1=1、PT1=1 和 PS=1），并且单片机当前正在处理串口中断，则若外部中断 0 和外部中断 1 同时发出中断请求，哪个中断请求会被单片机处理？

解：这两个中断都不会被单片机处理。因为，当前正被单片机处理的串口中断是高级中断，并且新发生的中断请求的外部中断 0 和外部中断 1 也都是高级别中断，而一个中断不能被同级别中断打断。

3. 中断响应过程及中断服务处理程序结构

按照时间顺序，单片机中断处理可分为以下几个阶段：中断请求、中断响应、中断服务、中断返回。

（1）中断请求

单片机通过查询的方式发现中断请求，对中断的查询发生在每个机器周期的 S5P2 阶段（见图 2-12）。有中断请求发生时，对应的中断请求标志位被置 1。对于 MCS-51 单片机，只要中断请求标志位为 1，单片机就认为发生了对应的中断请求。

另外，除了真实有效的中断请求可以使中断请求标志位置 1 外，还可通过软件指令将中断请求标志位置 1，如：指令 "SETB TF1" 可将 TF1 置 1。并且单片机无法判断出中断请求标志位是因实际发生的中断请求而被置 1，还是被程序指令置 1。因此，通过指令将中断请求标志位置 1，也可以产生有效的中断请求。

（2）中断响应条件

单片机响应中断时必须符合以下中断响应条件：

1）中断源没有被屏蔽。

2）中断请求符合中断优先级控制原则被确定。

3）不打断正在执行的指令。若正在执行的是 RET、RETI 指令或指令正在访问 IE 或 IP 寄存器，则单片机要在该指令结束后至少再执行一条指令，才能响应中断。这样处理的目的是不干扰单片机的中断逻辑，因为指令 RET、RETI 和寄存器 IE、IP 都会直接影响当前单片机的中断逻辑和处理过程。

（3）中断响应过程

单片机的程序存放在程序存储器 ROM 中。在 ROM 中有一些存储单元的地址具有特殊意义，见表 4-6，这些地址被称为中断入口地址，这些地址所对应的 ROM 存储单元用于存放中断服务处理程序。

表 4-6　中断服务处理程序的入口地址

中断入口地址	中断源
0003H	外部中断 0（$\overline{INT0}$）
000BH	定时/计数器 0（T0）
0013H	外部中断 1（$\overline{INT1}$）
001BH	定时/计数器 1（T1）
0023H	串口

由表 4-6 可知，相邻程序入口地址之差为 8H。这意味着单片机系统中断服务处理程序的长度不能超过 8B。但是通常单片机程序不会如此之短，所以在实际应用中总是将中断服务处理程序放在地址较大的其他存储单元，而仅在程序入口地址所对应的 ROM 单元中放一条可使程序跳转至中断服务处理程序的跳转指令，如：在图 4-3 所示程序中，指令"LJMP INT_0"用于控制程序跳转至外部中断 0 的中断服务处理程序"INT_0"。

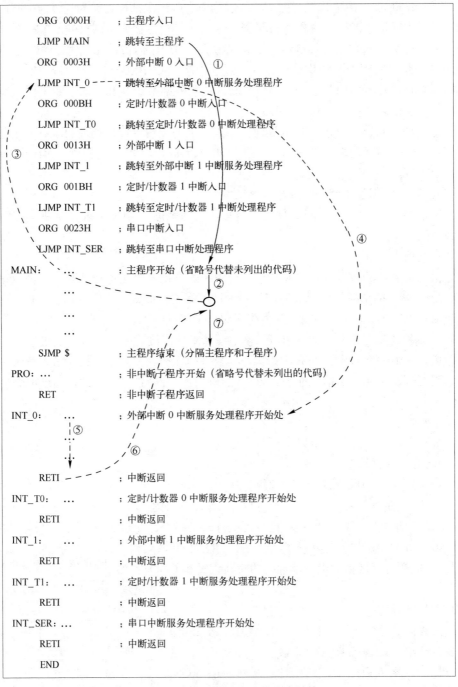

图4-3　典型中断服务处理程序结构

图 4-3 是一个包含中断服务处理程序的典型程序结构框架。图中的箭头展示了从主程序执行、单片机暂停主程序、跳转至外部中断 0 中断服务程序直至返回主程序的全过程。其中，实线箭头是主程序执行过程；虚线箭头是中断服务处理程序的执行过程；空心圆圈代表中断发生的位置，即断点的位置。

在上述过程中，以下两个步骤非常关键：

1）中断请求被响应后，使程序跳转至正确的中断入口。

2）中断服务处理程序结束后，继续执行之前被中断的主程序。

单片机完成这两个关键步骤的方法或过程如下：

（1）跳转至中断服务处理程序

单片机硬件能够识别出被响应的中断源。当中断被响应后，单片机通过硬件 LCALL 指令实现向中断入口的跳转。该硬件 LCALL 指令首先将断点地址压入堆栈中（为中断返回做准备）；然后将中断源的中断入口地址送入程序计数器（PC），以使程序跳转至中断入口去执行中断服务处理程序。

（2）从中断服务处理程序返回

中断服务处理程序通过指令 RETI 返回。RETI 指令实际完成如下两个操作中：

1）将被硬件 LCALL 指令压入堆栈的断点地址弹出并送入 PC，以使程序返回断点处继续执行；2）通知 CPU 中断已处理完毕，可以开放与该中断同级别的中断。这里再次强调，RETI 指令与 RET 指令不能互换使用，因为 RET 不进行 RETI 的操作 2）。

4.2　外部中断

MCS-51 单片机有两个外部中断源 $\overline{INT0}$ 和 $\overline{INT1}$，它们分别在 P3.2 和 P3.3 引脚出现低电平或下降沿信号时向单片机发出中断请求。外部中断可用于检测单片机外部发生的事件，如键盘敲击和特定脉冲发生的次数等。

4.2.1　外部中断的初始化设置

外部中断 $\overline{INT0}$ 和 $\overline{INT1}$ 的初始化设置包括：中断触发方式设置、中断优先级设置和中断允许设置。与这些设置有关的寄存器有 TCON、IP 和 IE。

微课：外部中断应用

$\overline{INT0}$ 和 $\overline{INT1}$ 有两种触发方式：低电平触发和下降沿触发，可通过 TCON（见表 4-7）进行设置。

TCON 寄存器的低 4 位与外部中断有关，其作用分别如下：

1）IT0：外部中断 0（$\overline{INT0}$）的中断触发方式控制位，若 IT0=0，则 $\overline{INT0}$ 为低电平触发，若 IT0=1，则 $\overline{INT0}$ 为下降沿触发。

2）IT1：外部中断 1（$\overline{INT1}$）的中断触发方式控制位，若 IT1=0，则 $\overline{INT1}$ 为低电平触发，若 IT1=1，则 $\overline{INT1}$ 为下降沿触发。

3）IE0：外部中断 0（$\overline{INT0}$）的中断请求标志位，若 IE0=0，则 $\overline{INT0}$ 无中断请求，若

IE0=1，则 $\overline{INT0}$ 发出了中断请求。

4）IE1：外部中断 1（$\overline{INT1}$）的中断请求标志位，若 IE1=0，则 $\overline{INT1}$ 无中断请求，若 IE1=1，则 $\overline{INT1}$ 发出了中断请求。

表 4-7 TCON 寄存器中与外部中断 $\overline{INT0}$ 和 $\overline{INT1}$ 有关的标志位

寄存器名称	TCON 寄存器							
字节地址	88H							
位序号	7	6	5	4	3	2	1	0
位地址					8BH	8AH	89H	88H
位名称					IE1	IT1	IE0	IT0

另外，寄存器 IP 和 IE 与外部中断的关系已经在本章 4.1.2 节中详细介绍，此处不再赘述。

4.2.2 中断程序设计方法

含有中断处理功能的程序应该包含以下基本要素：

1）主程序入口，放置一条跳转至主程序的跳转指令。

2）中断服务处理程序入口，放置一条跳转指令，用于跳转至中断服务处理程序。

3）主程序是程序主体，其中需包含中断初始化的功能。

4）中断服务处理程序，是完成中断处理任务的子程序。

编写中断服务处理程序时需要注意以下几点：

1）在刚进入中断服务处理程序时和将要退出中断服务处理程序之前，需分别进行程序现场的保护和恢复。程序现场是指主程序和中断服务处理程序共用的一些资源，如特殊寄存器或数据存储器（RAM）中的存储单元等。现场保护和恢复的常规方法分别是用 PUSH 指令将需要保护的现场数据压入堆栈和用 POP 指令将已保护的现场数据从堆栈中取出，并且 PUSH 和 POP 指令应当成对出现，并且按照"先入后出"原则进行操作。

2）中断服务处理程序必须通过 RETI 指令返回，并且不能被 RET 指令代替。

3）进入中断服务程序后，应及时将中断请求标志位清 0。进入中断服务处理程序后，外部中断和定时/计数器中断的中断请求标志位会被单片机硬件自动清 0，而串口中断请求标志位不会被硬件清 0。因此，在串口中断服务处理程序中，必须通过指令将串口中断请求标准位清 0，即"CLR TI"或"CLR RI"。

【例 4-2】 外部中断服务处理程序的编写。图 4-4 为一个单片机系统电路原理图，请编写程序利用外部中断 1 记录开关 KEY 按下的次数，当按下 10 次后点亮发光二极管（LED）。

题目分析：按键被按下时，$\overline{INT1}$ 引脚上将出现电平由高到低的变化，即下降沿。若将外部中断设置为下降沿触发方式，则每次按键按下都将产生一次外部中断请求。因此，可以在外部中断服务处理程序中累计按键按下的次数。

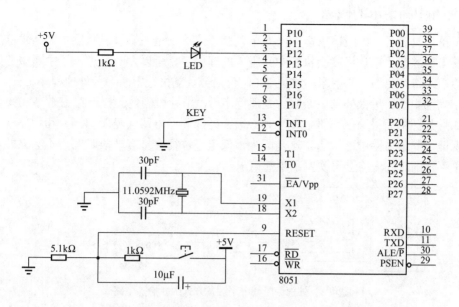

图 4-4　按键按下次数检测单片机系统电路原理图

实现功能要求的参考程序如下：

LED	EQU	P1.2	;为引脚 P1.2 定义符号，提高程序的易读性
	ORG	0000H	;主程序入口，主程序入口地址必须是 0H
	LJMP	MAIN	;跳转至主程序
	ORG	0013H	;外部中断 1 入口
	LJMP	INT_1	;跳转至外部中断 1 中断服务处理程序

; 以下是主程序

MAIN:	SETB	LED	;熄灭发光二极管
	MOV	A,#0H	;(A)←0H，累加器 A 用于记录开关按下的次数，初始化为 0

; 进行中断初始化

	SETB	IT1	;设外部中断 1 为下降沿触发
	SETB	EX1	;使能（开放允许）外部中断 1
	SETB	EA	;开总中断
	SJMP	$	;主程序在此处待命

; 以下是外部中断 1 的中断服务处理程序，按键每被按下 1 次执行 1 次该中断服务处理程序

INT_1:	PUSH	PSW	;保护现场，本程序没用 PSW，此指令只是演示保护现场的方法
	ADD	A, #1	;(A)←(A)+1，进入中断开关被按下次数加 1
	CJNE	A,#10,NEXT	;判断中断次数，若不等于 10 次则跳转至 NEXT 中断返回， ; 否则程序顺序向下执行
	CLR	LED	;点亮发光二极管
	CLR	EX1	;关外部中断 1
	CLR	EA	;关总中断
NEXT:	POP	PSW	;恢复现场，本程序没用 PSW，此指令只是演示恢复现场的方法
	RETI		;中断返回
	END		;程序结束

4.2.3 外部中断请求的撤除

对于单片机而言，中断请求标志位为1就代表有中断请求。并且只要中断请求标志位为1且中断未被屏蔽，单片机就会执行中断服务处理程序。所以，一旦进入了中断服务处理程序就必须立即将对应的中断请求标志位清0，否则会重复执行中断服务处理程序。

对于外部中断，进入外部中断服务处理程序后，单片机硬件会自动将 IE0 或 IE1 清 0。但是，如果外部中断采用低电平触发，则必须在外部硬件电路（见图 4-5）和程序软件配合下才能保证可靠地撤除中断请求。这是因为，低电平往往会持续一段时间，不会立即消失，而低电平存在的时间内将会再次发出中断请求。

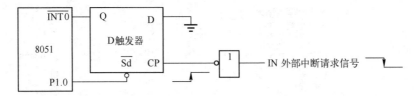

图4-5　外部中断低电平触发方式中断撤除电路

在图 4-5 中，若将外部中断 0 设为低电平触发，则 IN 引脚出现的低电平代表中断请求信号到来，而之前该引脚是高电平。因此，当中断请求发生时，IN 引脚出现电平的下降沿，CP 引脚出现上升沿。由 D 触发器的功能可知，CP 的上升沿将使 D 引脚的低电平锁存在引脚 Q 上。而 Q 引脚上的低电平能够使外部中断 1（已设置为低电平触发）产生中断请求，并进入中断服务处理程序。进入中断服务处理程序后，单片机硬件自动将中断请求标志 IE0 清 0。但是因为 Q 引脚的低电平未消失，因此会继续产生新的外部中断请求。而 D 触发器 $\overline{Sd}$ 引脚上的低电平可将 Q 引脚置成高电平，从而撤除低电平的中断请求。因此，可以在进入中断服务处理程序后，立刻将 P1.0 清 0，向 $\overline{Sd}$ 引脚输出低电平信号。但是若 $\overline{Sd}$ 引脚一直为低电平，Q 引脚将无法出现新的中断请求信号，所以，$\overline{Sd}$ 被清 0 后，应该再尽快被置1，为接收新的中断请求信号做准备。根据上述分析，可在中断服务处理程序中添加以下两条指令，以配合图 4-5 所示电路撤除低电平中断请求信号。

```
ANL P1, #0FEH        ;将 P1.0 引脚清 0
ORL P1, #01H         ;将 P1.0 引脚置 1
```

4.2.4 外部中断源的扩展

对于某些单片机应用系统，MCS-51 单片机仅有两个外部中断输入引脚，当外部中断数目较多时，需要扩展。"线或法"是一种比较典型的外部中断源扩展方法，其电路如图 4-6 所示。在图 4-6 中，当 IN1～IN5 均为低电平时，$\overline{INT0}$ 为高电平，而当 IN1～IN5 中任何一个引脚为高电平时，$\overline{INT0}$ 将变为低电平。

【例 4-3】 外部中断源的扩展。图 4-6 为"线或法"扩展外部中断源的硬件电路，可用于故障检测。假设引脚 IN1～IN5 上的高电平代表故障发生，请编写程序实现故障报警功能，即当故障发生时点亮对应的 LED。要求：故障信号 IN1～IN5 对应的报警灯为 LED1～LED5。

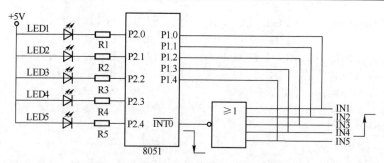

图 4-6 "线或法"扩展外部中断源的硬件电路

实现功能要求的参考程序如下：

;以下伪定义为引脚定义有意义的汇编符号，以提高程序的可读性

```
LED1        EQU        P2.0
LED2        EQU        P2.1
LED3        EQU        P2.2
LED4        EQU        P2.3
LED5        EQU        P2.4
IN1         EQU        P1.0
IN2         EQU        P1.1
IN3         EQU        P1.2
IN4         EQU        P1.3
IN5         EQU        P1.4
            ORG        0000H           ;主程序入口，主程序入口地址必须是 0H
            LJMP       MAIN            ;跳转至主程序
            ORG        0003H           ;外部中断 0 入口
            LJMP       INT_0           ;跳转至外部中断 0 中断服务处理程序
MAIN:       ACALL      LEDOFF          ;调用子程序熄灭所有 LED
            ; 进行中断初始化
            SETB       IT0             ;设外部中断 0 为下降沿触发
            SETB       EX0             ;使能（开放允许）外部中断 0
            SETB       EA              ;开总中断
            SJMP       $               ;主程序在此处待命
;以下是用高电平熄灭所有 LED 的子程序
LEDOFF:     MOV        A, P2           ;读取与 LED 相连的 P2 口状态
            ORL        A, #1FH         ;仅将与 LED 相连的位置 1
            MOV        P2, A           ;用高电平熄灭所有 LED
            RET
;以下是外部中断 0 的中断服务处理程序，引脚 IN1～IN5 中任何一个引脚
;上的下降沿中断请求信号都会使单片机执行该中断服务处理程序
INT_0:      ACALL      LEDOFF          ;调用子程序熄灭所有 LED
            ORL        P1,#1FH         ;向 P1 口写高电平，为读引脚状态做准备
            MOV        A, P1           ;读取与故障信号相连的 P1 口状态，并存入累加器 A
            JNB        ACC.0, TEST_IN2 ;IN1 无故障，则检测 IN2 有无故障
            CLR        LED1            ;IN1 有故障，则点亮 LED1
TEST_IN2:   JNB        ACC.1,TEST_IN3  ;IN2 无故障，则检测 IN3 有无故障
            CLR        LED2            ;IN2 有故障，则点亮 LED2
```

```
TEST_IN3:JNB    ACC.2, TEST_IN4    ;IN3 无故障，则检测 IN4 有无故障
        CLR     LED3               ;IN3 有故障，则点亮 LED3
TEST_IN4:JNB    ACC.3, TEST_IN5    ;IN4 无故障，则检测 IN5 有无故障
        CLR     LED4               ;IN4 有故障，则点亮 LED4
TEST_IN5:JNB    ACC.4,NEXT         ;IN5 无故障，则中断返回
        CLR     LED5               ;IN5 有故障，则点亮 LED5
NEXT:   RETI                       ;中断返回
        END                        ;程序结束
```

在本例的中断服务处理程序 INT_0 中，单片机按照 IN1～IN5 的顺序依次查询故障的具体来源并点亮对应的报警灯，查询顺序实际上隐含决定了 IN1～IN5 的优先级别，即先被查询的故障源级别相对更高。

微课：定时/计数器工作原理

4.3 定时/计数器

在家电产品和工业应用系统中，定时和计数是两种常用的功能，例如微波炉加热计时和流水线上产品数目统计等。MCS-51 单片机内部集成了两个可编程定时/计数器 T0 和 T1，其使用灵活、方便，在仪器仪表等工业产品中应用广泛。

4.3.1 定时/计数器的基本工作原理

MCS-51 单片机的两个定时/计数器 T0 和 T1 有定时和计数两种功能，分别由一对特殊功能寄存器构成，即 TH0、TL0 和 TH1、TL1，其基本工作原理如图 4-7 所示。

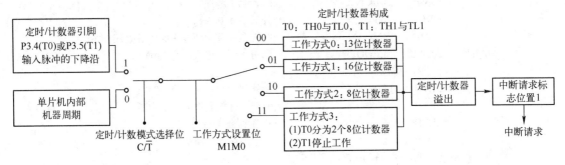

图 4-7 定时/计数器基本工作原理图

本质上定时和计数器都是具有加 1 功能的计数器，下面介绍其基本原理。

（1）计数模式的工作原理

在计数模式下，定时/计数器可以累计脉冲输入引脚（T0 和 T1 的脉冲输入引脚分别为 P3.4 和 P3.5）上出现的脉冲下降沿的次数。

计数器在开始工作前，首先需要设置其工作方式，以确定计数器位数 N；然后需要为其赋初值 M 并启动计数器。之后，每当脉冲输入引脚上出现一次脉冲下降沿，计数器的值就会加 1。当计数器中的数值达到最大后，若再出现一个脉冲下降沿，计数器的值将溢出回零，并且计数器的溢出中断请求标志位被置 1，从而发出中断请求。特别说明：定时/计数器中所能存放的最大值与其位数 N 有关，为 2^N-1，例如，8 位计数器中可存放的

最大数值为 $2^8-1=255=$FFH。

　　显然，若已知 N 和 M 的值，则可以计算出在计数器溢出时其脉冲输入引脚上出现的脉冲下降沿个数。例如：假设定时/计数器 0 工作于工作方式 2，即 $N=8$，且其初始值 $M=50$，则溢出之前出现的脉冲下降沿的个数 Q 为：$Q=2^N-M=2^8-50=206$。

　　另外，需要特别注意的是：定时/计数器通过连续两个机器周期的电平采样实现对脉冲下降沿的检测，采样发生在每个机器周期的 S5P2 阶段。若前后两个机器周期分别采样到一个高电平和一个低电平，则确认一个有效下降沿信号出现。因此，为确保不漏计脉冲数，被计数脉冲的周期至少 2 倍于机器周期，即脉冲信号的最高频率为单片机晶振频率的 1/24，例如：若单片机的晶振频率为 6MHz，则定时/计数器能计数的脉冲频率应不大于 6MHz/24=250kHz。

　　（2）定时模式的工作原理

　　在定时模式下，定时/计数器会累计机器周期个数。与计数模式相似，首先设置工作方式以确定定时器位数 N；然后为其赋初值 M 并启动其工作。之后，每经过一个机器周期，定时器的值加 1，当加到定时器的最大值后，若再出现一个机器周期，定时器的值将溢出回零，并且定时器的溢出中断请求标志位被置 1，从而发出中断请求。

　　若已知 N 和 M 的值以及单片机的晶振频率，即可得出从定时器启动工作到发出溢出中断请求之间所经过的时间长度。例如，若定时/计数器 0 工作于工作方式 1，即 $N=16$，且其初始值 $M=50000$，并假设单片机晶振频率为 12MHz，则单片机的机器周期 $T=12/(12\text{MHz})=1\mu s$，从启动定时器工作到其发出中断请求之间的时间间隔为 $t=(2^{16}-50000)\mu s=15536\mu s$。

4.3.2　与定时/计数器相关的寄存器

　　如图 4-7 所示，单片机可以通过"定时/计数模式选择位 $C/\overline{T}$"令定时/计数器工作于定时或计数模式下，也可通过"工作方式选择位 M1M0"设定其工作方式。$C/\overline{T}$ 和 M1M0 等与定时/计数器有关的位在寄存器 TCON 或 TMOD 中，见表 4-8 和表 4-9。

表 4-8　TCON 寄存器中的与定时/计数器有关的位

寄存器名称	TCON 寄存器							
字节地址	88H							
位序号	7	6	5	4	3	2	1	0
位地址	8FH	8EH	8DH	8CH				
位名称	TF1	TR1	TF0	TR0				

表 4-9　TMOD 寄存器（不可按位寻址）

寄存器名称	TMOD 寄存器							
字节地址	89H							
位序号	7	6	5	4	3	2	1	0
位名称	GATE	$C/\overline{T}$	M1	M0	GATE	$C/\overline{T}$	M1	M0

　　TCON 寄存器（见表 4-8）的高 4 位与定时器有关，其作用分别如下：

1）TR0：定时/计数器 0（T0）的运行控制位，若 TR0=0，则定时/计数器 0 停止工作，若 TR0=1，则定时/计数器 0 开始工作；TR0 可以由软件置 1 和清 0，因此可以通过程序控制定时/计数器的启动和停止。

2）TF0：定时/计数器 0（T0）的溢出中断请求标志位，定时/计数器溢出时，由单片机硬件置 1；进入定时/计数器的中断服务处理程序后，单片机硬件自动将 TF0 清 0。另外，TF0 也可以被位操作指令 SETB 和 CLR 置 1 和清 0，其作用与硬件的自动置 1 和清 0 相同。

3）TR1：定时/计数器 1（T1）的运行控制位，其作用与 TR0 相似。

4）TF1：定时/计数器 1（T1）的溢出中断请求标志位，其作用与 TF0 相似。

TMOD 寄存器（见表 4-9）是不可按位寻址的寄存器，低 4 位属于 T0，高 4 位属于 T1，其中各位的作用分别如下：

1）$C/\overline{T}$：定时/计数器模式选择位，若 $C/\overline{T}=0$，则为定时模式，若 $C/\overline{T}=1$，则为计数模式。

2）M1M0：定时/计数器工作方式选择位，M1M0 与工作方式的对应关系见表 4-10。

3）GATE：门控位，可以辅助 TR0 和 TR1 控制定时/计数器的启动和停止。当 GATE=0 时，定时/计数器的启动和停止仅受 TR0 和 TR1 控制。当 GATE=1 时，要启动定时/计数器工作，除了将 TR0 和 TR1 置为 1，还要求外部中断引脚 $\overline{INT0}$ 和 $\overline{INT1}$ 为高电平。GATE=1 常用于测量外部中断引脚 $\overline{INT0}$ 和 $\overline{INT1}$ 上高电平信号持续的时间，除此之外，通常将 GATE 清 0。

4.3.3 定时/计数器的工作方式

MCS-51 单片机的定时/计数器共有四种工作方式，见表 4-10。本节将以定时/计数器 T0 为例讲解这四种工作方式。

表 4-10 M1M0 与定时/计数器工作方式的对应关系

M1M0	工作方式	工作方式说明
00	方式 0	13 位定时/计数器
01	方式 1	16 位定时/计数器
10	方式 2	8 位定时/计数器
11	方式 3	T0 分为两个独立的 8 位定时/计数器；此方式下 T1 停止工作

1. 工作方式 0

在工作方式 0，定时/计数器 T0 是一个 13 位的定时/计数器，低 5 位和高 8 位分别为 TL0 的低 5 位和 TH0 的全部 8 位，其逻辑结构如图 4-8 所示。实际工作时，TL0 低 5 位加 1 所产生的进位将使 TH0 加 1，而 TH0 的进位将使定时/计数器溢出、回零（即 TL0 的低 5 位和 TH0 均为 0），并将 TF0 置 1，发出中断请求。13 位定时/计数器初值 M 的范围是 $0\sim(2^{13}-1)$，即 0~8191。方式 0 与 Intel 公司的早期产品兼容，使用不方便，已经被工作方式 1 取代。

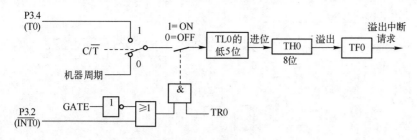

图 4-8　T0 工作方式 0 的逻辑结构图

2. 工作方式 1

在工作方式 1，T0 为 16 位的定时/计数器，高 8 位和低 8 位分别为 TH0 和 TL0，其逻辑结构如图 4-9 所示。TL0 的进位使得 TH0 加 1，而 TH0 的进位将使定时/计数器溢出、回零，并将 TF0 置 1，发出中断请求。T0 初值 M 的范围是 $0 \sim (2^{16}-1)$，即 $0 \sim 65535$。

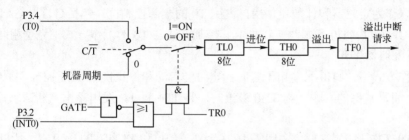

图 4-9　T0 工作方式 1 的逻辑结构图

3. 工作方式 2

如图 4-10 所示，在工作方式 2，T0 是 8 位的定时/计数器，其初值 M 的范围是 $0 \sim (2^8-1)$，即 $0 \sim 255$。TH0 用来存放初值，TL0 用于记录机器周期个数或引脚 P3.4（即定时/计数器脉冲输入引脚）上的脉冲下降沿数。当 TL0 进位时，定时/计数器溢出，并将 TF0 置 1，发出中断请求。另外，TL0 的溢出将打开三态缓冲器，使硬件自动将 TH0 中预先存放的初值送入 TL0，即自动重装初值。在工作方式 2，定时/计数器无须通过指令重新装入初值，即可自动、连续地工作。

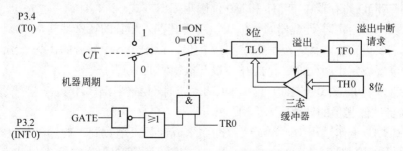

图 4-10　T0 工作方式 2 的逻辑结构图

4. 工作方式 3

工作方式 3 只适用于定时/计数器 T0。如图 4-11 所示，在该工作方式下，T0 被分成两部分：

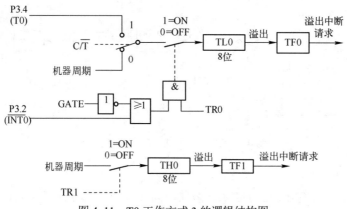

图 4-11 T0 工作方式 3 的逻辑结构图

（1）8 位定时/计数器 TL0

TL0 可以作为定时器和计数器使用，占用 T0 的全部控制位（包括 C/$\overline{\mathrm{T}}$、GATE、TR0、TF0 和 $\overline{\mathrm{INT0}}$ ），除了 TH0 不参与工作外，其控制方法与 T0 的工作方式 1 完全相同。

（2）8 位定时器 TH0

在此工作方式下，TH0 只能用于定时。定时的启动和停止仅由 TR1 控制，不受 GATE、TR0 和 $\overline{\mathrm{INT0}}$ 引脚状态的影响。当 TH0 溢出时，将 TF1 置 1，发出溢出中断请求，对 TF0 没有影响。

可见，T0 工作于方式 3 时，占用了 T0 的全部控制位和 T1 的 TR1 及 TF1，所以 T1 不能发出溢出中断请求，也不能由 TR1 控制启停。此时，可以将 T1 设置为方式 0、1 或 2，设置工作方式后，T1 将自动运行。另外，定时/计数器 T1 没有工作方式 3，若被设置为工作方式 3，T1 将立即停止工作，并保持原有的计数值不变。

4.3.4 定时/计数器的初始化

1. 定时/计数器的初始化编程步骤

MCS-51 单片机的定时/计数器是可编程的，在工作前需要进行初始化，其步骤如下：

1）通过 TMOD 寄存器中的 M1 和 M0 位确定工作方式。

2）根据要求设定定时/计数器的初值 M，并将其存入相关的特殊功能寄存器。

3）根据需要设定中断优先级别寄存器 IP 的值，以确定各中断源的优先级别。

4）根据需要设定中断允许寄存器 IE，以开放相应的中断。

5）将 TCON 中的 TR0（TR1）置 1，以启动定时/计数器工作。

2. 定时/计数器初值的计算

在定时/计数器工作过程中，定时"时间到"或计数"个数到"的标志是定时/计数器产生溢出，并将中断请求标志位 TF0 或 TF1 置 1。定时/计数器初值的计算即以此为基础。

（1）定时方式的初值计算

假设：单片机的机器周期为 T_{m}，定时器的位数和初值分别为 N 和 M，则在定时方式下，当定时器溢出时，定时器累计的机器周期个数 $Q=2^{N}-M$，而 Q 个机器周期对应的时长 $T=Q \times T_{\mathrm{m}}$。

基于上述理解可知，定时器定时时间 T 与 T_{m}、N 和 M 有关，即

微课：定时/计数器应用

$$T=Q\times T_\mathrm{m}=(2^N-M)\times T_\mathrm{m} \tag{4-1}$$

由式（4-1）可知，定时器初值 M 与定时时间 T 的关系为

$$M=2^N-T/T_\mathrm{m} \tag{4-2}$$

【例 4-4】 定时器初值的计算。假设：单片机的晶振频率 $f_\mathrm{osc}=12\mathrm{MHz}$，定时/计数器 T0 工作在定时方式 2。试求出定时 0.1ms 时所需的定时器初值。

解： 根据单片机晶振频率与机器周期的关系可得 $T_\mathrm{m}=12/f_\mathrm{osc}=12/(12\mathrm{MHz})=1\mu\mathrm{s}$，定时器工作方式 2 时的位数 $N=8$，由式（4-2）可得定时 0.1ms 所需的定时器初值 $M=2^8-0.1\mathrm{ms}/1\mu\mathrm{s}=256-100=156=9\mathrm{CH}$。对于自动重装初值的定时器 T0 工作方式 2，应当设置 TH0=TL0=9CH。同样可知，若定时器 T0 工作在 16 位的方式 1，则定时器初值 $M=2^{16}-0.1\mathrm{ms}/1\mu\mathrm{s}=65536-100=65436=0\mathrm{FF9CH}$，应当设置 TH0=0FFH 和 TL0=9CH。

（2）计数方式的初值计算

在计数方式下，定时/计数器 T0 和 T1 分别累计定时/计数器引脚 P3.4 和 P3.5 上出现的脉冲下降沿的个数。假设：计数器的位数和初值分别为 N 和 M，则当计数器溢出时，计数器累计的引脚脉冲个数 Q 为

$$Q=2^N-M \tag{4-3}$$

由此可知，计数个数 Q 与计数器初值 M 的关系为

$$M=2^N-Q \tag{4-4}$$

【例 4-5】 计数器初值的计算。假设：定时/计数器 T1 工作在定时方式 1。试求出在定时/计数器 T1 脉冲输入引脚 P3.4 上计数 200 个脉冲所需的计数器初始值。

解： 定时/计数器 T1 工作在定时方式 1 时位数为 16。根据式（4-4）得，计数 200 个脉冲所需的计数器初值 $M=2^{16}-200=65336=0\mathrm{FF38H}$，应当设置 TH1=0FFH 和 TL1=38H。类似地，若定时器 T1 工作在 8 位的方式 2，则计数器初值 $M=2^8-200=56=38\mathrm{H}$，应当设置 TH1=TL1=38H。

3. 定时/计数器最大定时时间和计数值的计算

在定时/计数器的实际应用中，往往需要根据定时/计数器的最大定时时间和计数值初步确定定时/计数器的工作方式，以方便后续的程序处理。

（1）最大定时时间的计算

由式（4-1）可知，定时/计数器进行定时操作时，其最大定时时间与单片机的机器周期 T_m、定时/计数器的初值 M 和工作方式有关。当 M 和 T_m 确定后，若初值 $M=0$，即可获得最大的定时时间 T_max 为

$$T_\mathrm{max}=(2^N-0)\times T_\mathrm{m}=2^N\times T_\mathrm{m} \tag{4-5}$$

【例 4-6】 最大定时时间的计算。假设：单片机的晶振频率 $f_\mathrm{osc}=12\mathrm{MHz}$，定时/计数器 T0 工作在定时方式 2。试求出由 T0 可以获得的最大定时时间 T_max。

解： T0 工作在方式 2 时，$N=8$；$T_\mathrm{m}=12/f_\mathrm{osc}=1\mu\mathrm{s}$；$T_\mathrm{max}=2^8\times1\mu\mathrm{s}=256\mu\mathrm{s}=0.256\mathrm{ms}$。

（2）最大计数值的计算

由式（4-3）可知，定时/计数器进行计数操作时，其最大计数值 Q_max 与定时/计数器的初值 M 和工作方式有关。当定时/计数器的工作方式确定后，若初值 $M=0$，即可获得最大的计数值为

$$Q_{max}=2^N-0=2^N \tag{4-6}$$

【**例 4-7**】　最大计数值的计算。假设：定时/计数器 T1 工作在定时方式 1。试求出由 T1 可以获得的最大计数值 Q_{max}。

解：T1 工作在方式 1 时，$N=16$；$Q_{max}=2^{16}=65536$。

4.3.5　定时功能应用举例

【**例 4-8**】　利用定时功能产生方波信号。假设：单片机晶振频率为 $f_{osc}=6MHz$。要求：利用定时/计数器 T0 的工作方式 1 控制定时，在单片机 P1.1 引脚产生频率 $f=50Hz$ 的方波。

解：

（1）任务分析

由方波信号的频率可知信号的周期 $T=1/f=1/(50Hz)=0.02s$，信号的波形如图 4-12 所示。由图 4-12 可知，50Hz 的方波信号每 0.01s 发生一次电平反转（即电平由 0 到 1 或由 1 到 0 的变化）。因此，可以利用 T0 定时 0.01s，每 0.01s 改变一次 P1.1 引脚上的电平状态。

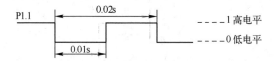

图 4-12　50Hz 方波信号波形

（2）T0 初值的计算

单片机机器周期 $T_m=12/f_{osc}=12/(6MHz)=2\mu s$，T0 在工作方式 1 时的位数 $N=16$。由式（4-2）可知 T0 的初值 $M=2^{16}-0.01s/2\mu s=65536-0.01/(2\times10^{-6})=60536=0EC78H$。在定时器的初始化时，0ECH 和 78H 需分别送入 T0 的寄存器 TH0 和 TL0 中。

（3）确定定时/计数器方式控制字 TMOD 的值

TMOD 的高 4 位属于 T1，低 4 位属于 T0，因为本例中未涉及 T1，所以 TMOD 的高 4 位可以均设置为 0。在 TMOD 的低 4 位中，因为不进行引脚电平的测量，所以 GATE=0；采用 T0 的定时功能，所以 C/$\overline{T}$=0；T0 工作于方式 1，所以 M1M0=01B。最后，可得 TMOD=01H。

（4）程序设计

定时时间到的标志是 TF0 被置 1，因此当 TF0 由 0 变成 1 时，可知定时时间到。检测 TF0 由 0 变 1 的方式有以下两种，即：

1）查询法。利用单片机的位判断转移指令，不断地检测 TF0 的状态。当检测到 TF0 为 1 时，控制 P1.1 引脚电平反转。

2）中断法。利用定时/计时器的溢出中断来判断定时间是否达到。在允许定时/计数器中断的情况下，若溢出中断发生，单片机将自动执行定时/计数器中断的中断服务处理程序，可以在该程序中完成 P1.1 引脚电平反转的操作。

无论采用何种方法设计定时程序，一定要注意：定时/计数器工作在方式 1 时，溢出将使其初值寄存器 TH0 和 TL0 清 0。因此，每次溢出后都需要通过指令重新给定时/计数器赋初值。

下面分别给出查询法和中断法的参考程序。

查询法程序如下：

```
            ORG     0000H
            CLR     P1.1            ;初始化 P1.1 引脚的电平为低电平
            MOV     TMOD, #01H      ;设置 T0 的工作方式，即：方式 1，定时功能
NEXT:       MOV     TH0, #0ECH      ;T0 初值高 8 位装入 TH0, T0 溢出时 TH0 被清 0
            MOV     TL0, #78H       ;T0 初值低 8 位装入 TL0, T0 溢出时 TL0 被清 0
            SETB    TR0             ;启动定时/计数器 T0 工作，TR0 位于 TCON 中
            JNB     TF0, $          ;若 TF0 为 0（即 T0 没溢出），则程序在此处原地跳转等待，
                                    ;不向下执行. "$" 代表当前这条指令的程序地址. 若 TF0=1,
                                    ;既定时间到，则执行下一条指令
            CLR     TF0             ;定时时间到后，将 TF0 清 0，为下一次定时做准备
            CPL     P1.1            ;P1.1 引脚电平状态取反
            SJMP    NEXT            ;程序跳到 NEXT 处，开始为下一个电平变化定时
            END
```

中断法程序如下：

```
            ORG     0000H
            LJMP    MAIN            ;跳转到主程序
            ORG     000BH           ;T0 中断服务处理程序的入口
            LJMP    INT_T0          ;跳转至 T0 的中断服务处理程序
;以下是主程序
MAIN:       ;系统基本初始化操作
            CLR     P1.1            ;初始化 P1.1 引脚的电平为低电平
            ;定时器初始化操作
            MOV     TMOD, #01H      ;设置 T0 的工作方式，即：方式 1——定时功能
            MOV     TH0, #0ECH      ;T0 初值高 8 位装入 TH0, T0 溢出时 TH0 被清 0
            MOV     TL0, #78H       ;T0 初值低 8 位装入 TL0, T0 溢出时 TL0 被清 0
            ;中断初始化
            SETB    ET0             ;开 T0 中断
            SETB    EA              ;开总中断
            SETB    TR0             ;启动定时/计数器 T0 工作，TR0 位于 TCON 中
            SJMP    $               ;程序在此原地跳转，等待，T0 发生定时中断后
                                    ;程序将跳转至 T0 的中断入口
                                    ;以下是 T0 的中断服务处理程序
INT_T0:     ;以下重新为 T0 赋初值
            MOV     TH0, #0ECH
            MOV     TL0, #78H
            CPL     P1.1            ;P1.1 引脚电平状态取反
            RETI                    ;返回主程序中断点位置继续执行，不能用 RET 代替 RETI
            END
```

【例 4-9】 定时中"软时钟"的使用。假设：单片机晶振频率为 f_{ocs}=12MHz。要求：利用定时/计数器 T1 的方式 2 控制定时，在单片机 P1.1 引脚产生频率 f=1kHz 的方波。

解：

（1）任务分析

由方波信号的频率可知信号的周期 $T=1/f=1/(1\text{kHz})=1\text{ms}$。类似于例 4-8 的分析过程，可知需要 T1 产生的定时时间是 $T/2=0.5\text{ms}=500\mu s$。但是由例 4-6 可知，定时/计数器工作在方式 2 时的最大定时时间为 $256\mu s$。因此，在本例中无法通过简单的定时器初值设置达到定时 0.5s 的要求。解决这一问题的方法是，将 $500\mu s$ 定时转化为 5 个 $100\mu s$ 定时，即将定时/计数器的定时时间设定为 $100\mu s$，当 $100\mu s$ 的个数达到 5 个时，控制 P1.1 引脚上的电平发生反转。而"软时钟"是用于记录 $100\mu s$ 个数的寄存器或数据存储器单元。

（2）T1 初值的计算

根据已知可得：单片机机器周期 $T_{osc}=12/f_{osc}=12/(12\text{MHz})=1\mu s$，T1 在工作方式 2 时的位数 $N=8$。由式（4-2）可知定时 $100\mu s$ 所需的 T1 初值 $M=2^8-100\mu s/1\mu s=156=9\text{CH}$。在定时器初始化时，9CH 被送入 T1 的寄存器 TH1 和 TL1 中。在方式 2 时，TL1 的值每个机器周期加 1，而 TH1 的值保持不变，每当 TL1 溢出时，TH1 的值被重新送入 TL1。

（3）确定定时/计数器方式控制字 TMOD

由于本例中只用到 T1，所以 TMOD 的低 4 位均清 0 即可，仅需设置与 T1 有关的高 4 位。因为不测量引脚电平，所以 GATE=0；使用定时功能，所以 $C/\overline{T}=0$；工作于方式 2，所以 M1M0=10。最后，可得 TMOD=20H。

（4）程序设计

以下参考程序采用中断的方法控制定时。

```
        CLOCK   EQU   40H      ;软时钟，用于存放定时器中断的次数，即"100μs" 的个数
        NUM     EQU   5        ;需要的"100μs" 的个数，修改该值可改变方波的频率
        ORG     0000H
        LJMP    MAIN           ;跳转到主程序
        ORG     001BH          ;T1 中断服务处理程序的入口
        LJMP    INT_T1         ;跳转至 T1 的中断服务处理程序
;以下是主程序
MAIN:   ;系统基本初始化操作
        CLR     P1.1           ;初始化 P1.1 引脚的电平为低电平
        MOV     CLOCK, #0H     ;软时钟初始化清 0
        ;定时器初始化操作
        MOV     TMOD, #20H     ;设置 T1 的工作方式，即：方式 2，定时功能
        MOV     TH1, #9CH      ;初值装入 TH1，T1 溢出时，TH1 的值被送入 TL1
        MOV     TL1, #9CH      ;初值装入 TL1，T1 溢出时，TL1 被清 0
        ;中断初始化
        SETB    ET1            ;开 T1 中断
        SETB    EA             ;开总中断
        SETB    TR1            ;启动定时/计数器 T1 工作，TR1 位于 TCON 中
        SJMP    $              ;程序在此原地跳转，等待，T1 发生定时中断后
                               ;程序将跳转至 T1 的中断入口
;以下是 T1 的中断服务处理程序
;每次 T1 数够 100 个机器周期(即"100μs")时都会溢出，并执行该程序
INT_T1: ;注意：在方式 2，定时器会自动重新赋初值，不需要程序处理
        PUSH    PSW            ;现场保护
        PUSH    ACC            ;现场恢复
```

```
          INC      CLOCK          ;累计进入该中断服务处理程序的次数，即"100μs"的个数
          MOV      A, CLOCK       ;将 CLOCK 内存放的数据送入累加器 A
          CJNE     A, #NUM, GOON  ;若 A 中所存数据不等于预定值，则表明定时时间未到，
                                  ;跳转至 GOON 处进行返回主程序断点的操作
          ;以下是定时间到的处理
          CPL      P1.1           ;P1.1 引脚电平反转
          MOV      CLOCK, #0H     ;清 0 软时钟 CLOCK，为下一轮定时做准备
  GOON:   ;以下是返回主程序的步骤
          POP      ACC            ;现场恢复
          POP      PSW            ;现场恢复
          RETI                    ;返回主程序中断点位置继续执行
                                  ;不能用 RET 代替 RETI
          END
```

在本例的程序中，"现场保护"的作用是将主程序和子程序共用的资源（包括特殊功能寄存器或数据存储器中的存储单元）临时存入堆栈中，而"现场恢复"的作用是将上述资源从堆栈中还原。堆栈采用"先入后出"的存取方式，所以先被"PUSH"的数需后被"POP"。另外，"PUSH"和"POP"通常成对使用，否则可能导致堆栈中的数据混乱。

4.3.6 计数功能应用举例

【例 4-10】 利用定时/计数器对外部事件计数。要求：检测定时/计数器 T0 引脚上出现的下降沿信号的个数，当个数达到 6 时，控制单片机 P1.1 引脚由高电平变为低电平。

解：

（1）任务分析

定时/计数器可以累计其脉冲输入引脚上的下降沿信号的个数，在本例中要求定时/计数器 T0 的计数个数 $Q=6$。由式（4-6）可知，在工作方式 1 和工作方式 2 下，定时/计数器可计数的下降沿的最大个数分别为 $2^{16}=65536$ 和 $2^8=256$，所以这两种工作方式都可以满足任务要求。本例仅以方式 1 为例实现设计任务。

（2）T0 初值计算

由式（4-4）可知，计数器个数 $Q=6$ 时，定时/计数器的初值为 $M=2^{16}-6=65530=$ 0FFFAH，即 TH0=0FFH 和 TL0=0FAH。

（3）确定定时/计数器方式控制字 TMOD

因为不进行引脚电平的测量，所以 GATE=0；使用计数功能，所以 $C/\overline{T}=1$；工作于方式 1，所以 M1M0=01。本程序与 T1 无关，所以 TMOD 的高 4 位可全部为 0。因此 TMOD=05H。

（4）程序设计

以下是采用中断法的参考程序。

```
          ORG      0000H
          LJMP     MAIN           ;跳转到主程序
          ORG      000BH          ;T0 中断服务处理程序的入口
          LJMP     INT_T0         ;跳转至 T0 的中断服务处理程序
```

```
;以下是主程序
MAIN:                          ;系统基本初始化操作
    SETB    P1.1               ;初始化 P1.1 引脚的电平为高电平
;定时器初始化操作
    MOV     TMOD, #05H         ;设置 T0 的工作方式，即：方式 1——计数功能
    MOV     TH0, #0FFH         ;初值装入 TH0
    MOV     TL0, #0FAH         ;初值装入 TL0
;中断初始化
    SETB    ET0                ;开 T0 中断
    SETB    EA                 ;开总中断
    SETB    TR0                ;启动定时/计数器 T0 工作，TR0 位于 TCON 中
    SJMP    $                  ;程序在此原地跳转，等待，T0 发生定时中断后
                               ;程序将跳转至 T0 的中断入口
;以下是 T0 的中断服务处理程序
INT_T0:                        ;注意：在方式 2，定时器会自动重新赋初值，不需要程序处理
    CPL     P1.1               ;P1.1 引脚电平反转
;以下重新为 T0 赋初值
    MOV     TH0, #0FFH         ;初值装入 TH0
    MOV     TL0, #0FAH         ;初值装入 TL0
    RETI                       ;返回主程序中断点位置继续执行，不能用 RET 代替 RETI
    END
```

【例 4-11】 利用定时/计数器模拟下降沿触发的外部中断。要求：利用定时/计数器 T0 模拟下降沿触发的外部中断，每当定时/计数器 T0 的脉冲输入引脚（P3.4）出现下降沿时，使单片机 P1.1 引脚的电平状态发生反转。

解：

（1）任务分析

下降沿触发的外部中断（$\overline{INT0}$ 和 $\overline{INT1}$）在中断输入引脚（P3.2 和 P3.3）上出现下降沿信号时发出中断请求。在计数模式下，定时/计数器的寄存器将累计其脉冲输入引脚（P3.4 和 P3.5）上出现的下降沿个数，当达到预定个数时产生中断请求。对于 N 位的定时/计数器，若将其初值 M 设置为 2^N-1，则脉冲输入引脚出现的下降沿可使定时器发出中断请求，这与下降沿触发的外部中断效果一致。因此，可以利用定时/计数器模拟外部中断。但需要注意的是，外部中断可以自动重复触发，而定时/计数器每次产生中断后要重新赋初值。为了更好地模拟外部中断的自动重复触发，可以将定时器/计数器设置为可以自动重新赋初值的工作方式 2。

（2）T0 初值的计算

根据任务分析的结果可知，需要将 T0 设置为工作方式 2，位数 $N=8$，初值 $M=2^N-1=2^8-1=255=0$FFH。

（3）确定定时/计数器方式控制字 TMOD

对于 T0，因为不进行引脚电平的测量，所以 GATE=0；使用定时功能，所以 C/$\overline{T}$=1；工作于方式 2，所以 M1M0=10。因为本程序与 T1 无关，所以 TMOD 中与 T1 有关的高 4 位可全部为 0。因此 TMOD=06H。

（4）程序设计

以下为采用中断法的参考程序。

```
        ORG     0000H
        LJMP    MAIN            ;跳转到主程序
        ORG     000BH           ;T0 中断服务处理程序的入口
        LJMP    INT_T0          ;跳转至 T0 的中断服务处理程序
;以下是主程序
MAIN:                           ;系统基本初始化操作
        SETB    P1.1            ;初始化 P1.1 引脚的电平为低电平
;定时器初始化操作
        MOV     TMOD, #06H      ;设置 T0 的工作方式，即：方式 2——计数功能
        MOV     TH0, #0FFH      ;初值装入 TH0，T1 溢出时，TH1 的值被送入 TL1
        MOV     TL0, #0FFH      ;初值装入 TL1，T1 溢出时，TL1 被清 0
;中断初始化
        SETB    ET0             ;开 T1 中断
        SETB    EA              ;开总中断
        SETB    TR0             ;启动定时/计数器 T1 工作，TR1 位于 TCON 中
        SJMP    $               ;程序在此原地跳转，等待，T1 发生定时中断后
                                ;程序将跳转至 T1 的中断入口
;以下是 T0 的中断服务处理程序
INT_T0:                         ;注意:在方式 2，定时器会自动重新赋初值，不需要程序处理
        CPL     P1.1            ; P1.1 引脚电平反转
        RETI                    ; 返回主程序中断点位置继续执行，不能用 RET 代替 RETI
        END
```

4.3.7　测高电平时长举例

如 4.3.2 节所述，当 GATE=1 时，定时/计数器 T0（或 T1）启动工作的条件是 TR0（或 TR1）=1 并且 $\overline{INT0}$（或 $\overline{INT1}$）引脚上为高电平。如图 4-13 所示，在 GATE=1 时，工作于定时模式下的定时/计数器可用于测量外部中断输入引脚上高电平信号（B 点至 C 点之间的高电平）持续的时间。下面举例说明其程序设计方法。

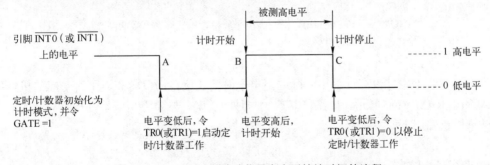

图 4-13　GATE=1 测脉冲信号高电平持续时间的流程

【例 4-12】　测量一个方波信号的周期。假设：单片机的晶振频率 f_{osc}=12MHz。要求：测量一个方波信号每周期中高电平持续的时间长度。

解:

（1）任务分析

在每个周期内，方波信号的高电平和低电平持续相同的时间，因此测量出其中高电平持续的时间即可知信号的周期值。实际测量时，需将方波信号接至外部中断输入引脚。本例中，将 $\overline{INT0}$ 引脚作为方波信号的输入引脚。

（2）TMOD 的设置

本例中使用定时/计数器 T0 记录高电平的持续时间。T0 被设置为定时模式、工作方式 1，并且 GATE=1，因此 TMOD=09H。

（3）T0 初值的计算

T0 用于记录高电平持续的时间，即高电平所包含的单片机机器周期个数。因此，可将 T0 的初值设置为 0，以记录更长的时间长度。所以，初始化 T0 时，令 TH0=TL0=00H。

（4）程序设计

由图 4-13 可知，在程序中需确保检测到脉冲的低电平后再令 TR0=1，否则，可能误将 A 点之前的高电平计入时长。另外，在 C 点过后，应立即将 TR0 清 0，防止 C 点之后的高电平被计入时长。

参考程序如下：

```
        ORG     00H
        MOV     TMOD, #09H    ;设置 T0 为定时方式模式，工作方式 1，GATE=1
NEXT:   MOV     TL0, #00H     ;设初值为 0
        MOV     TH0, #00H
        MOV     R0, #30H      ;地址指针送 R0，片内 RAM 中地址为 30H 和 31H 的两个
                              ;存储单元用于存放高电平所包含的机器周期个数
        JB      P3.2, $       ;等待 INT0 变低
        SETB    TR0           ;启动定时器
        JNB     P3.2, $       ;等待 INT0 变高电平
        JB      P3.2, $       ;启动计数，并等待 INT0 再次变低
        CLR     TR0           ;停止计数器
        MOV     @R0, TL0      ;高电平所包含机器周期个数的低 8 位存入 30H 单元
        INC     R0
        MOV     @R0, TH0      ;高电平所包含机器周期个数的高 8 位存入 31H 单元
        SJMP    NEXT
        END
```

以上参考程序中并没有计算出实际的高电平时间长度，而仅将高电平所对应的机器周期数存入片内 RAM 存储单元。如需计算具体的时间长度，只要将高电平时长所对应的机器周期个数乘以机器周期即可得到。

4.4 串行通信接口

单片机与单片机或与其他计算机之间通常有两种信息交换方式：并行通信和串行通信。本节仅介绍串行通信的基本概念、接口电路和程序设计方法。

4.4.1　串行通信的基础知识

微课：串行通信
工作原理

1．串行通信与并行通信的比较

在并行通信中，数据的所有二进制位在多条并行的传输线上同时传送，如图 4-14a 所示。在串行通信中，数据的所有二进制位在一条传输线上一位一位地按顺序逐个传送，如图 4-14b 所示。

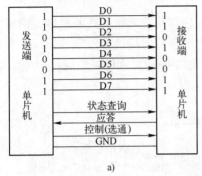
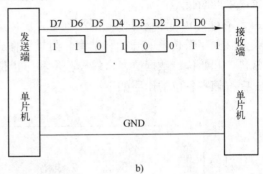

图 4-14　两种通信方式

a) 并行通信　b) 串行通信

并行通信的优点是速度快、效率高，缺点是传输线较多、长距离传输的成本较高并且可靠性差，只适用于近距离传输。与并行通信相比，串行通信的缺点是速度慢、效率低，优点是传输线较少、长距离传输的成本较低，适用于远距离传输。

2．串行通信的数据传输模式

根据数据流的方向，串行通信可分为单工、半双工和全双工三种传输模式，如图 4-15 所示。

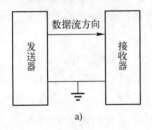
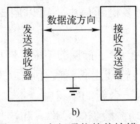
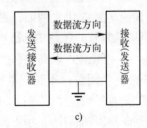

图 4-15　串行通信的传输模式

a) 单工　b) 半双工　c) 全双工

在单工模式下，数据仅能从发送器传送至接收器，传输方向单一，不能反方向传输。在半双工模式下，仅有一根数据传输线，数据可以沿两个方向传输，但在任意时刻数据仅能沿一个方向传输。在全双工模式下，通信设备之间有两根传输线，可以同时完成两个不同方向的数据传输。

3．串行通信的速度

串行通信的数据传输速度被称为波特率（Baudrate），即每秒钟传送的二进制位的个数，单位为位/秒（bit/s）。例如，若单片机每秒钟传送 960 个字符，而每个字符包含 10 位（bit），则传输波特率为 960×10bit/s=9600bit/s=9600 波特。常用波特率有 2400 波特、4800 波特、9600 波特、19200 波特、38400 波特和 115200 波特等。

4.4.2 串行通信的类型

串行通信又分为异步通信和同步通信两种类型。

（1）异步串行通信

在异步通信中，数据以字符为单位在一根传输线上传送。同一字符中各位之间的传输时间间隔是固定的。相邻字符之间的传输时间间隔由发送方控制，是不固定的，既可以连续传送，也可以间断传送。

由于字符之间的传输时间间隔不固定，所以必须在字符传输时附加必要的格式信息，以便接收方判断字符传输的开始和结束。附加了格式信息的字符数据被称作字符帧。一个字符帧通常包含起始位、数据位、奇偶校验位和停止位，相邻字符帧之间的是空闲位，如图 4-16 所示。字符帧中各位的作用如下：

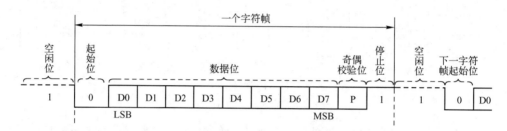

图 4-16 异步串行通信的字符帧格式

1）起始位：字符帧的起始位，为低电平"0"，代表一个完整字符帧的开始。

2）数据位：包含 5~8 位，在起始位之后，按低位在前、高位在后的顺序传输。

3）奇偶校验位：只占用一位，在数据位之后，可以没有该位。奇偶校验的功能也可以被其他功能取代，例如，在串口的多机通信中，可以用该位指示字符帧传送的是从机地址（即从机编号）还是实际数据。

4）停止位：以高电平"1"表示一个字符帧的结束，停止位可以占 1 位或 2 位。

5）空闲位：不传送数据时，传输线上传送空闲位，为高电平"1"。传输线上由空闲位"1"变为起始位"0"时，开始传送一个新的字符帧。

在异步通信中，为保证通信成功，数据的发送方和接收方必须采用的相同的波特率。

（2）同步串行通信

同步通信将若干个数据字符连接成数据块，以数据块为单位传送信息。如图 4-17 所示，同步通信的字符帧由同步字符、数据块和校验字符三部分构成。其中，数据块中的数据字符个数由传输任务决定，不受限制；同步字符的个数为 1 个（单同步字符）或 2 个（双同步字符）；校验字符有 1 或 2 个，用于接收端验证接收数据的正确性。在同步通信中，接收方和发送方必须采用精确、同步的时钟和相同的波特率。同步通信速度远高于异步通信。

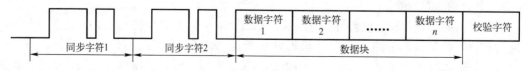

图 4-17 同步串行通信格式

4.4.3　MCS-51 单片机串口的基本结构

MCS-51 单片机内部有一个全双工的异步串行通信接口，其结构如图 4-18 所示。串口工作时，单片机 P3 口的 P3.0 引脚和 P3.1 引脚处于第二功能，分别是串口的数据接收端 RXD 和发送端 TXD。

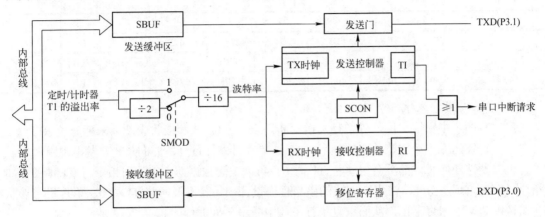

图 4-18　MCS-51 单片机串口内部结构示意图

串口控制寄存器 SCON 决定了串口的工作方式，而串口的波特率与定时/计数器 1 的溢出率直接相关。另外，串口发送数据和接收数据都可以产生串口中断请求。

发送缓冲区只能写入不能读出。发送数据时，在发送控制器的控制下，发送缓冲区中的并行数据转换为串行数据，并被插入格式信息以形成完整的字符数据帧，最后由 TXD 引脚发送出去。接收缓冲区只能读出不能写入。接收数据时，由 RXD 引脚接收字符数据帧。在接收控制器的控制下，字符数据帧中的格式信息被滤除，然后数据被移位寄存器转换成并行数据并存入接收缓冲区。可见，MCS-51 单片机的串口是全双工的串口，可以同时进行数据发送和接收。

4.4.4　MCS-51 单片机串口的相关特殊功能寄存器

与串口工作有关的特殊功能寄存器包括：串口控制寄存器 SCON（图 4-18 中的 TI 和 RI 均是该寄存器中的位）、串口缓冲区寄存器 SBUF 和电源控制寄存器 PCON（图 4-18 中的 SMOD 是该寄存器中的位）。

微课：串口相关寄存器

1. 串口缓冲区寄存器 SBUF

串口缓冲区寄存器 SBUF 的地址是 99H，不能按位寻址。虽然串口发送缓冲区和接收缓冲区的名称均为 SBUF，但是在物理上它们是独立的。

可以通过指令的操作区分发送缓冲区和接收缓冲区。因为，接收缓冲区只能被读出、不能被写入，而发送缓冲区只能被写入、不能被读出，所以在指令中，作为目的操作数的 SBUF 代表发送缓冲区，作为源操作数的 SBUF 接收缓冲区。例如，指令"MOV SBUF, A"将累加器 A 中的数据写入发送缓冲区；而指令"MOV A, SBUF"则将接收缓冲区的数据读出并存入累加器 A。

MCS-51 单片机没有专门的启动串口发送的指令，在满足串口发送条件时，任何向 SBUF 中写入数据的操作都可以启动串口的数据发送。在串口接收数据时，必须及时读取接收缓冲区中的数据，否则其中的数据有可能被新接收的数据覆盖而导致丢失。

2. 串口控制寄存器 SCON 和电源控制寄存器 PCON

串口控制寄存器 SCON 用于监控串口的工作状态,其格式见表 4-11。SCON 中各位的作用如下:

表 4-11 串口控制寄存器 SCON

字节地址	98H								可按位寻址
位	D7	D6	D5	D4	D3	D2	D1	D0	
位地址	9FH	9EH	9DH	9CH	9BH	9AH	99H	98H	
位名称	SM0	SM1	SM2	REN	TB8	RB8	TI	RI	

(1)串口中断请求标志位 TI 和 RI

串口有两个中断请求位,分别是发送中断请求标志位 TI 和接收中断请求标志位 RI。

串口每发送完一个完整的字符帧后,TI 被单片机硬件置 1,并向 CPU 发出中断请求。单片机的硬件任何时候都不会自动将 TI 清 0。再次发送数据前必须使用指令将 TI 清 0,如指令 "CLR TI"。另外,在中断方式的串口程序设计中,若不及时将 TI 清 0,单片机将误认为发送中断请求一直存在,从而重复执行串口中断服务处理程序。

串口每接收到一个完整字符帧后,RI 被单片机硬件置 1,以向 CPU 发出中断请求。接收新数据前,必须通过指令将 RI 清 0,如指令 "CLR RI"。同发送过程相似,在中断方式的程序设计中,为了避免重复发出中断请求,必须及时将 RI 清 0。

另外,TI 和 RI 均可由软件指令置 1 和清零 0,并且软件置 1 对单片机的影响与硬件置 1 的完全相同。

(2)串口工作方式选择位 SM0 和 SM1

串口有 4 种工作方式,由 SM0 和 SM1 选择,见表 4-12。在表 4-12 中:

1)f_{osc} 是单片机的晶振频率,影响串口的数据传输速度。

2)UART 是 "Universal Asynchronous Receiver/Transmitter" 的缩写,即通用的异步接收和发送器。

3)SMOD 是电源控制寄存器 PCON(见表 4-13)的最高位。由表 4-12 中的波特率计算公式可知,当 SMOD 由 0 变为 1 时,与之相关的波特率将加倍,因此 SMOD 又被称为波特率倍增位。

表 4-12 串口工作方式

SM0	SM1	工作方式	功能	波特率计算公式
0	0	0	移位寄存器	$f_{osc}/12$
0	1	1	8 位的 UART	$2^{SMOD}/32 \times$ T1 溢出率
1	0	2	9 位的 UART	$2^{SMOD}/64 \times f_{osc}$
1	1	3	9 位的 UART	$2^{SMOD}/32 \times$ T1 溢出率

表 4-13 电源控制寄存器 PCON

字节地址	87H								不可按位寻址
位	D7	D6	D5	D4	D3	D2	D1	D0	
位名称	SMOD								

在表 4-12 出现了 "T1 溢出率"，下面将介绍表 4-12 中 "T1 溢出率" 的计算方法，以及在串口方式 1 和方式 2 下，如何利用 "T1 溢出率" 计算串口通信的波特率。

如图 4-18 所示，定时/计数器 T1 是串口通信的波特率发生器，此时通常将 T1 设置为定时器且工作于工作方式 2（自动重装初值的 8 位定时器），并屏蔽其中断。T1 溢出率是 T1 每秒钟溢出的次数，该次数与 T1 的初值有关。若假设 T1 的初值为 M，则 T1 相邻两次溢出之间的时间间隔为 $(256-M)\times(12/f_{osc})$，因此

$$\text{T1 的溢出率} = (f_{osc}/12)/(256-M) = (f_{osc})/[12\times(256-M)] = f_{osc}/[12\times(256-TH1)] \qquad (4-7)$$

式中，f_{osc} 为单片机的晶振频率。

由表 4-12 和式（4-7）可知，串口的波特率计算公式见表 4-14。在串行通信中，发送端和接收端须使用同样的波特率。

表 4-14   串口的波特率计算公式

工作方式	波特率计算公式
0	$f_{osc}/12$
1	$2^{SMOD}/32\times \text{T1 溢出率} = 2^{SMOD}\times(f_{osc})/[384\times(256-TH1)]$
2	$2^{SMOD}/64\times f_{osc}$
3	$2^{SMOD}/32\times \text{T1 溢出率} = 2^{SMOD}\times(f_{osc})/[384\times(256-TH1)]$

【例 4-13】 已知波特率求定时器 T1 的初值。假设：单片机系统的晶振频率 f_{osc} = 11.0592MHz，SMOD=0，串口工作于方式 1，且通信波特率为 9.6Kbit/s。要求：计算定时器 T1 的初值。

解：表 4-14 可知，$9.6\times10^3 = 2^0\times(11.0592\times10^6)/[384\times(256-M)]$，因此 T1 的初值 M 为 $256 - \dfrac{11.0592\times10^6}{9.6\times10^3\times384} = 253 = \text{FDH}$。

表 4-15 给出了常用波特率及其相关设置，编程时可以通过查表的方式获得定时器 T1 初值。另外，在计算波特率时，若晶振频率为 11.0592MHz，则可以得到精确的 T1 初值（不会产生小数值），因此频率为 11.0592MHz 的晶振在单片机系统中经常被采用。

表 4-15   常用波特率及其相关设置

串口工作方式	波特率/(bit/s)	f_{osc}/MHz	SMOD	定时器 T1		
				$C/\overline{T}$	工作方式	初值
方式 0	1M	12	无关			
方式 2	375k	12	1	无关		
方式 1 方式 3	62.5 k	12	1	0	2	FFH
	19.2 k	11.0592	1	0	2	FDH
	9.6 k	11.0592	0	0	2	FDH
	4.8 k	11.0592	0	0	2	FAH
	2.4 k	11.0592	0	0	2	F4H
	1.2 k	11.0592	0	0	2	E8H

（3）允许接收位 REN

REN 是串口接收数据允许位，REN=0 时禁止串口接收，REN=1 时允许接收。该位可以由软件指令置 1 或清 0。

在串行通信过程中，只有当 RI=0 且 REN=1 时，才启动并允许串口接收，接收到的字符帧存入接收缓冲区。

（4）TB8

在工作方式 2 和工作方式 3 中，发送方 TCON 寄存器中的 TB8 将出现在发送字符帧中，并且位于数据位 D7 之后。另外，在具有一台主机和多台从机的多机通信中，TB8 可以作为地址帧/数据帧的区分标志。当 TB8=1 时，字符帧的数据位代表从机的编号，即字符帧为地址帧；而当 TB8=0 时，数据位是实际要发送的数据，即字符帧为数据帧。

（5）RB8

RB8 与 TB8 相对应，在工作方式 2 和工作方式 3 中，接收方将接收到含有发送方 TB8 的字符帧，并且发送方的 TB8 将被硬件自动送入接收方 SCON 寄存器的 RB8 位。换句话说，当接收缓冲区接收到一个完整字符帧后，接收方 RB8 的值将与发送方 TB8 的值相同。

（6）多机控制位 SM2

串口的方式 2 和方式 3 属于多机通信方式，SM2 用于控制实现多机通信。在多机通信系统中仅有一台主机，可以有多台从机。每次通信时，主机需从多台从机中选择一台从机并与之进行数据传输。因此，多机通信过程可以分为如下几个步骤：

1）主机向所有从机发送地址帧，地址帧的数据位代表从机编号。发送时要求主机的 SM2=0，所有从机的 SM2=1。

2）所有从机接收到地址帧后，将其中的从机编号与自身的编号相比较，比较相同的从机（即被主机选中的从机）的 SM2 被清 0，而其他从机的 SM2 依然为 1。

3）被选中的从机与主机之间进行一对一的数据传输。

4）主机与从机通信结束后，被选中从机的 SM2 被重新置 1，为下一次多机通信做准备。

多机通信中，从机接收数据后能否产生中断请求，与 SM2、RB8 和 RI 的取值有关，见表 4-16。

表 4-16 多机通信中从机 SM2、RB8 与 RI 的对应关系

SM2	RB8	RI	说明
0	0	1	产生中断请求
0	1	1	产生中断请求
1	0	0	不产生中断请求
1	1	1	产生中断请求

4.4.5 串口的工作方式

MCS-51 单片机的串口有 4 种工作方式，方式 0 主要用于并行 I/O 接口的扩展，其他方式用于数据传输。

1. 串口工作方式 0

在方式 0 时，串口是 8 位同步移位寄存器，既可以移位输入也可以移位输出，并不是真正的数据通信方式，主要用于扩展外部并行 I/O 接口。如该方式的时序（见图 4-19）所示，TXD 是移位脉冲的输出引脚，RXD 是数据移位输入或输出的引脚。另外，方式 0 的字符数据帧中只有 8 个数据位，没有格式信息。

微课：串行通信应用举例

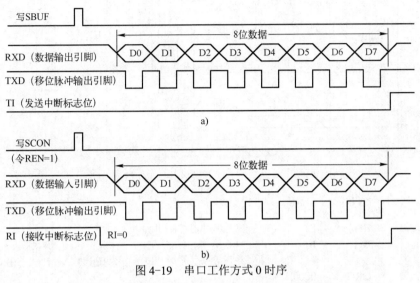

图 4-19　串口工作方式 0 时序

a) 发送（输出）时序　b) 接收（输入）时序

（1）数据的发送

发送数据前，首先将 TI 清 0，然后只要向 SBUF 中写入数据，就会启动串口的发送，如指令 "MOV SBUF, A"。之后，引脚 TXD 和 RXD 分别出现移位脉冲和数据位。当所有数据位发送完毕后，串口发送中断请求标志位 TI 被单片机硬件置 1，以表明一次数据发送过程结束。单片机硬件在任何时候都不会自动将 TI 清 0。再次发送数据前，必须用软件指令将 TI 清 0，如执行指令 "CLR TI"。

（2）数据的接收

接收数据前，必须令 REN=1 且 RI=0，以启动串口的接收过程。之后，TXD 引脚出现移位脉冲，串口等待 RXD 引脚上出现的数据位，并将其送入移位寄存器。当接收完一个完整数据帧后，硬件将移位寄存器中的数据送入接收缓冲区 SBUF，并将接收中断请求标志位 RI 置 1，以表明数据接收完毕。再次接收数据前，需将 SBUF 中的数据取走，并将 RI 清 0。取 SBUF 中的数据可以用指令 "MOV A,SBUF"，该指令将接收缓冲区的数据送入累加器 A。只能用软件指令将 RI 清 0，如指令 "CLR RI"，因为单片机硬件不会自动将 RI 清 0。

【例 4-14】　串口扩展并行 I/O 接口。任务：编写程序，利用 74LS164 芯片（串行输入、并行输出）、74LS165 芯片（并行输入、串行输出）和单片机的串口，扩展一个 8 位并行输入接口和一个 8 位输出接口，并以 LED 的亮灭反映开关闭合状态，其电路如图 4-20 所示。

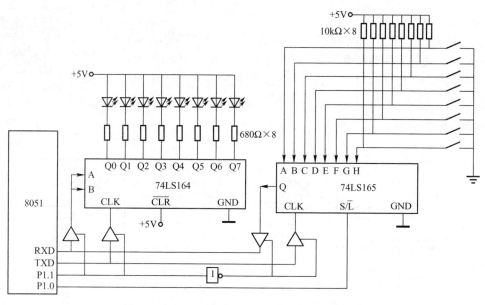

图 4-20 串口工作方式 0 扩展并行 I/O 接口电路

解：参考程序如下：

CU	BIT	P1.1	;三态缓冲器控制引脚
SL	BIT	P1.0	;P1.0 接 74LS165 的 S/$\overline{L}$ 引脚，为低电平输入 A~H 引脚的
			;并行数据（开关状态），为高电平 A~H 状态由 Q 送出
	ORG	0000H	
	MOV	SCON,#10H	;初始化串口：REN=1，RI=0，SM0=0，SM1=0，即
			;串行口工作在方式 0 并启动一个接收过程
NEXT:	CLR	SL	;S/$\overline{L}$=0，74LS165 并行读入 A~H 引脚的开关状态
			;低电平"0"表示开关闭合，高电平"1"表示开关断开
	CLR	CU	;开放 74LS165 输出通道
	SETB	SL	;S/$\overline{L}$=1，允许 74LS165 串行移出之前载入的 8 个开关状态
	CLR	RI	;启动串口接收
	JNB	RI,$	;等待接收 74LS165 串行输出的 8 个开关状态
			;若 RI=0，则接收完毕，否则继续等待
	MOV	A,SBUF	;将接收到的 8 个开关状态读入累加器 A 中
	SETB	CU	;开放 74LS164 输出通道
	CLR	TI	;将 TI 清 0，为串口发送做准备
	MOV	SBUF,A	;将开关的状态发送给 74LS164

;启动串口发送，将之前送入 A 中的开关状态串行移位
;发送至 74LS164 的输入引脚，以控制 8 个 LED 灯的亮灭，
;开关的低电平"0"将使对应的 LED 灯点亮，反之熄灭

	JNB	TI,$	;等待串口发送完毕，若 TI=0 则发送完毕，否则继续等待
	SJMP	NEXT	;重复上述操作
	END		

2. 串口工作方式 1

在方式 1 时，串口可接收和发送 8 位数据，其时序如图 4-21 所示。1 个字符帧中有 10 个二进制位，包括 8 个数据位、1 个起始位和 1 个停止位。TXD 和 RXD 分别是发送数据和接收数据的引脚。

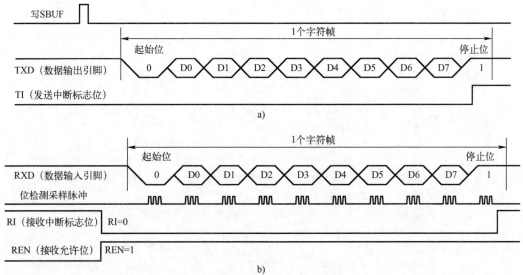

图 4-21　串口工作方式 1 时序

a) 发送（输出）时序　b) 接收（输入）时序

（1）数据的发送

与方式 0 相似，发送数据前，首先将 TI 清 0，然后只要向 SBUF 中写入数据，就会启动串口的发送过程。被发送的数据从 TXD 向外输出，低位在前高位在后。一帧数据发送完毕后，TI 被单片机硬件置 1。再次发送数据前，必须用软件指令将 TI 清 0。

（2）数据的接收

接收数据前，令 REN=1 且 RI=0，以启动串口接收过程。通过 RXD 接收字符数据帧，接收顺序为先低位再高位。实际上，数据的接收是通过采样实现的，每个数据位上 RXD 被采样 3 次，其中两次相同的采样值作为采样结果送入接收端的移位寄存器。一个完整字符帧接收完毕后，RI 被置 1，并且接收的 8 个数据位被送入接收缓冲区，而停止位"1"被送入接收方 SCON 的 RB8 中。若再次接收数据，则必须提前将 RI 清 0。

【例 4-15】　双机串口通信任务（见图 4-22）：编写甲机和乙机的双机通信程序，甲机将其片内 RAM 区中地址从 40H 开始的连续 20 个字节发送给乙机，乙机将接收到的数据存放在其片内 RAM 区中地址从 40H 开始的连续字节单元中。假设甲机和乙机的晶振频率均为 11.0592MHz，通信波特率为 9.6kbit/s。

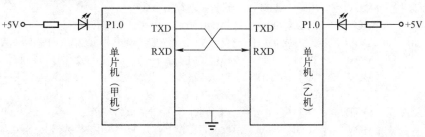

图 4-22　双机串口通信

解：编写串行通信程序时，应首先进行串口初始化，包括波特率的设置和串口工作方式的选择等，并且收发双方必须采用相同的波特率。参考程序如下：

（1）甲机查询式发送的参考程序

TADDR	DATA	40H	;待发送数据的片内 RAM 地址
TNUM	DATA	20	;待发送数据的个数
LED	BIT	P1.0	;发送结束指示灯，所有数据发送后灯被点亮
	ORG	0000H	
	MOV	R0,#TADDR	;设置发送数据区首地址
	MOV	R2,#TNUM	;设置发送数据个数
	MOV	PCON,#00H	;SMOD=0，SMOD 不能按位寻址
	MOV	TMOD,#20H	;设置 T1 作为定时器工作方式 2，用于波特率发生器
	MOV	TL1,#0FDH	;设置 T1 的初值（"f_{osc}"=11.0592MHz，9600bit/s）
	MOV	TH1,#0FDH	;T1 重装初值
	CLR	ET1	;禁止 T1 中断，仅用于产生波特率信号
	SETB	TR1	;T1 启动，开始产生波特率信号
	CLR	ES	;查询式发送，禁止串口中断
	MOV	SCON,#40H	;设串口工作于方式 1，禁止接收数据 REN=0，TI=0
	SETB	LED	;熄灭发送结束指示灯
SEND:	MOV	SBUF,@R0	;发送一个数据
	JNB	TI,$	;等待一个字符数据帧发送完毕
	CLR	TI	;将发送中断标志位清 0，为下一次发送做准备
	INC	R0	;指向下一个待发送数据
	DJNZ	R2,SEND	;判读是否已发送完所有数据，未发送完则继续发送
	CLR	LED	;点亮发送结束指示灯
	SJMP	$	;所有数据发送完，则程序在此待命
	END		

（2）甲机中断式发送的参考程序

TADDR	DATA	40H	;待发送数据的片内 RAM 地址
TNUM	DATA	20	;待发送数据的个数
LED	BIT	P1.0	;发送结束指示灯，所有数据发送后，灯被点亮
	ORG	0000H	;主程序入口地址
	LJMP	MAIN	;跳转至主程序
	ORG	0023H	;串口中断服务处理程序入口
	LJMP	INT_SERIAL	;跳转至串口中断服务处理程序
MAIN:	MOV	R0,#TADDR	;设置发送数据区首地址
	MOV	R2,#TNUM	;设置发送数据个数
	MOV	PCON,#00H	;SMOD=0 时，SMOD 不能按位寻址
	MOV	TMOD,#20H	;设置 T1 作为定时器工作方式 2，用于波特率发生器
	MOV	TL1,#0FDH	;设置 T1 的初值（"f_{osc}"=11.0592MHz，9600bit/s）
	MOV	TH1,#0FDH	;T1 重装初值
	CLR	ET1	;禁止 T1 中断，仅用于产生波特率信号
	SETB	TR1	;T1 启动，开始产生波特率信号
	MOV	SCON,#40H	;设串口工作于方式 1，禁止接收数据 REN=0，TI=0
	SETB	ES	;允许串口中断
	SETB	EA	;允许总中断
	SETB	LED	;发送结束指示灯
	SETB	TI	;软件将 TI 置 1，向 CPU 发出串口发送中断请求

```
          SJMP        $
INT_SERIAL:CLR        TI              ;将发送中断标志位清 0，为下一次发送做准备
          MOV         SBUF, @R0       ;发送一个数据
          INC         R0              ;指向下一个待发送数据
          DJNZ        R2, RETURN      ;判断是否已发送完所有数据，未发送完，则继续发送
          CLR         LED             ;点亮发送结束指示灯
          CLR         ES              ;禁止串口中断
          CLR         EA              ;禁止总中断
RETURN:   RETI                        ;返回主程序，不能用 RET 指令代替
          END
```

（3）乙机查询式接收的参考程序

```
RADDR     DATA        40H             ;存放接收数据的片内 RAM 地址
RNUM      DATA        20              ;待接收数据的个数
LED       BIT         P1.0            ;接收结束指示灯，所有数据接收后灯被点亮
          ORG         0000H           ;主程序入口地址
          MOV         R0,#RADDR       ;设置存放接收数据的 RAM 区首地址
          MOV         R2,#RNUM        ;设置接收数据的个数
          MOV         PCON,#00H       ;SMOD=0，SMOD 不能按位寻址
          MOV         TMOD,#20H       ;设置 T1 作为定时器工作与方式 2，用于波特率发生
          MOV         TL1,#0FDH       ;设置 T1 的初值（"$f_{osc}$"=11.0592MHz，9600bit/s）
          MOV         TH1,#0FDH       ;T1 的重装初值
          CLR         ET1             ;禁止 T1 中断，仅用于产生波特率信号
          SETB        TR1             ;T1 启动，开始产生波特率信号
          MOV         SCON,#50H       ;置串行方式 1，REN=1 允许接收，RI=0
          CLR         ES              ;禁止串口中断
          CLR         EA              ;禁止总中断
          SETB        LED             ;熄灭指示灯
RECEIVE:  JNB         RI,$            ;等待一个字符数据帧接收完毕
          CLR         RI              ;将接收中断标志清 0，为下次接收做准备
          MOV         @R0,SBUF        ;保存接收到的数据
          INC         R0              ;指向下一个数据存储单元
          DJNZ        R2,RECEIVE      ;判断是否已接收完所有数据，未完，返回主程序继续
          CLR         LED             ;点亮接收结束指示灯
          SJMP        $               ;所有数据接收完，则程序在此待命
          END
```

（4）乙机中断式接收的参考程序

```
RADDR     DATA        40H             ;存放接收数据的片内 RAM 地址
RNUM      DATA        20              ;待接收数据的个数
LED       BIT         P1.0            ;接收结束指示灯，所有数据接收后，灯被点亮
          ORG         0000H           ;主程序入口地址
          LJMP        MAIN            ;跳转至主程序
          ORG         0023H           ;串口中断服务处理程序入口
          LJMP        INT_SERIAL      ;跳转至串口中断服务处理程序
;以下是主程序
MAIN:     MOV         SP, #70H        ;设置堆栈指针，其默认值是 7H
```

MOV	R0, #RADDR	;设置存放接收数据的 RAM 区首地址
MOV	R2, #RNUM	;设置接收数据的个数
MOV	PCON,#00H	;SMOD=0，SMOD 不能按位寻址
MOV	TMOD, #20H	;设置 T1 作为定时器工作与方式 2，用于波特率发生
MOV	TL1, #0FDH	;设置 T1 的初值（"f_{osc}"=11.0592MHz，9600bit/s）
MOV	TH1, #0FDH	;T1 重装初值
CLR	ET1	;禁止 T1 中断，仅用于产生波特率信号
SETB	TR1	;T1 启动，开始产生波特率信号
MOV	SCON,#50H	;置串行方式 1，REN=1 允许接收
SETB	EA	;允许总中断
SETB	ES	;允许串行中断
CLR	RI	;启动接收
SETB	LED	;熄灭指示灯
SJMP	$	

```
;以下是串口中断服务处理程序
INT_SERIAL:CLR  RI          ;将接收中断标志清 0，为下次接收做准备
           MOV  @R0, SBUF   ;保存接收到的数据
           INC  R0          ;指向下一个数据存储单元
           DJNZ R2, RETURN  ;判是否已接收完所有数据，未完，返回主程序继续
           CLR  LED         ;点亮指示灯表示接收完毕
           CLR  ES          ;禁止串口中断
           CLR  EA          ;禁止总中断
RETURN: RETI                ;返回主程序，不能用 RET 指令代替
        END
```

3．串口工作方式 2 和方式 3

串口工作方式 2 和方式 3 属于多机通信方式（多机通信的具体实现方法见前文关于 SM2 的描述），主机与从机的连接关系如图 4-23 所示，其时序如图 4-24 所示。方式 2 和方式 3 的唯一差别是波特率计算公式不同，见表 4-14。

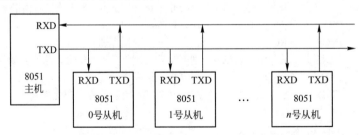

图 4-23　多机通信中主机与从机的连接关系

（1）数据的发送

方式 2 和方式 3 的字符帧包含 11 个二进制位，与方式 1 相比，在停止位前多了 TB8 位，该 TB8 位来自于发送方 SCON 寄存器中的 TB8 位。发送方的 TB8 位最终将被送入接收方 SCON 寄存器的 RB8 位中。

与其他工作方式的发送过程相同，发送前需将 TI 清 0，然后向 SBUF 中写入数据以启动发送。数据由 TXD 向外发送，数据发送完毕后，TI 被硬件置 1。再次发送数据前，必须用指令将 TI 再次清 0。

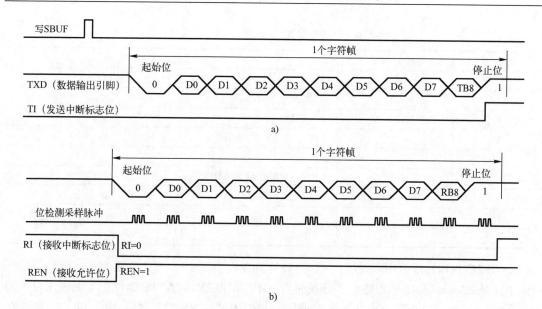

图 4-24　串口工作方式 2 和方式 3 时序

a) 发送（输出）时序　b) 接收（输入）时序

（2）数据的接收

串口接收数据前，需令 REN=1 且 RI=0。数据由 RXD 引脚接收。在字符数据帧中，停止位和 D7 之间的位来自发送方的 TB8，并被送入接收方 SCON 寄存器的 RB8 位中。因此在图 4-24 所示接收时序中，停止位和 D7 之间的位用 RB8 表示。一个字符数据帧接收完毕后，RI 不一定被硬件置 1。见表 4-16，RI 被硬件置 1 的情况有两种，分别是：①SM0=0；②SM0=1 并且 RB8=1。再次接收数据前，必须将 RI 清 0，并令 REN=1。

4.4.6　RS-232C 串行通信接口

微课：常用的串行通信接口

RS-232C 标准（即 EIA-RS-232C 标准）是由美国电子工业协会（Electronic Industry Association，EIA）制定的数据终端设备（DTE）和数据通信设备（DCE）之间进行串行数据交换的通信接口技术标准，其中：缩写 RS（Recommended Standard）代表"推荐标准"，数字 232 为"标志号"，字母 C 表示最新一次修改。

一个完整的 RS-232C 接口有 22 根线，采用标准的 25 芯 DB-25 接口（见图 4-25）。目前广泛采用的是简化后的 9 芯 DB-9 接口（见图 4-26），其引脚定义见表 4-17。而在实际应用时，通常仅使用 RXD、TXD 和 GND 引脚。

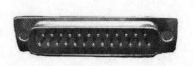

图 4-25　DB-25 接口图

图 4-26　DB-9 接口图

a) 接口图　b) 引脚编号

表 4-17　RS-232C 标准 DB-9 接口定义

引脚编号	引脚信号名称	引脚功能
1	DCD	载波检测
2	RXD	接收数据（串行）
3	TXD	发送数据（串行）
4	DTR	DET（数据终端）准备就绪
5	GND	信号地
6	DSR	DEC（数据装置）准备就绪
7	RTS	请求发送
8	CTS	允许发送
9	RI	振铃指示

　　RS-232C 接口标准采用负逻辑，+3～+15V 为逻辑 0，-15～-3V 为逻辑 1。TTL 器件的电源电压是 5V，其高电平和低电平分别约为 3.4V 和 0.2V。CMOS 器件的电源电压范围为 +3～+18V，高电平接近电源电压，低电平接近 0V。因此，RS-232C 接口电平与 TTL 电平及 CMOS 电平不兼容，需要进行电平转换后才能相连。常用的 TTL 与 RS-232C 电平的转换芯片是 MAX232，其引脚和内部逻辑功能如图 4-27 所示。

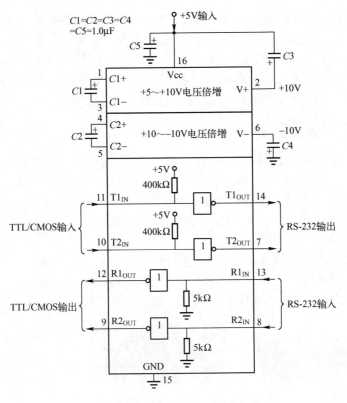

图 4-27　MAX232 的引脚和内部逻辑功能

　　需要指出，PC 串口采用的是 RS-232 接口标准，需按照如图 4-28 所示的方式与单片机串口连接。另外，采用 TTL 电平和采用 RS-232C 电平的串口数据传输距离不同，TTL 串口的传输距离在 1m 范围内，而 RS-232C 串口的传输距离在 15m 范围内。RS-232C 串口的传输速度范围为 0～20000bit/s。

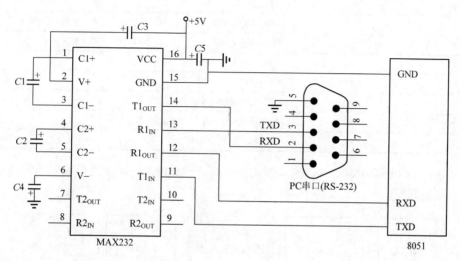

图 4-28　单片机串口与 PC 串口的电路连接

4.4.7　RS-485 串行通信接口

RS-485 是美国电子工业协会在 RS-232C 之后推出的一种通信接口技术标准。RS-485 接口采用半双工传输模式，以平衡差动的方式传输数据，与 RS-232C 接口相比，具有更好的抗干扰性、更远的传输距离（最大传输距离为 1200m）、更快的传输速度（最高传输速度为 10Mbit/s）和更低的成本，并且能进行一对多点的通信，在工业控制领域应用广泛。

在平衡差动方式下，RS-485 接口使用一对双绞线，以差分驱动方式（Differential Driver Mode）传输信号。双绞线中一根为 A、另一根定义为 B，两根线之间的电平差在+2～+6V 范围内和在-6～-2V 范围内，分别代表两个不同的逻辑状态 0 和 1。两根线的共模电压必须在-7～+12V 范围内，否则无法正常通信，甚至可能损坏设备。另外，在 RS-485 通信协议中，还有使能信号，用于允许和禁止接口接收器和驱动器的输出操作。

常用的 RS-485 电平与 TTL 电平的转换芯片有 MAX481/483/485/487 等，其内部电路及引脚图如图 4-29 所示，其引脚功能见表 4-18。

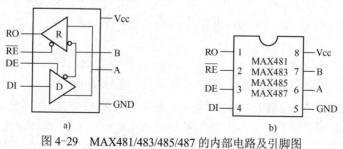

图 4-29　MAX481/483/485/487 的内部电路及引脚图

a) 内部电路　b) DIP 封装引脚图

表 4-18 MAX481/483/485/487 的引脚功能

引脚编号	引脚名称	引脚功能
1	RO	接收器输出
2	$\overline{RE}$	接收器输出使能（若为 0，则允许输出；否则，禁止）
3	DE	驱动器输出使能（若为 1，则允许输出；否则，禁止）
4	DI	驱动器输入
5	GND	接地引脚
6	A	接收器非反相输入端和驱动器非反相输出端
7	B	接收器反相输入端和驱动器反相输出端
8	Vcc	电源端（4.75～5.25V）

图 4-30 为基于 MAX485 的 RS-485 通信接口电路原理图，其中通信线末端的两个 120Ω 电阻用于阻抗匹配。

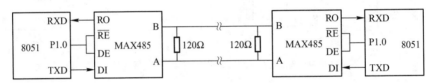

图 4-30 基于 MAX485 的 RS-485 通信接口电路原理图

4.5 小结

MCS-51 单片机内部功能单元包括：2 个外部中断、2 个定时/计数器和 1 个异步串口通信接口。本章介绍了这些功能单元的结构、功能和程序设计方法。通过本章学习，读者应该熟悉各功能单元的内部结构；识记各功能单元的相关寄存器；掌握各功能单元的程序设计方法。另外，本章全部程序由汇编语言编写，本书第 8 章将其中部分程序以 C51 语言进行了改写，读者可以进行对照学习。

4.6 习题

1. 写出 MCS-51 单片机的中断初始化指令。要求：①禁止 $\overline{INT0}$ 中断，允许其他所有中断；②将串口中断设为高级别中断，其他中断均为低级别中断；③将 $\overline{INT1}$ 中断设置为下降沿触发方式。

2. 假设晶振频率为 12MHz。编写程序，利用定时器 0 的工作方式 1 产生 100Hz 的方波信号。要求：①方波信号由单片机的 P1.1 引脚输出；②分别用查询法和中断法编写程序。

3. 假设晶振频率为 12MHz。编写程序，利用定时器 1 的工作方式 1 产生占空比为 20%、频率为 50Hz 的矩形波。要求：矩形波信号由单片机的 P1.0 引脚输出。

4. 假设晶振频率为 12MHz。编写程序，利用 $\overline{INT1}$ 引脚记录脉冲下降沿个数，当个数达到 5 个时，使定时器 0 产生 1s 定时，控制与 P1.1 引脚所连的 LED 灯（低电平点亮）亮 1s 后熄灭。要求：采用中断方式编写程序。

5．假设晶振频率为 11.0592MHz。单片机片内 RAM 30H～40H 单元中存放着 0～9 之间的 1 位十进制数。编写串口通信程序，将这些存储单元中的数据转换成 ASCII 码后，通过串口发给 PC。要求：传输速度为 9600bit/s。

6．假设晶振频率为 11.0592MHz。编写单片机串口的自发自收（将单片机的自身的 TXD 与 RXD 引脚相连）程序，将片内 RAM 50H～55H 单元中的数据通过 TXD 引脚发送出去，并将 RXD 接收到的数据存放在片内 RAM 60H～65H 单元中。要求：串口接收程序和发送程序中，至少一个采用中断方式编写。传输速度为 4800bit/s。

7．假设晶振频率为 12MHz。编写串口的定时发送程序，将片内 RAM 30H～40H 中的数据每隔 0.5s 发送一个，全部发送完毕后，将与 P1.0 引脚相连的 LED 灯（低电平点亮）点亮。要求：采用中断方式实现 0.5s 定时。传输速度为 4800bit/s。

第5章　MCS-51 单片机的并行扩展

MCS-51 单片机内部集成了存储器和 I/O 接口（如定时器和串口）等硬件资源，当内部资源数量和类型不合要求时，则需扩展片外资源。本章将介绍 MCS-51 单片机并行接口扩展的相关技术，包括片外存储器和常用并行 I/O 接口的扩展方法。

5.1　MCS-51 单片机的片外并行总线

单片机的数据存储器、程序存储器和 I/O 接口必须通过总线与单片机的微处理器（CPU）连接，如图 2-1 所示。总线是连接单片机系统各部件的一组公共信号线，可分为地址总线、数据总线和控制总线。

5.1.1　总线的作用

地址总线用于传输存储器单元或 I/O 端口的地址，传输方向是单向的，只能由单片机向外传送。另外，地址线的根数 m 决定了地址总线所能"寻址"的存储单元的个数和 I/O 端口的总数。这是因为每根地址线能传输高电平和低电平两种信号，可分别用二进制数"1"和"0"表示，而二进制数的每个逻辑组可以对应一个地址。具有 m 根地址线的地址总线可以传输 m 位的二进制数，共 2^m 个地址。

数据总线是双向总线，可在单片机和存储单元及 I/O 端口之间传输数据。数据总线的位数一般与单片机 CPU 的字长一致。控制总线由若干条线组成，有的用于向存储器或 I/O 端口发送 CPU 的控制信号，有的用于向 CPU 传送存储器或 I/O 端口的状态信息。

5.1.2　MCS-51 单片机片外总线的构成

MCS-51 单片机没有专用的片外地址总线和数据总线，这两种总线的功能由单片机的并行输入、输出口 P0 和 P2 提供。MCS-51 单片机的扩展总线结构如图 5-1 所示。

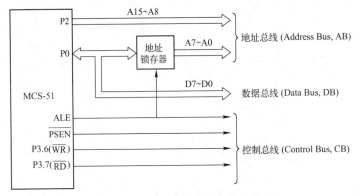

图 5-1　MCS-51 单片机的扩展总线结构

1．P0 数据/地址分时复用总线

MCS-51 单片机有 8 位片外数据总线（D7～D0），由 P0 口提供。另外，MCS-51 单片机有 16 位外部地址总线，P0 口传送其中的低 8 位地址（A7～A0）。当单片机访问片外扩展的存储器和 I/O 接口时，P0 口先传送片外地址的低 8 位，然后再传送数据，即 P0 口是地址与数据分时复用的总线。由此可知，当数据出现在 P0 上时，低 8 位地址已从 P0 口上消失，而图 5-1 中的地址锁存器可以在低 8 位地址消失前将其锁存，并提供给片外扩展的存储器或 I/O 端口。

2．P2 地址总线高 8 位

在进行片外扩展时，P2 口是地址总线的高 8 位。与 P0 口不同的是，P2 口仅传送地址，不复用。由 P2 口和 P0 口构成的 16 位片外地址线，使 MCS-51 单片机具有 $2^{16} = 65536$ 个片外地址。MCS-51 单片机的程序存储器和数据存储单元均是按字节寻址的（即每个字节型存储单元都有地址）。因此，MCS-51 单片机可以扩展的片外程序存储器和数据存储器的容量均为 2^{16} 个字节（Byte），即 64KB。

3．控制总线

控制总线有 ALE、$\overline{\text{PSEN}}$、$\overline{\text{WR}}$ 和 $\overline{\text{RD}}$，其作用分别如下：

（1）ALE

如前所述，P0 口是地址和数据分时复用的总线，必须通过锁存器将其传送的低 8 位地址锁存。而何时驱动地址锁存器锁存低 8 位地址非常关键，因为必须保证地址锁存器锁存时，P0 口上传送的是地址，而不是之后传送的数据。

ALE 是地址锁存使能引脚。在单片机进行外部存储器和 I/O 端口访问时，该引脚将在 P0 从地址线变为数据线之前输出一个下降沿信号。可用该引脚作为地址锁存器（假设为下降沿或低电平锁存的锁存器）的锁存驱动信号，以保证被锁存的是低 8 位地址。

（2）$\overline{\text{PSEN}}$

$\overline{\text{PSEN}}$ 是程序存储器输出使能引脚，低电平有效。该引脚用于片外程序存储器扩展。当单片机进行片外程序存储器的读操作时，该引脚将输出低电平，以选通被访问的程序存储器。程序存储器的访问包括单片机从程序存储器中读取指令和使用 MOVC 指令从程序存储器中读取数据。

（3）$\overline{\text{WR}}$ 和 $\overline{\text{RD}}$

单片机 P3 口的 P3.6 和 P3.7 引脚工作于第二功能时，分别对应于 $\overline{\text{WR}}$ 和 $\overline{\text{RD}}$。$\overline{\text{WR}}$ 和 $\overline{\text{RD}}$ 用于片外数据存储器（或 I/O 接口）的扩展，分别为片外数据存储器（或 I/O 接口）的写选通和读选通信号，均为低电平有效。可产生片外数据存储器（或 I/O 接口）读操作的指令有 "MOVX　A,@DPTR" 和 "MOVX　A,@Ri"，可产生写操作的指令有 "MOVX　@DPTR,A" 和 "MOVX　@Ri,A"。

当单片机从片外数据存储器（或 I/O 接口）读数据，并将数据送上片外数据总线时，$\overline{\text{RD}}$ 引脚为低电平，$\overline{\text{WR}}$ 引脚为高电平。相反地，当向片外数据存储器（或 I/O 接口）写数据时，$\overline{\text{WR}}$ 引脚为低电平、$\overline{\text{RD}}$ 引脚为高电平。

需要注意的是，$\overline{\text{PSEN}}$、$\overline{\text{WR}}$ 和 $\overline{\text{RD}}$ 这三个引脚中的任何两个都不会同时为低电平，即片外数据存储器（或 I/O 接口）的读和写以及片外程序存储器读这三种操作不会同时发生。

4．地址锁存器的作用

如前所述，图 5-1 中的地址锁存器用于锁存 P0 口上传送的地址信息，即利用 ALE 引脚上的下降沿信号触发地址锁存器的锁存操作。因此，图 5-1 中的地址锁存器应当是下降沿触发的锁存器，如芯片 74LS373。如果使用上升沿（或高电平）触发的锁存器（如芯片 74LS273 和 74LS377 等），则必须将 ALE 引脚信号取反后再连接至锁存器的触发端。

5.2 片外存储器的扩展

随着生产工艺的提高，大部分单片机片内都集成了大容量的程序存储器和数据存储器。因此，存储器扩展的需求正在降低。但是，学习存储器的扩展方法，将对更好地掌握单片机的时序和单片机系统设计技巧有很大的帮助。接下来，本节将首先介绍程序存储器的扩展方法。

程序存储器用于存放程序和一些程序执行过程中的常数。当单片机没有片内程序存储器（如 8031 单片机）或片内程序存储器容量不够时，则需要利用单片机的片外总线进行片外程序存储器的扩展。

5.2.1 片外程序存储器的连接与访问

在图 5-2a 所示的单片机系统中，扩展了一片程序存储器芯片 2764EPROM（引脚如图 5-3 所示，引脚功能见表 5-1）。该图主要用于说明单片机与存储器间的连接方法，因此图中没有给出单片机的复位电路和时钟电路等辅助电路，在本书的其他电路图中也会进行类似的简化处理。

微课：程序存储器的并行扩展技术

由图 5-2a 可知：

1）8051 单片机 P2.4～P2.0 引脚是地址总线的高 5 位，未经过锁存器直接到 2764 的地址引脚 A12～A8 上。

2）单片机 P2.5～P2.7 引脚未被使用，引脚上的电平状态与 2764 的访问无关。

3）单片机 P0.7～P0.0 引脚未经过锁存器 74LS373，是数据总线，直接与 2764 的数据引脚 D7～D0 相连。

4）单片机 P0.7～P0.0 引脚经过锁存器 74LS373 后的 Q7～Q0 是低 8 位的地址总线，与 2764 的地址总线 A7～A0 相连。

5）单片机 $\overline{EA}$ 引脚接地，该单片机仅使用片外扩展的程序存储器。

6）ALE 连接至 74LS373 的锁存器触发引脚 G，当 ALE 出现下降沿信号的时候将触发 74LS373 锁存 P0 口上的地址信息。

表 5-1 程序存储器芯片引脚功能

引脚符号	引脚功能	说　　明
Ai～A0	地址线	输入，2764、27256、27128 和 27512 的 i 分别为 12、14、13 和 15
Q7～Q0	数据线	双向三态
$\overline{CE}$	片选信号	输入，低电平 "0" 有效，输入低电平时芯片被选中
$\overline{OE}$	读选通信号	输入，低电平 "0" 有效，输入低电平时芯片可以输出数据
Vcc	电源	+5V
GND	地信号	接地
Vpp	编程电压	输入
$\overline{PGM}$	编程脉冲	输入
NC	不连接	未使用

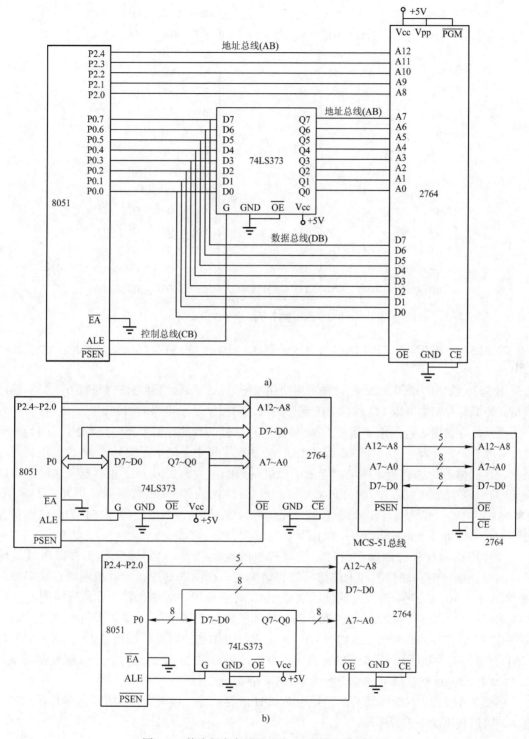

图 5-2　单片程序存储器芯片 2764 的扩展电路图

a) 实际连线图　b) 总线式简化连线图

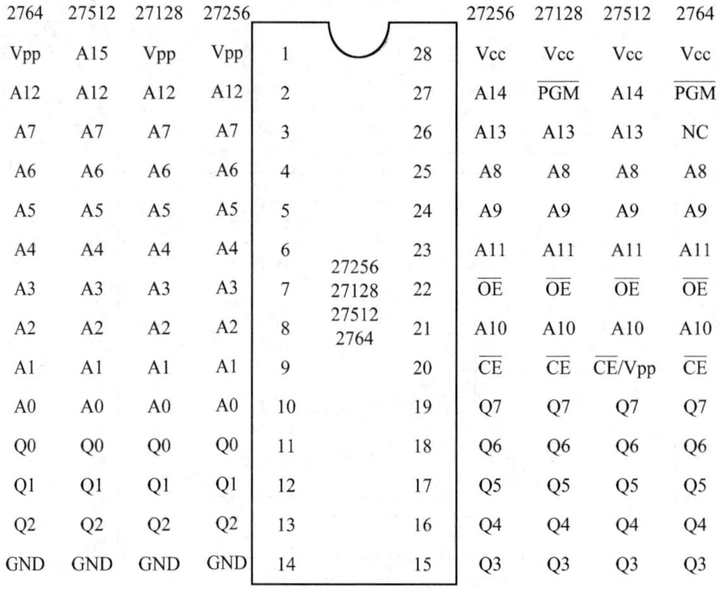

2764	27512	27128	27256	引脚	引脚	27256	27128	27512	2764
Vpp	A15	Vpp	Vpp	1	28	Vcc	Vcc	Vcc	Vcc
A12	A12	A12	A12	2	27	A14	$\overline{\text{PGM}}$	A14	$\overline{\text{PGM}}$
A7	A7	A7	A7	3	26	A13	A13	A13	NC
A6	A6	A6	A6	4	25	A8	A8	A8	A8
A5	A5	A5	A5	5	24	A9	A9	A9	A9
A4	A4	A4	A4	6	23	A11	A11	A11	A11
A3	A3	A3	A3	7	22	$\overline{\text{OE}}$	$\overline{\text{OE}}$	$\overline{\text{OE}}$	$\overline{\text{OE}}$
A2	A2	A2	A2	8	21	A10	A10	A10	A10
A1	A1	A1	A1	9	20	$\overline{\text{CE}}$	$\overline{\text{CE}}$	CE/Vpp	$\overline{\text{CE}}$
A0	A0	A0	A0	10	19	Q7	Q7	Q7	Q7
Q0	Q0	Q0	Q0	11	18	Q6	Q6	Q6	Q6
Q1	Q1	Q1	Q1	12	17	Q5	Q5	Q5	Q5
Q2	Q2	Q2	Q2	13	16	Q4	Q4	Q4	Q4
GND	GND	GND	GND	14	15	Q3	Q3	Q3	Q3

（中间芯片标注：27256 27128 27512 2764）

图 5-3 常用程序存储器芯片引脚图

7）8051 的 $\overline{\text{PSEN}}$ 与 2764 的选通信号引脚 $\overline{\text{OE}}$ 相连，当 $\overline{\text{PSEN}}$ 出现低电平时，允许 2764 输出。

图 5-2b 给出的是图 5-2a 的几种常用简化绘制方法。简化绘制方法以总线方式显示单片机与片外扩展存储器（或 I/O 接口）的连接关系，常用于复杂电路的绘制。

通常，存储器芯片的地址线根数 M 确定了存储器芯片的存储单元个数为 2^M，因为一个地址对应于一个存储单元；而数据线的个数 N 决定了每个存储单元能存放 N 位二进制数。显然，存储器芯片的容量，即所能存放的二进制数的位数为 $2^M \times N$。根据这一思路，可以确定 2764 的存储容量。2764 EPROM 有 13 根地址线和 8 根数据线，可知：2764 有 $2^{13} = 8K = 8192$ 个存储单元，每个存储单元能存放 8 位二进制数，即 2764 的存储容量为 $2^{13} \times 8$ 位，即 $8K \times 8bit = 64Kbit = 8KB$。

单片机访问片外存储器芯片时，由单片机的地址总线 A15～A0 送出存储单元的地址，通过地址选中存储器芯片上被访问的存储单元。在图 5-2 中，单片机地址总线中的低 13 位 A12～A0 与 2764 的片内地址线 A12～A0 对应相连，而单片机地址总线中的高 3 位 A15～A13 并未用到，由此可得 2764 的地址范围（见表 5-2）。这里需要特别注意的是，访问 2764 时仅片内地址线（A12～A0）起作用，未用到的地址总线高 3 位 A15～A13 与 2764 的访问无关，因此 A15～A13 的取值可以是 000～111 中的任意一个。这使得图 5-2 中 2764 芯片的每个存储单元都有 $2^3 = 8$ 个不同的地址。

若要从图 5-2 中 2764 芯片的地址为 2000H 的存储单元读取数据，并送入单片机的累加器 A，可以采用如下的程序段：

```
MOV    DPTR,#2000H        ;地址 2000H 送入 DPTR
MOV    A,#00H             ;数字 0 送入累加器 A
MOVC   A,@A+DPTR          ;将 2764 中地址为(A)+(DPTR)=2000H 的单元中的数送入 A
```

由表 5-2 可知，在上面的程序段中，地址 2000H 还可以替换为 0000H、4000H、6000H、8000H、0A000H、0C000H 和 0E000H。

表 5-2　确定图 5-2 中 2764 芯片地址范围的方法

2764 引脚	未用	片内地址线		2764 的地址		2764 的地址范围
		A12~A8	A7~A0			
单片机地址总线	A15~A13	A12~A8	A7~A0			
	P2.7~P2.5	P2.4~P2.0	P0.7~P0.0	二进制	十六进制	
线上状态	000	00000	00000000	0000000000000000	0000H	第0组 0000H ~ 1FFFH
			00000001	0000000000000001	0001H	
			00000010	0000000000000010	0002H	
			…	…	…	
			11111111	0000000011111111	00FFH	
		00001	00000000	0000000100000000	0100H	
			00000001	0000000100000001	0101H	
			…	…	…	
			11111111	0000000111111111	01FFH	
		00010	00000000	0000001000000000	0200H	
			…	…	…	
			11111111	0000001011111111	02FFH	
		…				
		11111	00000000	0001111100000000	1F00H	
			…	…	…	
			11111111	0001111111111111	1FFFH	
	001	00000	00000000	0010000000000000	2000H	第1组 2000H ~ 3FFFH
			…	…	…	
			11111111	0010000011111111	20FFH	
		…	00000000	0011111100000000	3F00H	
		11111	…	…	…	
			11111111	0011111111111111	3FFFH	
	…				…	…
	111	00000	00000000	1110000000000000	E000H	第7组 E000H ~ FFFFH
			…	…	…	
			11111111	1110000011111111	E0FFH	
		…	00000000	1111111100000000	FF00H	
		11111	…	…	…	
			11111111	1111111111111111	FFFFH	

5.2.2　片外数据存储器的连接与访问

1. 单片数据存储器的连接与访问

图 5-4 为单片机与一片数据存储器芯片 6264（引脚如图 5-5 所示，引脚功能见表 5-3）的连接图。在进行 6264 的扩展时需要注意以下几点：

微课：数据存储器的并行扩展技术

A15(P2.7)
A12~A8(P2.4~P2.0)
A7~A0（地址锁存后的P0.7~P0.0）
D7~D0（未经地址锁存的P0.7~P0.0）
$\overline{WR}$
$\overline{RD}$
$\overline{CE}$
A12~A8
A7~A0
D7~D0
$\overline{WE}$
$\overline{OE}$
+5V
CS
MCS-51总线
6264

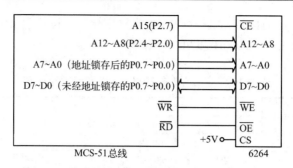

图 5-4　单片数据存储器芯片 6264 的扩展电路图

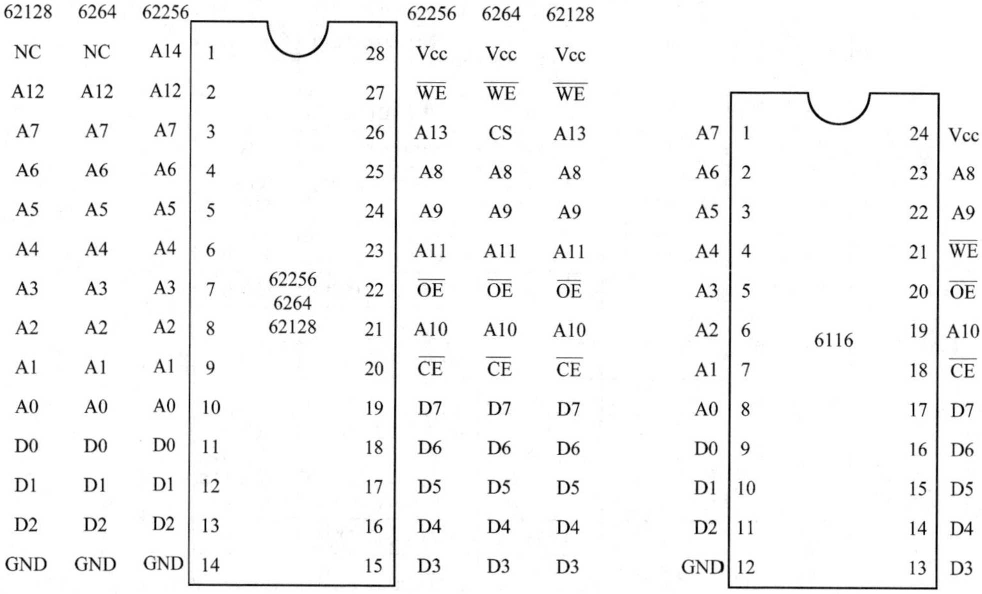

62128 6264 62256
NC NC A14 1
A12 A12 A12 2
A7 A7 A7 3
A6 A6 A6 4
A5 A5 A5 5
A4 A4 A4 6
A3 A3 A3 7
A2 A2 A2 8
A1 A1 A1 9
A0 A0 A0 10
D0 D0 D0 11
D1 D1 D1 12
D2 D2 D2 13
GND GND GND 14
62256
6264
62128
62256 6264 62128
28 Vcc Vcc Vcc
27 $\overline{WE}$ $\overline{WE}$ $\overline{WE}$
26 A13 CS A13
25 A8 A8 A8
24 A9 A9 A9
23 A11 A11 A11
22 $\overline{OE}$ $\overline{OE}$ $\overline{OE}$
21 A10 A10 A10
20 $\overline{CE}$ $\overline{CE}$ $\overline{CE}$
19 D7 D7 D7
18 D6 D6 D6
17 D5 D5 D5
16 D4 D4 D4
15 D3 D3 D3
A7 1
A6 2
A5 3
A4 4
A3 5
A2 6
A1 7
A0 8
D0 9
D1 10
D2 11
GND 12
6116
24 Vcc
23 A8
22 A9
21 $\overline{WE}$
20 $\overline{OE}$
19 A10
18 $\overline{CE}$
17 D7
16 D6
15 D5
14 D4
13 D3

图 5-5　常用数据存储器芯片的引脚图

表 5-3　数据存储器芯片的引脚功能

引脚符号	引脚功能	说　明
Ai～A0	地址线	输入，62256、6264、62128 和 6116 的 i 分别为 14、12、13 和 10
D7～D0	数据线	双向三态
CS	片选信号	输入，高电平“1”有效
$\overline{OE}$	读选通信号	输入，低电平“0”有效
$\overline{WE}$	写选通信号	输入，低电平“0”有效
$\overline{CE}$	片选信号	输入，低电平“0”有效
Vcc	电源	+5V
GND	地信号	接地
NC	不连接	未使用

1）CS 是片选信号，高电平有效，6264 工作时该引脚必须处于高电平（直接连接至+5V 电源即可）。

2）$\overline{CE}$ 是片选信号，低电平有效，6264 工作时该引脚必须为低电平。为了降低芯片功耗和防止干扰信号对 6264 中数据的影响，该引脚通常不直接接地，而是连接到单片机的高位地址总线上。其目的是通过单片机输出的地址信号控制 6264，仅当 $\overline{\text{CE}}$ 引脚上出现低电平时 6264 工作，其他情况下 6264 不工作。

3）$\overline{\text{WE}}$ 引脚是写选通信号，低电平有效。单片机的 $\overline{\text{WR}}$ 引脚与 $\overline{\text{WE}}$ 引脚相连，$\overline{\text{WR}}$ 引脚的低电平控制 6264 通过数据总线接收来自于单片机的数据，对应于单片机的输出（写）操作。

4）$\overline{\text{OE}}$ 是读选通信号，低电平有效。单片机的 $\overline{\text{RD}}$ 引脚与 $\overline{\text{OE}}$ 引脚相连，$\overline{\text{RD}}$ 引脚的低电平控制 6264 通过数据总线将数据传送给单片机，对应于单片机的输入（读）操作。

5）单片机的数据总线与 6264 的数据总线对应相连。单片机的数据总线是未经过地址锁存器锁存的 P0 口。

6）单片机地址总线的低位与 6264 的地址线相连。这里 6264 的地址线指的是引脚 A12～A0，即 6264 的片内地址线，片内地址线上传输的地址用于选择 6264 中的存储单元。

7）单片机地址总线的高位与 6264 的片选信号 $\overline{\text{CE}}$ 相连，用于选择 6264 并使其工作。

8）表 5-4 给出了确定 6264 地址范围的方法，由该表可知，图 5-4 中的 6264 芯片有 4 组不同但作用等价的地址这是因为在 6264 扩展时，未用到的 A14～A13 引脚共有 4 个可能的电平状态组合，每个组合对应于一组芯片地址。但是，在实际应用中，通常将未用的地址线引脚设置为高电平 1。这是因为在扩展多个存储器芯片或 I/O 接口芯片时，未与 6264 片内地址线相连的单片机地址线可能被连接到其他芯片的片选引脚，而多数芯片的片选信号是低电平有效的。因此，为了保证在进行 6264 读写操作时不误读写其他扩展芯片，应当将未用到的地址线设置为高电平"1"。这是存储器和 I/O 接口扩展时应遵循的基本原则之一。

表 5-4　确定图 5-4 中 6264 地址范围的方法

6264 引脚	$\overline{\text{CE}}$	未　用	片内地址线		6264 的地址		6264 的地址范围	
			A12～A8	A7～A0				
单片机地址总线	A15	A14A13	A12～A8	A7～A0	二进制	十六进制		
	P2.7	P2.6P2.5	P2.4～P2.0	P0.7～P0.0				
线上状态	0	00	00000	00000000	0000000000000000	0000H	第0组	0000H～1FFFH
				00000001	0000000000000001	0001H		
				00000010	0000000000000010	0002H		
				…	…	…		
				11111111	0000000011111111	00FFH		
			00001	00000000	0000000100000000	0100H		
				00000001	0000000100000001	0101H		
				…	…	…		
				11111111	0000000111111111	01FFH		
			00010	00000000	0000001000000000	0200H		
				…	…	…		
				11111111	0000001011111111	02FFH		
			…	…	…	…		
			11111	00000000	0001111100000000	1F00H		
				…	…	…		
				11111111	0001111111111111	1FFFH		

（续）

6264 引脚	$\overline{\text{CE}}$	未　用	片内地址线		6264 的地址		6264 的地址范围
			A12～A8	A7～A0			
单片机地址总线	A15	A14A13	A12～A8	A7～A0			
	P2.7	P2.6P2.5	P2.4～P2.0	P0.7～P0.0	二进制	十六进制	
线上状态	0	01	00000	00000000	0010000000000000	2000H	第1组 2000H～3FFFH
				…	…	…	
				11111111	0010000011111111	20FFH	
			…	…	…	…	
			11111	00000000	0011111100000000	3F00H	
				…	…	…	
				11111111	0011111111111111	3FFFH	
		10	00000	00000000	1000000000000000	4000H	第2组 4000H～5FFFH
				…	…	…	
				11111111	1000000011111111	40FFH	
			…	…	…	…	
			11111	00000000	1011111100000000	5F00H	
				…	…	…	
				11111111	1011111111111111	5FFFH	
		11	00000	00000000	0110000000000000	6000H	第3组 6000H～7FFFH
				…	…	…	
				11111111	0110000011111111	60FFH	
			…	…	…	…	
			11111	00000000	0111111100000000	7F00H	
				…	…	…	
				11111111	0111111111111111	7FFFH	

【例 5-1】 片外数据存储器的读写操作。已知：在一个 8051 单片机系统中，扩展连接了一片数据存储器 6264，扩展原理图如图 5-4 所示。要求：写出完成以下两个任务的相关指令。

1）从 6264 片内地址 A12～A0 为 1111100000010B=1F02H 的字节单元中读取数据，并存入单片机片内 RAM 的 50H 单元中。

2）将单片机片内 RAM 60H 单元中的字节数据送入 6264 片内地址 A12～A0 为 1111111111001B=1FF9H 的存储单元中。

分析：单片机读写片外数据存储器的指令是 MOVX（指令格式见表 3-5），指令中给出的地址将由单片机的 P2 口和 P0 口输出。P2.7（A15）是 6264 的片选信号，必须为低电平 0。P2.6（A14）和 P2.5（A13）未连接与 6264 的访问无关，既可为高电平也可为低电平，但通常设置为高电平 1。单片机的 P2.4～P2.0（A12～A8）和 A7～A0（经过地址锁存的 P0.7～P0.0）分别与 6264 的片内地址引脚 A12～A8 和 A7～A0 连接，用于 6264 片内存储单元的选择。由此分析可知，P2.7、P2.5 和 P2.6 分别是地址总线的最高 3 位 A15、A14 和 A13，被设置为 011。因此，在访问 6264 片内地址 A12～A0 为 1111100000010B 的字节单元时，MOVX 指令中的地址应为 0111111100000010B=7F02H；访问 6264 片内地址 A12～A0 为 1111111111001B 的存储单元时，MOVX 指令中的地址应为 0111111111111001B=7FF9H。

解：参考程序如下：

```
ORG     0000H
MOV     DPTR,#7F02H        ;将 6264 存储单元的地址送入 DPTR
MOVX    A,@DPTR            ;读取 6264 存储单元中的数据并存入累加器 A 中
MOV     50H,A              ;数据送入单片机片内 RAM 地址为 50H 的单元中
MOV     A,60H              ;单片机片内 RAM 地址为 60H 的单元中的数据送入累加器 A
MOV     DPTR,#7FF9H        ;将 6264 存储单元的地址送入 DPTR
MOVX    @DPTR,A            ;累加器 A 中的数据送入 6264 存储单元中
SJMP    $                  ;程序在此待命,不向下执行,否则程序将"跑飞"
END
```

2. 多片数据存储器的连接与访问

接下来,将通过例子说明单片机同时扩展多个数据存储器的方法。

【例 5-2】 基于"线选法"的多片存储器扩展。已知:图 5-6 所示单片机系统扩展了两片 6264。要求:

1)分别确定 1 号和 2 号 6264 芯片的地址范围。

2)编写程序,从 1 号和 2 号 6264 芯片片内地址 A12～A0 为 1111100000010B 的存储单元中各取一个字节,并分别存入单片机片内 RAM 地址为 50H 和 51H 的单元中。

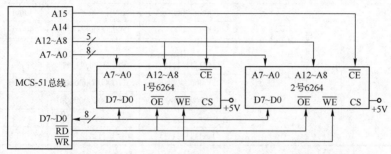

图 5-6　基于"线选法"的多片存储器扩展电路原理图

分析: 本例与例 5-1 非常相似,只是在本例中两个 6264 芯片需要不同的片选信号,当 A14 为低电平"0"时选中 1 号 6264,而 A15 为低电平"0"时则选中 2 号 6264。这种用单片机的高位地址线作片选信号的存储器扩展方法被称为"线选法"。需要特别注意的是,因为 1 号和 2 号 6264 芯片共用单片机的低 13 位地址线(A12～A0)和 8 位数据线(D7～D0),所以单片机地址线 A14 和 A15 不能同时为低电平,否则当对其中一片 6264 进行读写操作时会误操作另一片 6264。

解:

1)1 号和 2 号 6264 的地址范围见表 5-5。需要注意的是,1 号和 2 号 6264 的片选信号不能同时为 0;未用到单片机地址信号 P2.5 引脚状态不影响对两片 6264 存储器芯片的访问,通常将其设置为高电平。

2)1 号和 2 号 6264 芯片片内地址 A12～A0 为 1111100000010B 的存储单元的指令访问地址分别为 1011111100000010B=0BF02H 和 0111111100000010B=7F02H,其中高 3 位地址分别对应于 A15 和 A14,以及未用到的地址信号 A13(此处设置为高电平 1)。

程序如下:

```
MOV     DPTR,#0BF02H       ;将 1 号 6264 存储单元的地址送入 DPTR
MOVX    A,@DPTR            ;读取 1 号 6264 存储单元中的数据并存入累加器 A 中
MOV     50H,A              ;数据送入单片机片内 RAM 地址为 50H 的单元中
```

```
MOV    DPTR,#7F02H    ;将 2 号 6264 存储单元的地址送入 DPTR
MOVX   A,@DPTR        ;读取 2 号 6264 存储单元中的数据并存入累加器 A 中
MOV    51H,A          ;数据送入单片机片内 RAM 地址为 51H 的单元中
```

表 5-5　确定图 5-6 中 6264 地址范围的方法

6264 编号	6264 引脚			$\overline{OE}$	未用	片内地址线 A12~A0	6264 的地址		6264 的地址范围	
	单片机地址总线	A15	A14	A13	A12~A8,A7~A0				
		P2.7	P2.6	P2.5	P2.4~P2.0,P0.7~P0.0	二进制	十六进制		
1 号	线上状态	1	0	0	0000000000000	1000000000000000	8000H	第0组	8000H ~ 9FFFH
					0000000000001	1000000000000001	8001H		
					…	…	…		
					1111111111111	1001111111111111	9FFFH		
				1	0000000000000	1010000000000000	A000H	第1组	A000H ~ BFFFH
					0000000000001	1010000000000001	A001H		
					…	…	…		
					1111111111111	1011111111111111	BFFFH		
2 号	线上状态	0	1	0	0000000000000	0100000000000000	4000H	第0组	4000H ~ 5FFFH
					0000000000001	0100000000000001	4001H		
					…	…	…		
					1111111111111	0101111111111111	5FFFH		
				1	0000000000000	0110000000000000	6000H	第1组	6000H ~ 7FFFH
					0000000000001	0110000000000001	6001H		
					…	…	…		
					1111111111111	0111111111111111	7FFFH		

【例 5-3】　基于"全地址译码法"的多片存储器扩展。已知：图 5-7 所示单片机系统扩展了 3 片 6264。要求：分别确定图 5-7 中 3 片 6264 芯片的地址范围。

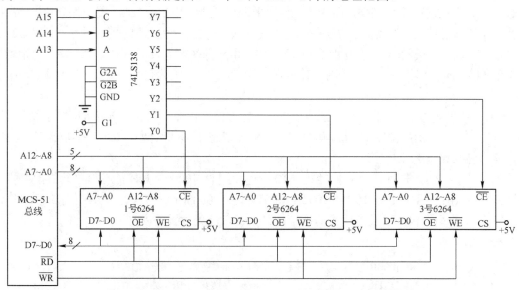

图 5-7　基于"全地址译码法"的多片存储器扩展电路原理图

分析：74LS138 译码器的引脚图和真值表分别如图 5-8 和表 5-6 所示。在图 5-7 中，74LS138 译码器的作用是，将未参与 6264 片内寻址的 3 根高位地址线 A15～A13 译码成 3 片 6264 的片选信号 Y0、Y1 和 Y2，并分别连接至 1 号、2 号和 3 号 6264 的 $\overline{CE}$ 引脚。

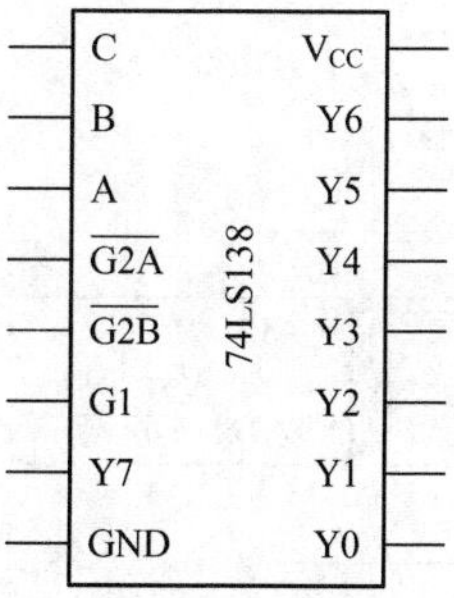

表 5-6　74LS138 译码器真值表

图 5-8　74LS138 译码
器的引脚图

输入引脚						输　出							
使能信号			译码输入信号										
G1	$\overline{G2A}$	$\overline{G2B}$	C	B	A	Y0	Y1	Y2	Y3	Y4	Y5	Y6	Y7
1	0	0	0	0	0	0	1	1	1	1	1	1	1
			0	0	1	1	0	1	1	1	1	1	1
			0	1	0	1	1	0	1	1	1	1	1
			0	1	1	1	1	1	0	1	1	1	1
			1	0	0	1	1	1	1	0	1	1	1
			1	0	1	1	1	1	1	1	0	1	1
			1	1	0	1	1	1	1	1	1	0	1
			1	1	1	1	1	1	1	1	1	1	0

解：表 5-7 给出了 3 片 6264 的地址范围。

进一步分析：由表 5-7 给出的 6264 地址范围可以看出，图 5-7 中所有 6264 芯片的地址范围都是唯一的，并且 3 片 6264 芯片的地址范围之间是连续的。这是因为单片机地址线中所有未与 6264 片内地址线相连的引脚 A15～A13 均与 74LS138 译码器相连，用于译码产生 6264 的片选信号，没有未用的地址线。这种将全部未用地址线（既未与存储器芯片地址线相连，也未用于存储器芯片片内寻址的单片机地址线）用于地址译码的存储器扩展方法被称为"全地址译码法"。若仅部分未用地址线参与地址译码则被称为"部分地址译码法"，容易知道，采用"部分地址译码法"得到的存储器芯片地址范围是不唯一的。

表 5-7　确定图 5-7 中 6264 地址范围的方法

6264编号	138引脚	6264 引脚			$\overline{CE}$			片内地址线	地　址		地址范围
		C	B	A	Y0	Y1	Y2	A12～A0			
	单片机地址总线	A15	A14	A13				A12～A8,A7～A0			
		P2.7	P2.6	P2.5				P2.4～P2.0,P0.7～P0.0	二进制	十六进制	
1 号	线上状态	0	0	0	0	1	1	0000000000000	0000000000000000	0000H	0000H ～ 1FFFH
								...	...	...	
								1111111111111	0001111111111111	1FFFH	
2 号	线上状态	0	0	1	1	0	1	0000000000000	0010000000000000	2000H	2000H ～ 3FFFH
								...	...	...	
								1111111111111	0011111111111111	3FFFH	
3 号	线上状态	0	1	0	1	1	0	0000000000000	0100000000000000	4000H	4000H ～ 5FFFH
								...	...	...	
								1111111111111	0101111111111111	5FFFH	

【例 5-4】 基于"部分地址译码法"的多片存储器扩展。已知：图 5-9 所示单片机系统扩展了 4 片 6264。要求：分别确定图 5-9 中 4 片 6264 芯片的地址范围。

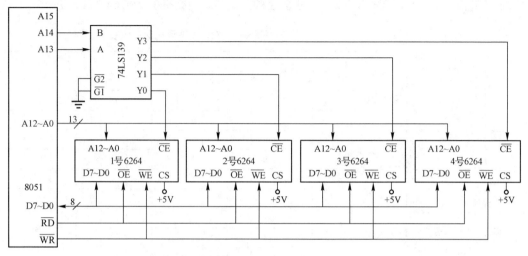

图 5-9　基于"部分地址译码法"的多片存储器扩展电路原理图

分析： 在图 5-9 中，未用于存储器芯片片内寻址的高位地址线中的一部分用于译码形成片选信号，这种地址译码方法被称为"部分地址译码法"。"部分地址译码法"常用于以下场合：高位地址线数目不够，不能提供足够多的片选信号，不能使用"线选法"；而采用全地址译码法，地址译码器产生的片选信号过多，在需扩展的存储器芯片不是很多时，浪费了多余的片选信号。在图 5-9 中，扩展了 4 片存储器芯片，高位地址线 A15～A13 无法提供 4 个片选信号；而如果用 74LS138 译码器对 A15～A13 进行全地址译码，将产生 7 个片选信号，其中 3 个片选信号不被使用而被浪费掉；若采用 74LS139 译码器对高位地址线 A15～A13 中的两位 A13 和 A14 进行部分译码，则不存在上述问题。

解： 表 5-8 仅给出了 4 片 6264 地址的高 3 位，低 13 位的确定方法与前面的例子相同，此处不再给出。由表 5-8 可以看出，地址总线的 A14 和 A13 用于地址译码，而 A15 位未使用，所以图 5-9 中存储器芯片的每个存储单元都有两个不同的地址。

表 5-8　确定图 5-9 中 6264 地址范围的方法

6264 编号	6264 引脚				$\overline{CE}$			
	139 引脚		B	A	Y0	Y1	Y2	Y3
	单片机地址总线	A15（未用）	A14	A13				
		P2.7	P2.6	P2.5				
1 号	线上状态	0	0	0	0	1	1	1
		1						
2 号	线上状态	0	0	1	1	0	1	1
		1						
3 号	线上状态	0	1	0	1	1	0	1
		1						
4 号	线上状态	0	1	1	1	1	1	0
		1						

3．程序存储器和数据存储器同时扩展

在单片机系统中，除了仅扩展程序存储器或仅扩展数据存储器外，也可以同时扩展数据存储器和程序存储器，如图 5-10 所示。在图 5-10 中，6264 芯片的地址范围与图 5-4 中的 6264 芯片相同（见表 5-4），2764 芯片的地址范围见表 5-9。比较表 5-4 和表 5-9 可以发现，在图 5-10 中，地址 0000H～7FFFH 是 6264 和 2764 共有的，即这两个芯片的地址范围部分重叠。地址重叠情况的发生会使人产生如下两个疑问，即：如果地址总线上传送一个公共地址，如地址 0000H，那么这个地址指向的是 6264 中的存储单元，还是 2764 中的存储单元？会不会同时选择 6264 和 2764 两个存储器芯片中的存储单元？

这两个问题的答案是：公共地址的实际指向由单片机的具体操作来决定，若单片机执行指令 MOVX，该指令将使 $\overline{WR}$ 或 $\overline{RD}$ 出现低电平，则地址指向的是数据存储器芯片 6264；若单片机从 2764 中读取指令或执行指令 MOVC，该指令将使 $\overline{PSEN}$ 出现低电平，则地址指向的是程序存储器芯片 2764；公共地址不会既指向数据存储器芯片 6264，又指向程序存储器芯片 2764，即对数据存储器和程序存储器的访问不存在地址的冲突的情况。在数据存储器和程序存储器混合扩展时，单片机可以通过指令的时序来避免程序存储器和数据存储器之间的地址冲突。

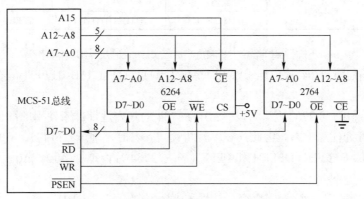

图 5-10　同时扩展数据存储器和程序存储器

表 5-9　确定图 5-10 中 2764 地址范围的方法

2764 引脚	未　用			片内地址线	2764 的地址		2764 的地址范围	
				A12～A0				
单片机地址总线	A15	A14	A13	A12～A8，A7～A0	二进制	十六进制		
	P2.7	P2.6	P2.5	P2.4～P2.0，P0.7～P0.0				
线上状态	0	0	0	0000000000000	0000000000000000	0000H	第0组	0000H～1FFFH
				...	...	...		
				1111111111111	0001111111111111	1FFFH		
	0	0	1	0000000000000	0010000000000000	2000H	第1组	2000H～3FFFH
				...	...	...		
				1111111111111	0011111111111111	3FFFH		
	0	1	0	0000000000000	0100000000000000	4000H	第2组	4000H～5FFFH
				1111111111111	0101111111111111	5FFFH		

（续）

2764 引脚	未　用			片内地址线	2764 的地址		2764 的地址范围	
				A12～A0				
单片机地址总线	A15	A14	A13	A12～A8，A7～A0	2764 的地址			
	P2.7	P2.6	P2.5	P2.4～P2.0，P0.7～P0.0	二进制	十六进制		
线上状态	0	1	1	0000000000000	0110000000000000	6000H	第3组	6000H ～ 7FFFH
				…	…	…		
				1111111111111	0111111111111111	7FFFH		
	1	0	0	0000000000000	1000000000000000	8000H	第4组	8000H ～ 9FFFH
				…	…	…		
				1111111111111	1001111111111111	9FFFH		
	1	0	1	0000000000000	1010000000000000	A000H	第5组	A000H ～ BFFFH
				…	…	…		
				1111111111111	1011111111111111	BFFFH		
	1	1	0	0000000000000	1100000000000000	C000H	第6组	C000H ～ DFFFH
				…	…	…		
				1111111111111	1101111111111111	DFFFH		
	1	1	1	0000000000000	1110000000000000	E000H	第7组	E000H ～ FFFFH
				…	…	…		
				1111111111111	1111111111111111	FFFFH		

【例 5-5】 读取片外程序存储器中的数据。已知：在图 5-10 中，扩展了一片程序存储器 2764。要求：编程将 2764 片内地址 A12～A0 为 1111111111111B=1FFFH 的存储单元数据送入累加器 A。

分析： 单片机访问 2764 时，A12～A0 为 2764 的片内地址；未使用的高位地址线 A15～A13 可以被设置为任意状态。因此，在单片机读 2764 时，地址 1FFFH、3FFFH、5FFFH、7FFFH、9FFFH、BFFFH、DFFFH 和 FFFFH 都是 2764 片内地址 A12～A0 为 1FFFH 的存储单元的地址。

解： 参考程序如下，该程序执行后，累加器 A 中的数据为 1BH。

```
ORG     0000H
MOV     A,#00H          ;(A)←00H，即数值 00H 送入累加器 A
MOV     DPTR,#1FFFH     ;(DPTR)←1FFFH，即数值 1FFFH 送入 DPTR
MOVC    A,@A+DPTR       ;(A)←((A)+(DPTR)=1FFFH)，程序存储器单元数据送入累加器 A
                        ;程序存储单元地址为累加器 A 与 DPTR 中数的和
SJMP    $               ;程序在此待命，不向下执行，否则程序将"跑飞"
ORG     1FFFH           ;程序存储器定位在地址为 1FFFH 开始的存储单元
DB      1BH,6AH,0CEH    ;从定位地址开始的 3 个存储单元的数据初始化
END
```

5.2.3　单片机访问片外存储空间的时序

单片机与片外程序存储器、数据存储器或 I/O 接口之间进行数据交换时所产生的总线操作被称为总线周期（Bus Cycle）。单片机向外传输数据的总线周期是写总线周期，反之是读总线周期。在总线周期中，单片机总线引脚的状态将按照一定时间顺序发生特定的变化，这

样的总线状态变化被称为总线时序。本节将分别介绍单片机进行片外程序和数据存储器（或 I/O 接口）访问时的总线时序。

1. 片外程序存储器读总线时序

单片机会在以下两种情况下读片外扩展的程序存储器，并产生如图 5-11 所示的片外程序存储器读总线周期时序。

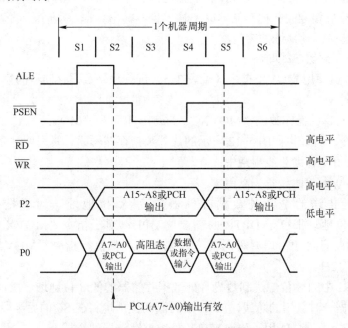

图 5-11　片外程序存储器读总线周期时序

（1）从片外程序存储器中读取指令

从片外程序存储器取指令时，首先 16 位程序指针 PC 的高 8 位 PCH 和低 8 位 PCL 分别由单片机的 P2 口和 P0 口输出，作为地址指向程序存储的某个存储单元，该存储单元中的数据就是单片机要读取的指令（指令的二进制代码）。由于 P0 口是地址和数据分时复用的总线，进入一个机器周期的 S3 状态后，P0 口上的低 8 位地址将消失。为了在 P0 口上的地址消失后依然能够按照正确的地址访问存储器，必须在低 8 位地址消失前，通过地址锁存器将其锁存住。这里，地址锁存的时机是非常关键的，因为必须保证触发地址锁存器时，P0 口上传送的是低 8 位地址，而由图 5-11 可知，利用 ALE 引脚上出现的下降沿信号触发地址锁存，恰好符合对锁存时机的要求。接下来，在 S4 状态的前半段，P0 口将成为数据总线，P0 口上的数据将被当作指令代码送入单片机内的指令寄存器，而且此段时间内，$\overline{\text{PSEN}}$ 引脚为低电平，若 $\overline{\text{PSEN}}$ 引脚被连接到程序存储器的读选通引脚 $\overline{\text{OE}}$ 上，则 $\overline{\text{PSEN}}$ 的低电平可以使程序存储器输出被地址选中的存储单元中所存放的指令代码。

（2）从片外程序存储器中读取数据

单片机可以通过"MOVC　A, @A+DPTR"和"MOVC　A, @A+PC"两条指令读取程序存储器中存放的信息。当 MOVC 指令执行时，首先(A)+(DPTR)或(A)+(PC)的 16 位和的高 8 位和低 8 位作为地址的高 8 位（A15～A8）和低 8 位（A7～A0）分别由 P2 口和 P0 口输出。其中，P2 口上的高 8 位地址保持不变，而 P0 口上的低 8 位地址将消失，并且之后成为传送数据的数据总线。为此，需要将单片机 ALE 引脚与地址锁存器的锁存触发引脚相连，用于控制锁存器在 ALE 下降沿时锁存住 P0 口上传送的低 8 位地址。最后，当与程序存储器 $\overline{OE}$ 引脚相连的 $\overline{PSEN}$ 引脚出现低电平时，程序存储器将被地址选中的存储单元中的字节数据送上数据总线 P0 口，而 P0 口上的数据最后被传送给累加器 A。

需要特别注意的是：在读片外程序存储器的过程中，单片机的 $\overline{RD}$ 和 $\overline{WR}$ 引脚始终为高电平，因此与单片机相连的数据存储器既不输入也不输出数据，从而不可能出现片外程序存储器和数据存储器空间的地址冲突问题。

2. 片外数据存储器总线时序

MCS-51 单片机使用 MOVX 指令（见表 3-5）进行片外数据存储器的读和写操作。

（1）读总线时序

以累加器 A 为目的操作数的"MOVX A, @DPTR"和"MOVX A, @Ri"指令是片外数据存储器读指令，将产生如图 5-12 所示的片外数据存储器读总线周期时序。

观察图 5-12 可知在读总线周期中：

1）$\overline{PSEN}$ 和 $\overline{WR}$ 引脚始终为高电平。

2）P2 口上传送的是片外数据存储器的高 8 位地址。对于指令"MOVX A, @DPTR"，高 8 位地址来自于 DPTR 的高 8 位 DPH；对于指令"MOVX A, @Ri"，高 8 位地址需要通过直接向 P2 口中写入的方式来确定，如执行指令"MOV P2,#12H"可以使高 8 位地址为 12H。

3）DPL 或 Ri 中的 8 位二进制数为片外数据存储器的低 8 位地址，由地址总线 P0 口送出。作为地址/数据分时复用的总线，P0 口上的低 8 位地址将在 S6 的后半段消失，并且进入 S3 后，P0 口将成为数据总线用于传送来自片外数据存储器的数据。

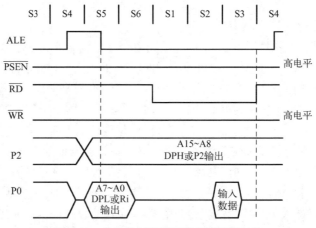

图 5-12 片外数据存储器读总线周期时序

4）在 ALE 引脚出现下降沿时，P0 口上传送的一定是片外数据存储器的低 8 位地址。因此，可以用 ALE 作为地址锁存器的锁存触发信号，控制低 8 位地址的锁存。

5）在 P0 口作为数据总线传送数据期间，连接到片外数据存储器 $\overline{OE}$ 引脚的 $\overline{RD}$ 引脚上的低电平信号恰好可以使片外数据存储器送出数据到 P0 口上，完成数据的传送。

（2）写总线时序

图 5-13 为片外数据存储器写总线周期时序，该时序可以由以累加器 A 为源操作数的写

存储器指令"MOVX @DPTR, A"和"MOVX @Ri, A"产生。在写总线周期中，当 $\overline{WR}$ 为低电平时，P0 口已经由地址总线转换为数据总线，用于将累加器 A 中的数据送给片外数据存储器，而 $\overline{WR}$ 与存储器的 $\overline{WE}$ 引脚相连，能使片外数据存储器接收 P0 口上的数据。

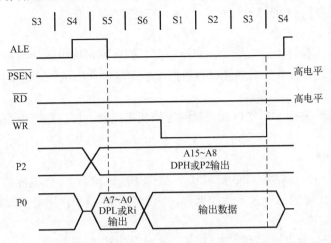

图 5-13　片外数据存储器写总线周期时序

对比图 5-11、图 5-12 和图 5-13 可以看到，引脚 $\overline{PSEN}$ 、$\overline{RD}$ 和 $\overline{WR}$ 不会同时为低电平。这保证了在一个同时扩展了片外程序存储器和数据存储器的单片机系统中，程序存储器读操作、数据存储器读操作和数据存储器写操作三者之间不会发生冲突。

5.3　并行 I/O 接口的扩展

MCS-51 单片机仅有 4 个并行 I/O 口（包括 P0、P1、P2 和 P3），当并行 I/O 口的数量或种类不够时需要扩展外部的并行 I/O 接口。

5.3.1　I/O 接口概述

计算机系统的输入（Input）设备和输出设备（Output）被称为 I/O 设备或外设。常用的 I/O 设备有鼠标、打印机、投影仪、键盘和扫描仪等，通过这些设备，计算机可以与外界进行数据和信息的交换。

微课：简单并行 I/O 接口扩展技术

1. I/O 接口的作用

通常外设不能直接与单片机交换信息，信息交换应该通过 I/O 接口来进行，其主要原因如下：

1）外设与单片机的信号类型不一致。单片机能直接处理的信号是数字信号，而外设的信号既可能是数字的也可能是模拟的，可能是并行传输的也可能是串行传输的。

2）外设的数据传输速度差别很大，而且与单片机的传输速度不一致。

3）外设的控制信号复杂、多样，需要单片机提供。

4）外设与单片机的电气特性可能不匹配，如：工作电压和电流不一致。

5）外设与单片机的数据位数可能不一致。如：MCS-51 的字长是 8 位的，而外设的字长可能不是 8 位的。

基于上述原因，单片机与外设之间需要 I/O 接口作为信息交换的桥梁。I/O 接口的主要作用有：①信号的变换，如信号格式的转换（如串并转换和并串转换）、模拟信号和数字信号之间的数-模和模-数的转换等；②数据的缓冲，如实现高速单片机与低速 I/O 接口之间的速度匹配等。

2．I/O 接口的结构

I/O 接口的典型结构如图 5-14 所示，其内部有三类寄存器。

（1）数据寄存器

数据寄存器通过数据总线与单片机交换数据。该数据可以由单片机传给外设，也可以由外设传向单片机，前者是单片机向外设写数据，后者是单片机从外设读数据。

（2）状态寄存器

状态寄存器用于保存 I/O 接口或外设的工作状态信息，该信息可以通过数据总线传送给单片机。

（3）控制寄存器

I/O 接口可以分为可编程的 I/O 接口和不可编程的 I/O 接口。可编程的 I/O 接口可以有多种工作方式，其工作方式由单片机控制选择，而控制寄存器的作用是接收单片机通过数据总线发送的控制信息。

I/O 接口中的寄存器也被称为端口（Port），因此其中的数据寄存器、状态寄存器和控制寄存器分别被称为数据端口、状态端口和控制端口，进一步可以被简称为数据口、状态口和控制口。

由图 5-14 可知，I/O 接口的数据信息、状态信息和控制信息都通过数据总线与单片机交换，因此 I/O 接口的数据信息、状态信息和控制信息都是广义上的数据。另外，I/O 接口中的地址译码电路的作用是：接收地址总线传送的地址，并将其译码后用于选择 I/O 接口中的某个端口；控制总线传送单片机的控制命令，以控制 I/O 接口的工作。

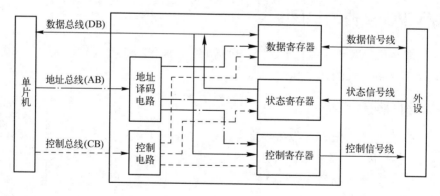

图 5-14 I/O 接口的典型结构

3．对 I/O 接口的基本要求

单片机系统对 I/O 接口的基本要求是：输入接口有三态缓冲功能、输出接口有锁存功能。这样要求的原因如下：

（1）输入接口有三态缓冲功能

单片机可以通过输入接口读取外设的数据。在单片机读取输入接口时，输入接口需要把数据送到数据总线上。但是，当单片机与多个输入接口相连时，每一时刻仅允许一个输入接口向单片机传送数据，否则将导致总线信息混乱。为了避免信息混乱，必须对那些不被允许向单片机传送数据的输入接口进行隔离操作。具有隔离功能的典型元件是三态缓冲器，其具有高电平（逻辑 1）、低电平（逻辑 0）和高阻态（即第三状态）等三种不同状态。因此，可以利用带三态缓冲功能的输入接口电路实现单片机与外设之间的隔离。

（2）输出接口有锁存功能

单片机通过写总线操作将数据送到数据总线上，以传送给输出接口，外设通过输出接口间接获得该数据。需要注意的是，在单片机的写总线操作过程中，数据在数据总线上停留的时间非常短，处理速度较慢的外设没有充裕的时间完成数据接收操作。为了避免数据丢失，就需要通过带有锁存功能的输出接口将单片机输出的数据锁存住，以使慢速设备有足够的时间来完成数据的接收。

5.3.2　MCS-51 单片机并行 I/O 口的使用

MCS-51 单片机有 4 个并行 I/O 口 P0、P1、P2 和 P3，共 32 个 I/O 口引脚，其中：P1 口功能单一，仅作为基本的输入输出接口使用；P0 口和 P2 口除了作基本输入输出接口外，还在单片机扩展外部数据存储器、程序存储器和 I/O 接口时用作地址和数据总线；P3 口除了作基本输入、输出接口外，还具有第二功能。因此，通常情况下，留给用户使用的只有 P1 口的 8 个引脚，但这往往是不够的。

比如，在图 5-15 中，单片机的 P1 口的 P1.0～P1.3 引脚作为输入接口与 4 个 LED 灯相连，而 P1.4～P1.7 引脚作为输入接口与 4 个开关相连；通过下面的程序，可以由 LED 灯的亮灭，来反映开关闭合的状态。显然，当开关和 LED 灯的数目大于 4 时，P1 口的引脚个数无法满足要求，此时就需要单片机扩展外部的 I/O 接口。

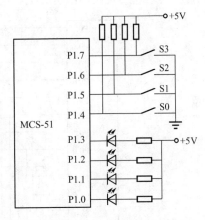

图 5-15　单片机并行 I/O 口应用电路

```
        ORG     0000H
NEXT:   ORL     P1,#0F0H    ;读 P1 口高 4 位引脚前，必须向这 4 个引脚送高电平
        MOV     A,P1        ;读 P1 口引脚状态，并送入累加器 A
        SWAP    A           ;将 P1 口高 4 位对应的开关状态交换到 A 的低 4 位
        MOV     P1,A        ;将 A 中内容送至 P1 口，其中低 4 位控制 LED 灯的亮灭
        SJMP    NEXT        ;程序循环往复运行，由 LED 灯亮灭指示开关的状态
        END
```

5.3.3　简单并行 I/O 接口的扩展

在实际系统中，74 系列的 TTL 或 CMOS 芯片是常用的 I/O 接口芯片。图 5-16 是由 74LS273 和 74LS244 构成的简单 I/O 接口扩展电路原理图，其中：74LS273 芯片（带有锁存功能的锁存器）为输出接口，74LS244 芯片（带有三态缓冲功能的缓冲器）为输入接口。

在图 5-16 中，单片机的 P0 口是并行双向 I/O 口，若通过 P0 向输出接口 74LS273 写数据，则可以控制 LED 灯 LED0～LED7 的亮灭；若通过 P0 口从输入接口 74LS244 读数据，则可获得开关 S7～S0 的开闭状态；若将从 74LS244 获得的开关状态送到 74LS273 的输出端，则可利用 LED 灯的亮灭，反映开关的开闭状态。

【例 5-6】 简单 I/O 扩展电路程序设计。要求：针对图 5-16 所示简单 I/O 接口扩展电路，编写汇编语言程序，由 LED 灯（LED7～LED0）的亮灭状态反映开关（S7～S0）的开闭状态，即若 S0 闭合，则 LED0 点亮，依此类推。

电路功能分析如下：

1）开关 S7～S0 被连接到 74LS244 的输入引脚 D7～D0。当开关断开时，对应的 74LS244 输入引脚为高电平 1；反之，为低电平 0。

2）74LS244 的输出引脚 Q7～Q0 与单片机的数据总线 P0 口相连。单片机可以读取开关状态的前提是，必须将 74LS244 输入引脚 D7～D0 的状态传送至其输出引脚 Q7～Q0。而 74LS244 是三态缓冲器，当 $\overline{G}$ 为高电平时，74LS244 处于高阻态，即其输入引脚和输出引脚在电气上是隔离不通的；仅当 $\overline{G}$ 为低电平时，其输入和输出引脚才是电气上连通的，即输入引脚的状态能反映在输出引脚上。

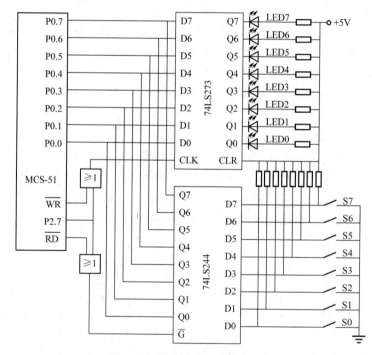

图 5-16　简单 I/O 接口扩展电路

3）74LS273 的输出引脚 Q7～Q0 与 LED 灯相连，当 74LS273 的输出引脚为低电平 0 时，对应的 LED 灯被点亮，反之亦然。

4）作为锁存器，当 74LS273 的 CLK 引脚出现上升沿信号时，其输入引脚的状态将被锁存到其输出引脚，并保持不变，直到再次进行新的锁存为止。

5）若由单片机控制 LED 灯的亮灭，则必须使单片机 P0 口输出到 74LS273 输入引脚的电平出现在 74LS273 的输出引脚上，并且保持不变，直至 P0 口产生新的输出为止。实现这一目的的方法是，利用 74LS273 的锁存功能，在 P0 口输出 LED 状态的同时给 74LS273 的 CLK 引脚提供一个上升沿信号，用于触发 74LS273，将 P0 口的输出锁存，以控制 LED 灯的亮灭。

I/O 接口操作指令分析如下：

150

1）MCS-51 单片机通过 MOVX 指令访问片外扩展的 I/O 接口。输入指令"MOVX A, @DPTR"和"MOVX A, @Ri"，从 I/O 端口读数据，并送入单片机内部的累加器 A。"MOVX @DPTR,A"和"MOVX @Ri,A"是输出指令，可将单片机内部累加器 A 中的数据送至 I/O 端口。

2）分析图 5-12 所示的 MOVX 指令读总线周期可知，在读操作时，MOVX 指令会令单片机的 $\overline{RD}$ 引脚上出现低电平。若此时 P2.7 引脚（此时 P2 是高 8 位地址线）为低电平，则 $\overline{RD}$ 的低电平将通过或门，并使 74LS244 引脚 $\overline{G}$ 为低电平，从而使开关 S7～S0 的状态出现在 74LS244 的 Q7～Q0 引脚上和单片机的 P0 口引脚上。另外，当 $\overline{RD}$ 为低电平时，在总线时序的 S3 阶段，P0 口为数据线，P0 口上的数据（即开关 S7～S0 的状态）将在 MOVX 指令的作用下被送入单片机的累加器 A。结合上述分析可知，使用 MOVX 指令读取开关状态时，必须使 P2.7 引脚（即地址线 A15）为低电平。

3）由图 5-13 所示 MOVX 指令写总线周期可知，在执行 MOVX 写指令时，单片机 $\overline{WR}$ 引脚上的电平会从高电平变成低电平（即下降沿），再从低电平变回为高电平（即上升沿）。与读操作类似，若此时 P2.7 引脚为低电平，则 $\overline{WR}$ 上的电平变化可以通过或门，并传输至 74LS273 的 CLK 引脚，而 $\overline{WR}$ 的上升沿信号可以触发 74LS273 进行锁存操作。特别需要注意的是，当 $\overline{WR}$ 出现上升沿时，P0 恰好为数据总线，并且 P0 上出现的是累加器 A 中的数据，即 MOVX 指令要输出的数据。因此，可以通过 MOVX 指令控制 LED 灯的亮灭。

4）由之前几条分析可知，控制 74LS244（输入接口）和 74LS273（输出接口）分别完成读取开关状态和控制灯亮灭的前提是，执行指令 MOVX 时必须使 74LS244 和 74LS273 的地址的最高位 A15（P2.7）为低电平 0。另外，74LS244 和 74LS273 地址的其他位 A14～A0 对读写无影响，可以为任意值。但是正如之前在外部存储器扩展中所讲的，对读写无影响的地址线通常被设置为高电平 1。因此，在本例中，74LS244 和 74LS273 的地址均被设置为 7FFFH。特别需要注意的是，虽然 74LS244 和 74LS273 有相同的地址，但是读、写时序的差别使得它们的读写操作不会发生冲突。

解：汇编语言程序如下：

```
        ORG     0000H
        MOV     DPTR,#7FFFH    ;将 74LS244 和 74LS273 的地址送入 DPTR
NEXT:   MOVX    A,@DPTR        ;读 74LS244 获得开关状态并存入累加器 A
        MOVX    @DPTR,A        ;将开关状态送到 74LS273 以控制 LED 灯的亮灭
        SJMP    NEXT           ;程序转移至标号地址 NEXT 处，循环执行
        END
```

下面这段程序可实现与上面程序完全相同的功能，只是 MOVX 指令的操作数有差别：

```
        ORG     0000H
        MOV     P2,#7FH        ;将 74LS244 和 74LS273 的高 8 位地址送给 P2 口
        MOV     R0,#0FFH       ;将 74LS244 和 74LS273 的低 8 位地址送入 R0
NEXT:   MOVX    A,@R0          ;读 74LS244 获得开关状态并存入累加器 A
        MOVX    @R0,A          ;将开关状态送到 74LS273 以控制 LED 灯的亮灭
        SJMP    NEXT           ;程序转移至标号地址 NEXT 处，循环执行
        END
```

另外，通过正确设置高位地址线还可以扩展更多的输入和输出接口。例如：针对图 5-17 所示电路，只要正确确定 P2.7 和 P2.6 的状态，就可以分别选择访问 74LS244(1)、

74LS273(1)、74LS244(2)和 74LS273(2)，即：P2.7 和 P2.6 是 I/O 端口的选择线（或称地址选择线），访问 74LS244(1)和 74LS273(1)时，P2.7 应为低电平 0，P2.6 应为高电平 1；而访问 74LS244(2)和 74LS273(2)时，P2.7 应为高电平 1，P2.6 应为低电平 0。

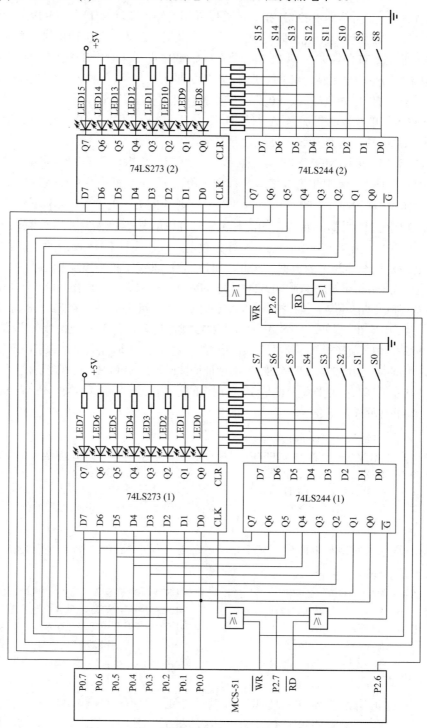

图 5-17　多组简单 I/O 接口的扩展电路

5.4　并行接口芯片 8255A 的扩展

8255A 是一种可编程的并行 I/O 接口。与简单 I/O 接口不同，可编程的 I/O 接口通常有多种工作模式，单片机可以通过程序设置其具体的工作模式或状态。

5.4.1　8255A 的内部结构和引脚

8255A 的功能结构和引脚如图 5-18 所示。

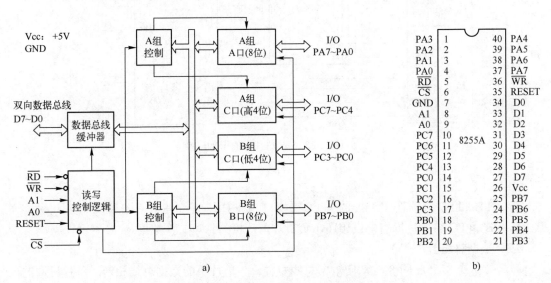

图 5-18　8255A 的功能结构图和引脚图

a) 功能结构图　b) 引脚图

1. 8255A 的功能结构

（1）并行 I/O 口

8255A 有 3 个 8 位并行的 I/O 口，即 A 口、B 口和 C 口，这些 I/O 口又被分为 A 组和 B 组，分别由 A 组控制器和 B 组控制器控制，其中：A 组由 A 口的 8 位和 C 口的高 4 位构成；B 组由 B 口的 8 位和 C 口的低 4 位构成。

（2）数据总线缓冲器

8255A 的数据总线缓冲器是双向、三态的缓冲器。通过该缓冲器，8255A 既可以接收来自于单片机的控制命令字，也可以将自身的信息传送给单片机。更重要的是，利用该缓冲器，单片机可以与 8255A 的 A 口、B 口和 C 口之间进行数据交换，从而扩展单片机自身的并行 I/O 口。

（3）读写控制逻辑

单片机可以通过读写控制逻辑对 8255A 进行操作，如：对 8255A 进行复位操作或向 8255A 的 A 口发送数据等。

2. 8255A 的引脚功能

本小节将结合单片机与 8255A 的连接图（见图 5-19），以及表 5-10 所示的 8255A 端口选择和操作功能，讲解 8255A 的引脚功能。

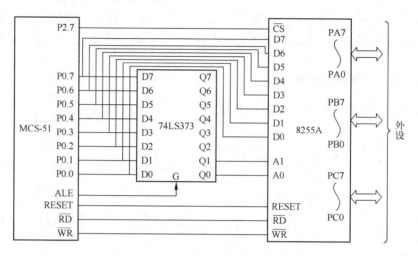

图 5-19　8255A 与单片机的引脚连接

（1）并行 I/O 端口

PA、PB 和 PC 分别是 8255A 的 A 口、B 口和 C 口所对应的 8 位并行输入/输出引脚。通常 PA、PB 和 PC 与单片机的外设相连，负责与单片机的外设交换数据。

（2）数据总线 D7～D0

D7～D0 是 8255A 的 8 位双向数据总线引脚，与单片机的数据总线相连。单片机通过该引脚向 8255A 发送控制命令。另外，单片机可以通过 D7～D0 与 8255A 的 A、B 或 C 口交换数据。

（3）读写信号 $\overline{\text{RD}}$ 和 $\overline{\text{WR}}$

低电平有效的 $\overline{\text{RD}}$ 和 $\overline{\text{WR}}$ 引脚分别是 8255A 的读信号和写信号引脚，并分别与 MCS-51 单片机的 $\overline{\text{RD}}$ 和 $\overline{\text{WR}}$ 引脚相连。当 $\overline{\text{RD}}$ 为低电平时，单片机从 8255A 读取数据，8255A D7～D0 引脚上的数据传输方向为由 8255A 至单片机。反之，当 $\overline{\text{WR}}$ 为低电平时，数据传输方向为由单片机到 8255A。

与访问简单 I/O 接口相同，MCS-51 单片机通过 MOVX 指令访问可编程的 8255A。执行"MOVX A,@DPTR"或"MOVX A,@Ri"指令时，MCS-51 单片机读取 8255A 并行端口上的数据，此时单片机的 $\overline{\text{RD}}$ 引脚为低电平。执行"MOVX　@DPTR,A"或"MOVX　@Ri,A"指令时，MCS-51 单片机写数据到 8255A，此时单片机的 $\overline{\text{WR}}$ 引脚为低电平。

（4）地址线 A0 和 A1

8255A 有 4 个 I/O 端口，包括：A 口、B 口、C 口和接收单片机控制命令的控制字寄存器。当单片机访问 8255A 时，8255A 引脚 A0 和 A1 的状态决定了单片机访问的具体是哪一个端口，见表 5-10。

表 5-10　8255A 端口选择及操作功能表

$\overline{RD}$	$\overline{WR}$	$\overline{CS}$	A1	A0	选中的端口	功　能	数 据 传 输
0	1	0	0	0	PA		PA→D7~D0
0	1	0	0	1	PB	单片机 读 8255A 的端口	PB→D7~D0
0	1	0	1	0	PC		PC→D7~D0
1	0	0	0	0	PA		D7~D0→PA
1	0	0	0	1	PB	单片机 写 8255A 的端口	D7~D0→PB
1	0	0	1	0	PC		D7~D0→PC
1	0	0	1	1	控制寄存器		D7~D0→控制寄存器
×	×	1	×	×			D7~D0 为高阻态
1	1	0	×	×	其他	其他	D7~D0 为高阻态
0	1	0	1	1			非法状态

（5）片选信号 $\overline{CS}$

片选信号 $\overline{CS}$ 低电平有效，该引脚为低电平时 8255A 才能够工作。通常，该引脚与单片机的地址线相连，用于单片机对 8255A 的选择控制。在图 5-19 所示电路中，当单片机的 P2.7 引脚输出低电平时，8255A 被单片机选中并工作。

（6）复位引脚 RESET

复位引脚 RESET 高电平有效。8255A 复位时，其控制寄存器将被清 0，其所有的并行 I/O 端口 PA、PB 和 PC 均被设置为输入。

如图 5-19 所示，当单片机读取外设数据时，外设数据首先进入 8255A 的某个指定数据端口（由地址选定的 A 口、B 口或 C 口），然后通过 8255A 的数据总线（D7~D0）进入单片机；而单片机向外设发送数据时，单片机的数据首先通过数据总线（D7~D0）到达 8255A 某个指定数据端口，然后通过这个端口送给外设。由此可知，8255A 仅是单片机与外设之间数据传输的通道，并不会对数据本身产生任何影响。

5.4.2　8255A 的控制字

8255A 有两个 8 位的控制命令字，即：方式控制字和 C 口位操作控制字，分别用于控制 8255A 三个并行 I/O 端口的工作方式和设置 C 口单个引脚的状态。区分这两个控制字的方法是：检查控制字的第 7 位（即最高位）的值，若为 1，则是 8255A 的方式控制字，若为 0，则是 8255A 的 C 口位操作控制字。

1. 方式控制字

8255A 的并行端口既可以作输入引脚也可以作输出引脚。另外，8255A 的 A 口有三种工作方式（即方式 0、1 和 2），B 口有两种工作方式（即方式 0 和 1），而 C 口除了可以作输入或输出引脚外，主要用于辅助 A 口（在方式 1 和方式 2）和 B 口（在方式 1）工作。方式控制字的格式如图 5-20 所示，其作用是控制 A 口、B 口和 C 口的数据传输方向及工作方式。

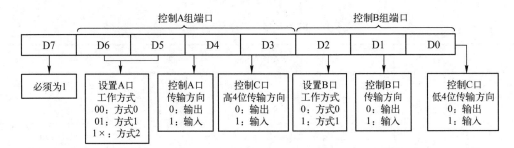

图 5-20　8255A 的方式控制字格式

【例 5-7】　设置 8255A 各端口的工作方式。已知：8255A 与单片机的电路连接关系如图 5-19 所示。要求：编写汇编语言程序，将 8255A 设置为 A 口方式 0、输入，B 口方式 0、输出，引脚 PB7～PB4 为高电平，引脚 PB3～PB0 为低电平，C 口上半部分（高 4 位）为输出，C 口下半部分（低 4 位）为输入。

分析： 由图 5-20 可知，本例所需的 8255A 控制命令字为 10010001B=91H；由表 5-11 可知，由于单片机地址线中的 A14～A2 未参与 8255A 的寻址，所以 8255A 每个口都有多个不同的地址。在本例中，未参与寻址的地址线被置 1，8255A 的 A 口、B 口、C 口和控制寄存器的地址分别为 7FFCH、7FFDH、7FFEH 和 7FFFH。

表 5-11　图 5-19 中 8255A 的端口地址

单片机引脚	P2.7 (A15)	P2.6～P0.2 (A14～A2)	P0.1 (A1)	P0.0 (A0)	端 口 地 址	选中的端口
	$\overline{CS}$	无	A1	A0		
8255A 的引脚	0	0000000000000 0000000000001 … 0111111111111 1111111111111	0	0	0000H 0004H … 3FFDH 7FFCH	PA
	0	0000000000000 … 1111111111111	0	1	0001H … 7FFDH	PB
	0	0000000000000 … 1111111111111	1	0	0002H … 7FFEH	PC
	0	0000000000000 … 1111111111111	1	1	0003H … 7FFFH	控制寄存器

解： 汇编语言程序如下：

```
ORG     0000H
MOV     DPTR,#7FFFH    ;将 8255A 控制寄存器的地址送入 DPTR
MOV     A, #91H         ;方式控制字送入累加器 A
MOVX    @DPTR,A         ;方式控制字送入 8255A 的控制寄存器
MOV     DPTR,#7FFDH    ;将 8255A 的 B 口地址送入 DPTR
MOV     A,#0F0H         ;将高 4 为 1，低 4 位为 0 的数送入累加器 A
MOVX    @DPTR,A         ;将累加器 A 的值送给 8255A 的 B 口，设置其状态
SJMP    $
```

```
END
```

在例 5-7 中，B 口被设置为方式 0 的输出方式，并且通过 B 口的地址，可以设置 B 口引脚的状态。另外，在该例中，若将 B 口设置为输入方式，则可以通过下面的指令读取 B 口引脚的状态，并将其存入累加器 A 中：

```
MOV       DPTR,#7FFDH       ;将 8255A 的 B 口地址送入 DPTR
MOVX      A,@DPTR           ;将 B 口的引脚状态送入累加器 A
```

2. C 口位操作控制字

C 口位操作控制字用于将 C 口的某一位置 1 或清 0，其格式如图 5-21 所示。C 口位操作控制字的 D7 必须为 0，D6、D5 和 D4 位可以为任意状态。

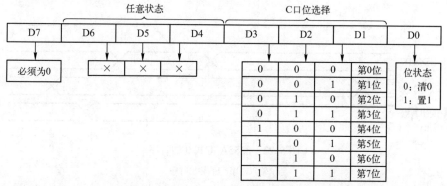

图 5-21　8255A 的 C 口位操作控制字格式

【**例 5-8**】 设置 8255A 端口 C 的状态。要求：编写汇编语言程序，将图 5-19 中 8255A 的 C 口引脚 PC2 置 1 和 PC7 清 0。

解：为将 C 口低半字节的 PC2 置 1 和高半字节的 PC7 清 0，需先将 C 口的高半字节和低半字节设置为输出引脚，对应的方式控制字为 10000000B=80H（其中与 C 口无关的位均设置为 0）。将 PC2 置 1 和 PC7 清 0 的 C 口位操作控制字分别为 00000101B=05H 和 00001110B=0EH。汇编语言程序如下：

```
ORG       0000H
MOV       DPTR,#7FFFH       ;将 8255A 控制寄存器的地址送入 DPTR
MOVX      A,#80H            ;将方式控制字送入累加器 A
MOVX      @DPTR,A           ;将方式控制字送入 8255A 的控制寄存器
MOV       A,#05H            ;将 PC2 引脚置位控制字送入累加器 A
MOVX      @DPTR,A           ;将累加器 A 的值送给 8255A 的控制寄存器，将 PC2 置 1
MOV       A,#0EH            ;将 PC7 引脚清 0 控制字送入累加器 A
MOVX      @DPTR,A           ;将累加器 A 的值送给 8255A 的控制寄存器，将 PC7 清 0
SJMP      $
END
```

5.4.3　8255A 的工作方式

8255A 有三种基本工作方式，即方式 0、方式 1 和方式 2。

1. 方式 0

方式 0 是 8255A 的基本输入/输出方式，其时序如图 5-22 所示。在该方式下：

1）C 口的高 4 位和低 4 位相互独立，均可被设置为输入口或输出口。

2）数据单向传输，即被设置为输出的引脚只能输出数据，反之亦然。

3）输入和输出操作均不需要选通（即应答）信号。

4）输出具有锁存功能，而输入不锁存。

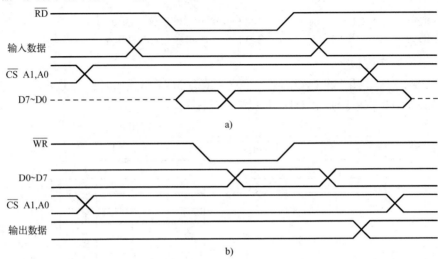

图 5-22 8255A 方式 0 的时序

a) 输入时序 b) 输出时序

2. 方式 1

方式 1 是 A 口和 B 口的选通工作方式，C 口没有方式 1。在方式 1 下，A 口和 B 口单向传输数据，可以作为输入引脚或输出引脚，并且输入和输出均锁存数据。另外，见表 5-12，在方式 1 下，A 口和 B 口均需要 C 口的某些引脚作为联络控制信号，C 口未用于联络控制信号的其他引脚依然可以作为普通的输入和输出引脚使用。图 5-23 和图 5-24 分别给出了 8255A 工作方式 1 的工作示意图和时序。

表 5-12 8255A 在方式 1 和 2 时的 C 口引脚功能

C 口引脚	方式 1		方式 1		方式 2			方式 0	方式 0
	输入		输出		输入和输出（双向传输）			输入	输出
PC7	普通引脚		$\overline{OBFA}$	配合 A 口	$\overline{OBFA}$			普通引脚	普通引脚
PC6	普通引脚		$\overline{ACKA}$		$\overline{ACKA}$				
PC5	IBFA	配合 A 口	普通引脚		IBFA				
PC4	$\overline{STBA}$		普通引脚		$\overline{STBA}$				
PC3	INTRA		INTRA	配合 A 口	INTRA				
PC2	$\overline{STBB}$	配合 B 口	$\overline{ACKB}$	配合 B 口	普通输入引脚	普通输出引脚	配合方式 1 的 B 口		
PC1	IBFB		$\overline{OBFB}$						
PC0	INTRB		INTRB						

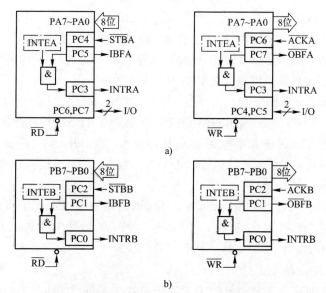

图 5-23　8255A 工作方式 1 工作示意图

a) A 口方式 1（左图输入，右图输出）　　b) B 口方式 1（左图输入，右图输出）

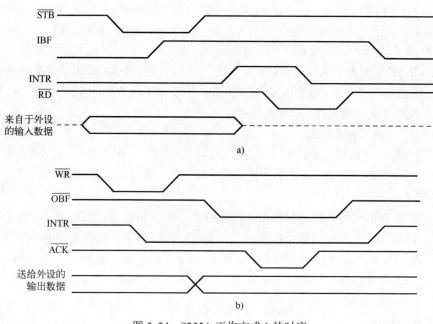

图 5-24　8255A 工作方式 1 的时序

a) 输入时序　b) 输出时序

在工作方式 1 下，若 A 口和 B 口为输入引脚，则 C 口的引脚功能为：

（1）$\overline{STB}$（Strobe）

$\overline{STB}$（$\overline{STBA}$ 对应于 A 口，$\overline{STBB}$ 对应于 B 口）是输入选通信号，低电平有效。当外 $\overline{STB}$ 引脚为低电平时，A 口或 B 口的数据被装入 8255A 的输入锁存器。

（2）IBF（Input Buffer Full）

IBF（IBFA 对应于 A 口，IBFB 对应于 B 口）是输入缓冲器满信号，高电平有效。IBF 输出高电平表示外设送给 8255A 的数据已经被锁存在 A 口或 B 口的输入锁存器中，但是并未被单片机读取，因此外设不能再向 A 口或 B 口送新数据。

（3）INTR（Interrupt Request）

INTR（INTRA 对应于 A 口，INTRB 对应于 B 口）是 8255A 输出的中断请求信号，高电平有效。当外设发给 8255A 的数据被 A 口或 B 口输入锁存，并允许中断请求发生时，将产生中断请求信号。该信号用于请求单片机读取 8255A 的数据，而该数据实际来自于外设。

（4）INTE（Interrupt Enable）

INTE 是 8255A 的中断允许信号，通过 C 口位操作控制字对 PC4（对应于 A 口）或 PC2（对应于 B 口）进行设置。PC4 或 PC2 被置 1，则允许对应中断；被清 0，则禁止对应中断。

若 A 口和 B 口为输出引脚，则 C 口的引脚功能为：

（1）$\overline{ACK}$（Acknowledge）

$\overline{ACK}$（$\overline{ACKA}$ 对应于 A 口，$\overline{ACKB}$ 对应于 B 口）是外设响应信号，低电平有效。该引脚为低电平表示外设已经取走 8255A 输出的数据，此时 8255A 可以输出新的数据。

（2）$\overline{OFB}$（Out Buffer Full）

$\overline{OFB}$（$\overline{OFBA}$ 对应于 A 口，$\overline{OFBB}$ 对应于 B 口）是输出缓冲器满信号，低电平有效。该引脚为低电平表示数据已经出现在 8255A 的输出引脚上，可以被外设取走。

（3）INTR（Interrupt Request）

INTR（INTRA 对应于 A 口，INTRB 对应于 B 口）是 8255A 输出的中断请求信号，高电平有效。该引脚连接到单片机的中断输入引脚，用于请求单片机向 8255A 发送新数据。单片机发送给 8255A 的数据最终被传送给外设。

（4）INTE（Interrupt Enable）

INTE 是中断允许信号，通过 C 口位操作控制字对 PC6（对应于 A 口）或 PC2（对应于 B 口）进行设置。PC4 或 PC2 被置 1，则允许相应中断；被清 0，则禁止相应中断。

3. 方式 2

方式 2 是 A 口的双向（输入和输出）工作方式，B 口和 C 口没有该方式。A 口在方式 2 下，需要 C 口的 5 个引脚作为联络控制信号；此时，B 口只能在工作方式 0 或方式 1；而 C 口的 PC2、PC1 和 PC0 若不用于配合 B 口工作，则还可以作为普通的 I/O 口使用。

方式 2 的工作示意图和时序分别如图 5-25 和图 5-26 所示。在该方式下，C 口引脚主要作联络控制信号，其作用分别如下：

（1）$\overline{STBA}$

$\overline{STBA}$ 是输入选通信号，低电平有效。$\overline{STBA}$ 引脚为低电平时，A 口的数据被装入 8255A 的输入锁存器。

（2）IBFA

IBFA 是输入缓冲器满信号，高电平有效。IBFA 输出高电平表示外设送给 8255A 的数据已经被锁存在 A 口输入锁存器中，但是并未被单片机读取，因此外设不能再向 A 口送新数据。

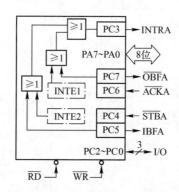

图 5-25　8255A 的方式 2 工作示意图

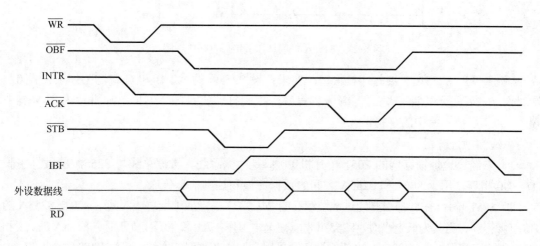

图 5-26　8255A 方式 2 的时序

（3）INTRA

INTRA 是中断请求信号，高电平有效。当外设发给 A 口的数据被输入锁存，并允许中断请求发生时，8255A 将产生该中断请求信号。

（4）INTE1 和 INTE2

INTE1 和 INTE2 分别是方式 2 的输出中断请求和输入中断请求，分别对应于 PC6 和 PC4。与方式 1 相似，PC6 和 PC4 被置 1，则允许相应中断；被清 0，则禁止相应中断。

5.4.4　应用举例

在图 5-27 所示的打印机接口电路中，8051 单片机通过其数据总线 P0 口，将被打印字符送至 8255A 的数据总线，8255A 由 PA 口将该字符送至打印机的数据总线，完成字符由单片机至打印机的传送。BUSY 引脚是打印机的状态引脚，当该引脚为高电平时，打印机处于"忙"状态，不能接收新字符；反之，当该引脚为低电平时，打印机处于"空闲"状态，可以接收新字符。$\overline{STB}$ 为打印机的打印控制引脚，当该引脚为低电平时，打印机打印接收到的字符。

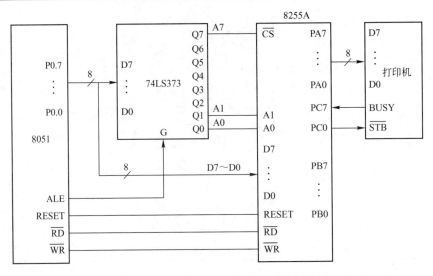

图 5-27　8255A 扩展打印机接口电路原理图

【例 5-9】　8255A 扩展打印机接口。要求：设 8255A 的 A、B 和 C 口均工作于方式 0，针对图 5-27 所示电路，编写汇编语言程序，控制打印机打印 8051 单片机片内 RAM 中 40H～50H 字节单元中的字符。

总线和地址分析：

1）未经过地址锁存器的 8051 单片机 P0 口是数据总线，数据总线与 8255A 的数据引脚 D7～D0 相连，用于 8051 和 8255A 之间的数据交换和控制信息传送。

2）8051 单片机 P0 口引脚经过地址锁存器 74LS373 后形成地址总线，其中 A7 与 8255A 的 $\overline{CS}$ 引脚相连，当其为低电平时，8255A 才能被选中工作；A1 和 A0 引脚分别与 8255A 的 A1 和 A0 引脚相连，用于选择 8255A 内部的端口；采用与例 5-7 类似的方法，可知 8255A 的 A 口、B 口、C 口和控制字寄存器的地址分别为 FF7CH、FF7DH、FF7EH 和 FF7FH。

8255A 的工作方式控制字分析：

1）PA 口用于向打印机发送字符，是输出引脚。

2）PC7 作为输入引脚检测打印机的 BUSY 信号；PC0 作为输出引脚，向打印机的 $\overline{STB}$ 引脚输出控制信号，控制打印机打印字符。

3）PB 口未使用，设置为输入和输出均可。

综上所述，8255A 的 A、B 和 C 口均设置为方式 0，其中：A 口为输出；C 口高 4 位（高半部分）为输入，C 口低 4 位（低半部分）为输出；B 口输入、输出均可，本例中设置为输出。结合图 5-20 可知，8255A 的工作方式控制字为：10001000B=88H。

8255A 的 C 口位操作控制字分析：打印机在 $\overline{STB}$ 引脚为低电平时进行打印操作，因此 PC0 引脚可根据操作需要输出高电平和低电平信号。根据图 5-21 可知，C 口的位操作控制字 00H 和 01H 可分别将 PC0 设置为低电平和高电平。

解：汇编语言程序如下：

```
ORG     0000H        ;0000H 是主程序的入口地址
MOV     P2,#0FFH     ;高 8 位地址
MOV     R0,#7FH      ;R0 指向控制口
```

	MOV	A,#88H	;方式控制字为 88H
	MOVX	@R0,A	;送方式控制字
	MOV	R1,#40H	;送单片机片内 RAM 数据块首地址至指针 R1
	MOV	R2,#11H	;置数据块长度=50H-40H+1=11H
NEXT:	MOV	R0,#7EH	;R0 指向 PC 口
WAITE:	MOVX	A,@R0	;由 PC7 读 BUSY 信号，BUSY 信号进入累加器 A 的最高位
	JB	ACC.7,WAITE	;查询等待打印机，当 BUSY 信号为 1 时重读 BUSY
	MOV	R0,#7CH	;地址指向 PA 口
	MOV	A,@R1	;取 RAM 数据送入累加器 A
	MOVX	@R0,A	;数据输出到 8255A 的 PA 口
	INC	R1	;RAM 地址加 1，为取下一个片内 RAM 单元数据做准备
	MOV	R0,#7FH	;R0 指向控制口
	MOV	A,#01H	;PC0 置位控制字
	MOVX	@R0,A	;PC0=1
	MOV	A,#00H	;PC0 复位控制字
	MOVX	@R0,A	;PC0=0，产生 $\overline{STB}$ 的下降沿
	DJNZ	R2,NEXT	;程序跳转，打印下一个字符
	SJMP	$	;程序停在此处
	END		;程序结尾

5.5　显示器与键盘接口的扩展

在单片机系统的实际应用中，用户需要与单片机系统进行人机对话。显示器和键盘是常用的人机交互设备，显示器用于显示系统运行的结果和状态，键盘用于接收用户的命令和要求。

5.5.1　显示器的扩展

单片机系统常用的显示器有发光二极管（Light Emitting Diode，LED）显示器和液晶显示器（Liquid Crystal Display，LCD）等，其中 LED 显示器价格便宜、使用方便灵活。本节将详细介绍 LED 显示器的结构、工作原理和使用方法。

微课：数码管结构原理

1. LED 显示器的结构及工作原理

LED 显示器又被称为数码管显示器，简称数码管，可以分为共阳极和共阴极两种，其结构分别如图 5-28 所示。数码管显示器由 8 个发光二极管（即 a 段，b 段，…，g 段和 dp 段）构成，当发光二极管导通时，对应的段被点亮，从而可以显示数字、字符及小数点。为防止发光二极管导通时因电流过大而被烧毁，数码管各段还需外接限流电阻。

下面以图 5-28 所示的 1 位 8 段共阳极数码管为例，介绍数码管的工作原理。共阳极数码管中所有发光二极管的阳极连接在一起，是数码管的公共阳极，对应于数码管的 COM 引脚。当 COM 引脚为高电平时，数码管的 8 个段才可能被点亮，而 COM 引脚信息常被称为"位控"信号。若要点亮共阳极数码管的某一段，除了 COM 引脚接高电平外，对应的"笔画"段引脚需要接低电平，比如若要点亮 c 段，则需将 c 引脚接低电平，以使 c 段所对应的数码管导通发光，即 c 段被点亮。为使共阳极数码管显示"1."，则数码管的"笔画"段引脚

dp、g、f、e、d、c、b 和 a 的逻辑值应依次为 0、1、1、1、1、0、0 和 1，而由这一逻辑组合构成的二进制数 01111001 即是"1."的显示代码，也被称为段码、字型编码或字型码。另外，除了 8 段数码管显示器外，还有不带小数点（dp 段）的 7 段数码管，后者同样有共阳极和共阴极两种结构，工作原理也类似。

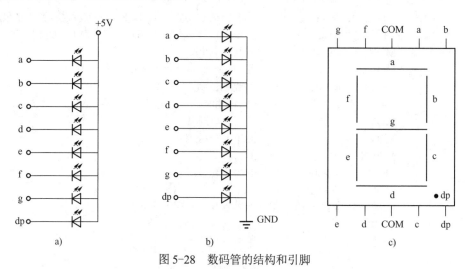

图 5-28　数码管的结构和引脚

a) 共阳极数码管的结构　b) 共阴极数码管的结构　c) 数码管的引脚和外形

　　根据数码管的显示原理可以确定共阳极和共阴极数码管的字型码表，见表 5-13。需要注意的是，该表中的数字和符号均不带小数点，若带小数点，则需按照相同的方法单独制表。通过分析还可以发现，表 5-13 中的共阳极数码管字型码按二进制位取反后可以得到对应的共阴极数码管字型码，反之亦然。

　　将数码管的引脚与单片机的 I/O 口引脚进行适当连接后，单片机可以通过程序控制数码管显示数字和字符等信息。

　　【例 5-10】　单片机控制数码管显示。要求：在图 5-29 所示的电路中，8051 单片机的并口 P0 与一位共阳极数码管相连，请编写程序控制数码管显示数字"5"。

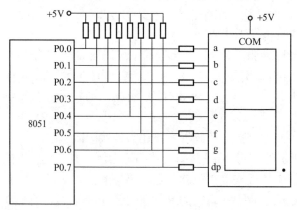

图 5-29　单片机并口与数码管的连接

　　分析：因为数码管是共阳极的，所以与 COM 引脚相连的单片机 P2.0 引脚必须为高电平；另外，根据表 5-13 可知数字"5"的字型码是 92H，需将该值通过 P0 口送至数码管的"笔画"段引脚。数码管"笔画"段引脚所接电阻是限流电阻，其作用是限制数码管内发光二极管的工作电流，防止其因电流过大而烧毁。

解：程序如下：

```
ORG     0000H       ;主程序入口地址
MOV     P0,#92H     ;数字"5"的字型码值送至 P0 口
SJMP    $           ;程序停止在此处
END                 ;程序结束
```

表 5-13　数码管字型码表

字 型 码										显示字符
共 阳 极									共 阴 极	
二 进 制								十六进制	十六进制	
D7	D6	D5	D4	D3	D2	D1	D0			
dp	g	f	e	d	c	B	a			
1	1	0	0	0	0	0	0	C0H	3FH	0
1	1	1	1	1	0	0	1	F9H	06H	1
1	0	1	0	0	1	0	0	A4H	5BH	2
1	0	1	1	0	0	0	0	B0H	4FH	3
1	0	0	1	1	0	0	1	99H	66H	4
1	0	0	1	0	0	1	0	92H	6DH	5
1	0	0	0	0	0	1	0	82H	7DH	6
1	1	1	1	1	0	0	0	F8H	07H	7
1	0	0	0	0	0	0	0	80H	7FH	8
1	0	0	1	0	0	0	0	90H	6FH	9
1	0	0	0	1	0	0	0	88H	77H	A
1	0	0	0	0	0	1	1	83H	7CH	b
1	1	0	0	0	1	1	0	C6H	39H	C
1	0	1	0	0	0	0	1	A1H	5EH	d
1	0	0	0	0	1	1	0	86H	79H	E
1	0	0	0	1	1	1	0	8EH	71H	F
0	1	1	1	1	1	1	1	7FH	80H	·
1	1	1	1	1	1	1	1	FFH	00H	全灭
1	0	0	0	1	1	0	0	8CH	73H	P
1	0	0	0	1	0	0	1	89H	76H	H
1	0	1	1	1	1	1	1	BFH	40H	-（减号）

特别强调一点：数码管字型码与电路硬件连接方式有关，并不是唯一的。例如，在图 5-29 中，若改变引脚连接关系，将 P0.0 连接至数码管的"笔画段"b，将 P0.1 连接至"笔画段"a，则例 5-10 程序将无法使数码管显示"5"，若要显示"5"，必须根据新的引脚连接关系重新确定字型码。

在例 5-10 中，单片机利用 P0 口控制数码管显示，为保证数码管显示的符号不消失，在数码管显示期间，P0 口送出数码管字型码不能改变。但是在实际的单片机应用系统中，P0 口和 P2 口通常还有其他用处，不能仅用于数码管显示控制。比如，在下面这段程序中，前

两条指令控制数码管显示数字"5"之后，MOVX 指令将 P0 口用于片外存储器或 I/O 端口的访问，从而导致数码管无法持续显示数字"5"。

ORG	0000H	;主程序入口地址
MOV	P0, #92H	;数字"5"的字型码值送至 P0 口
MOV	DPTR, #2000H	;片外地址送入 DPTR
MOVX	A, @DPTR	;读取片外地址 DPTR 处的字节数据送入累加器 A
SJMP	$	;程序停止在此处
END		;程序结束

由上述分析可知，为保证数码管显示器稳定地显示，必须使数码管引脚上的字型码保持足够长的时间，以使人眼能够感受到数码管的亮度。在单片机应用系统中，有两种控制数码管持续、稳定显示的方法，分别是静态显示和动态显示。

2. LED 显示器的静态显示

静态显示是将单片机引脚输出的字型码值进行锁存，使得显示期间数码管的字型码输入引脚状态保持不变，从而确保数码管稳定显示。

【**例 5-11**】 利用锁存器实现数码管静态显示。要求：针对图 5-30 所示电路图，编写程序使数码管显示数字"5"。

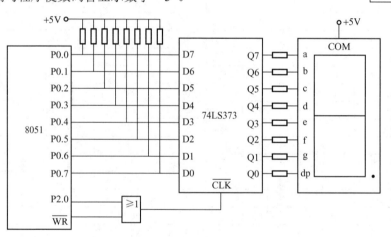

图 5-30 锁存器扩展数码管的电路图

解：程序如下：

ORG	0000H	;主程序入口地址
MOV	A, #92H	;数字"5"的字型码值送入累加器 A
MOV	DPTR, #0FEFFH	;74LS373 地址送入 DPTR
MOVX	@DPTR,A	;将字型码送出至 74LS373 进行锁存，控制数码管显示
SJMP	$	;程序停止在此处
END		;程序结束

程序功能分析：由 MOVX 指令的时序（见图 5-13）可知，当执行指令"MOVX @DPTR, A"时，地址低 8 位 0FFH 出现在 P0 口上，地址高 8 位 0FEH 出现在 P2 口上；接下来，P2 口上的高 8 位地址将保持不变，而 P0 口将由地址线变成数据线并传送数据（字型码值）92H；而在 P0 口传送数据的时候，$\overline{WR}$ 引脚上的电平将经历由高电平变成低电平（即下降沿），再从低

电平变成高电平（即上升沿）的变化，而 $\overline{WR}$ 的下降沿恰好可以触发 74LS373 将数据线 P0 口上传送的字型码值锁存，从而控制数码管显示数字"5"，并且该显示将一直保持不变。

【例 5-12】　利用串口工作方式 0 和移位寄存器 74LS164 实现数码管静态显示。要求：针对图 5-31 所示电路，编程程序，以使 1 号、2 号和 3 号数码管分别显示数字"2""1""0"。

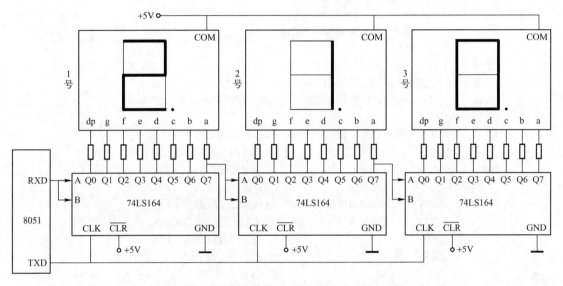

图 5-31　基于单片机串口的数码管静态显示电路

分析如下：

1）74LS164 是串入并出的移位寄存器，若将 A 引脚和 B 引脚相连，则当 CLK 出现上升沿信号时，A、B 引脚上的信号将被移位锁存在 Q0 引脚上，而之前 Q0 引脚上的输出信号将被移至 Q1 引脚，Q2 引脚信号移至 Q3 引脚，其他引脚状态依此类推。

2）由 4.4.5 节关于串口工作方式的介绍可知，当串口工作在方式 0 并输出时，被发送的字节数据将按照"低位在前、高位在后"的顺序，依次出现在 RXD 引脚上，同时 TXD 引脚将出现移位脉冲。

3）若预先将数码管的字型码值存放在累加器 A 中，并执行串口发送指令"MOV SBUF，A"，则累加器 A 中的字型码将出现在 74LS164 的引脚 A、B 上，并且 TXD 输出移位脉冲将使 CLK 引脚出现上升沿，从而触发 74LS164 将串行输入的字型码并行地输出到 Q0～Q7 引脚上，使得数码管显示指定的字符。

源程序如下：

```
DISRAM    EQU    40H              ;显示缓冲区起始地址
DISNUM    EQU    3H               ;显示缓冲区字节个数
          ORG    0000H            ;主程序入口地址
START:    MOV    SP,#70H          ;堆栈指针初值设置
          CALL   DISINIT          ;调用子程序进行显示缓冲区的初始化
          MOV    R0,#DISRAM       ;设子程序入口参数，即显示缓冲区首地址
          MOV    R7,#DISNUM       ;设子程序入口参数，即显示缓冲区单元个数
          CALL   DIS              ;调用子程序将显示缓冲区中的数显示在数码管上
          SJMP   $                ;程序暂停，该指令可以将主程序和子程序分隔开
```

```
;子程序名:DISINIT
;功能:显示缓冲区初始化
;入口参数:DISRAM 常数是显示缓冲区首地址
;出口参数:无
DISINIT:      MOV      DISRAM,#0H
              MOV      DISRAM+1,#1H
              MOV      DISRAM+2,#2H
              RET
;子程序名:DIS
;功能:将显示缓冲区中的数据显示在数码管上
;入口参数:(1)R0 显示缓冲区首地址;(2)R7 显示缓冲中的字节单元个数
;出口参数:无
DIS:          MOV      SCON,#00H        ;串口初始化为方式 0
              MOV      DPTR,#TAB        ;数码管的字型码表首地址送入 DPTR
LP:           MOV      A,@R0            ;显示缓冲区单元中的数据送入累加器 A,
                                        ;该数据将被显示在数码管上
              MOVC     A,@A+DPTR        ;查找被显示数据的字型码值
              MOV      SBUF,A           ;将字型码通过串口的 RXD 引脚发送出去
              JNB      TI,$             ;等待串口发送完毕,发送完毕后 TI 将由 0 变为 1
              CLR      TI               ;TI 被清 0,为下一次发送做准备
              INC      R0               ;R0 加 1,作为地址指针指向下一个显示缓冲单元
              DJNZ     R7,LP            ;若未显示完所有显示缓冲单元中的数,则循环
              RET                       ;子程序返回
;数码管的字型码表
TAB:          DB       0C0H,0F9H,0A4H,0B0H,99H,92H,82H,0F8H    ;0~7 的字型码
              DB       80H,90H,88H,83H,0C6H,0A1H,86H,8EH       ;8~F 的字型码
              DB       7FH              ;10H 小数点的字型码
              DB       0FFH             ;11H 灭码的字型码
              DB       8CH              ;12H 字母 P 的字型码
              DB       89H              ;13H 字母 H 的字型码
              END                       ;程序结束
```

在本例中,需要特别注意以下两点:

1)图 5-31 中共有 3 位数码管,最先发送的字型码将被串行移位至 3 号数码管,而最后发送的字型码将被移位至 1 号数码管。

2)字型码必须与电路硬件连接相匹配,否则会显示乱码。比如在图 5-31 中,数码管的 dp~a 引脚分别与 74LS164 的 Q0~Q7 引脚相连,而 Q0~Q7 将分别输出字型码的 D7~D0,因此该电路的字型码与表 5-13 一致;但是若不按此方式进行引脚连接,则字型码表需要调整,否则将不能正确显示。

在例 5-12 中使用串口的 RXD 和 TXD 引脚控制数码管显示。但是,在进行串口通信的单片机系统中,RXD 和 TXD 还要用于串行数据的收和发,无法正常控制数码管显示。在这种情况下,可以用单片机的其他引脚模拟 RXD 和 TXD 的功能,如图 5-32 所示。将例 5-12 程序中的 DIS 子程序进行如下改写后,可以控制图 5-32 所示电路进行数码管显示,且功能与例 5-12 的要求完全一致。

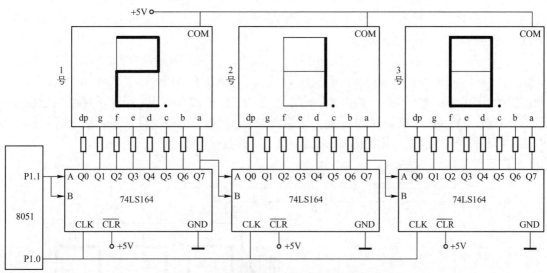

图 5-32　基于单片机并口的数码管静态显示电路

CLK	BIT	P1.0	;74LS164 移位脉冲输出引脚
DAB	BIT	P1.1	;数码管字型码输出引脚

;子程序名:DIS
;功能:将显示缓冲区中的数据显示在数码管上
;入口参数:(1)R0 显示缓冲区首地址;(2)R7 显示缓冲区中的字节单元个数
;出口参数:无

DIS:	MOV	DPTR,#TAB	;字型码表地址送入 DPTR
LP:	MOV	A,@R0	;取显示缓冲区中的数字送入累加器 A
	MOVC	A,@A+DPTR	;查字型码表，获取字型码并送入累加器 A
	MOV	R6,#08H	;每个数码管显示所需的移位脉冲个数
LP0:	CLR	CLK	;74LS164 移位脉冲引脚置低电平
	RRC	A	;循环右移指令将累加器中字型码的最低位移入 CY 中
	MOV	DAB,C	;位传输指令将 CY 中字型码位送至字型码输出引脚
	SETB	CLK	;74LS164 移位脉冲引脚置高电平，从而产生上升沿， 该上升沿使 74LS164 产生移位操作
	DJNZ	R6,LP0	;未移够 8 次，则循环继续移位
	INC	R0	;修改地址指针，指向下一个显示缓冲单元
	DJNZ	R7,LP	;未显示完，则继续循环显示下一个显示缓冲单元中的数
	RET		;子程序返回

3. LED 显示器的动态显示

动态显示也是一种常用的数码管显示器扩展方法。在动态显示电路中，所有数码管的同名"笔画"段引脚 dp～a 对应连接在一起，并连接到字型码输出接口引脚上，这些引脚输出的信号被称为"段码"，用来控制数码管显示的符号；而数码管的公共端相互独立，分别连接到相应的"位控"信号输出引脚上，这些引脚输出"位码"，用来选择可以显示的数码管。

微课：数码管的
动态显示应用

动态显示电路工作时，在"位码"的控制下，每次显示仅让一个数码管进行短暂的字符显示，显示时长约为 1ms，并且所有的数码管连续、轮流显示一遍，之后隔一段时间再让所有的数码管连续、轮流显示一遍，如此重复下去。根据人眼的视觉暂留特性，只要适当地设定两遍显示之间的时间间隔，即数码管显示扫描频率，就可以使人眼感觉到数码管的显示是连续、稳定的，不会感觉到闪烁。

例如，图 5-33 为数码管动态显示电路，其中：三个共阴极数码管的字型码由单片机的 P0 口输出，经过 74HC240（三态反向驱动器）取反后，送到所有数码管的"笔画"段引脚，控制数码管显示的符号；数码管的位码由单片机的 P2.2、P2.1 和 P2.0 送出，经过反向器连接到数码管的公共端，这三个公共端引脚中只有一个为低电平，使得任意时刻只有一个数码管能显示；74HC240 与三个反相器的作用是提高总线驱动能力，使数码管有足够的工作电流。

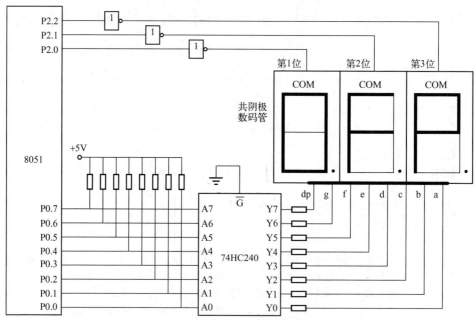

图 5-33   基于单片机并口的数码管动态显示电路

【例 5-13】 基于单片机并口的数码管动态显示。要求：针对如图 5-33 所示的数码管显示电路，编写程序，使得第 1～3 位数码管分别显示"0""F""P"。

分析： 1）单片机通过 P0 口送出的段码经过 74HC240 取反送给数码管，因此共阴极的数码管应当采用共阳极数码管的字型码表。

2）因为单片机送出的位码被"非"门取反，所以当单片机送出的位控信号为高电平时，共阴极的数码管才能被点亮。

解： 源程序可扫码获取。

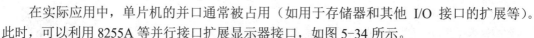
例 5-13 源程序

在实际应用中，单片机的并口通常被占用（如用于存储器和其他 I/O 接口的扩展等）。此时，可以利用 8255A 等并行接口扩展显示器接口，如图 5-34 所示。

【例 5-14】 基于 8255A 的数码管动态显示。要求：针对如图 5-34 所示的数码管显示电路，编写程序，使得第 1～3 位数码管分别显示"b""7""1"。

分析： 对比图 5-33 和图 5-34 可知，在图 5-34 中 8255A 的 A 口和 C 口分别代替图 5-33 中单片机的 P0 口和 P2 口，用于数码管的显示控制。图 5-34 中，8255A 与单片机的连接方式与图 5-19 相同，因此，本例中 8255A 的端口地址与例 5-7 相同，见表 5-11。

例 5-14 源程序

源程序可扫码获取。

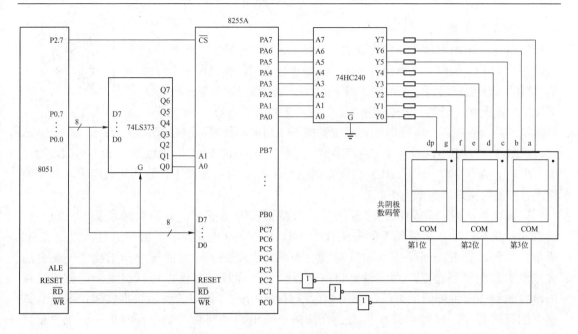

图 5-34　基于 8255A 的数码管动态显示电路

5.5.2　键盘的扩展

微课：键盘概述

键盘是一种重要的人机交互工具，由若干个按键组成。用户可以通过键盘向单片机系统发送命令要求，以控制单片机系统的工作。

键盘包括编码键盘和非编码键盘两种。编码键盘带有能够自动识别按键的硬件电路，当按键被按下闭合时，硬件可以提供按键的编号（也被称"键值"），这种键盘使用方便，但是硬件复杂，价格相对较高。非编码键盘不附带按键识别电路，需要利用程序识别被按下的按键。非编码键盘硬件简单，价格相对较低，在单片机系统中应用较多。

非编码键盘有独立式和矩阵式（或行列式）两种结构，如图 5-35 所示。本节将介绍这两种非编码键盘的工作原理和使用方法。

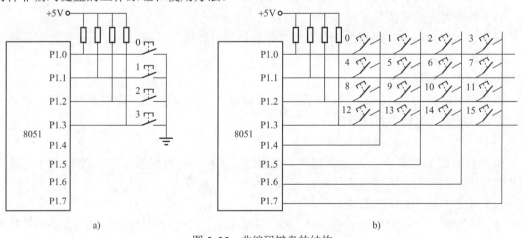

图 5-35　非编码键盘的结构

a) 独立式键盘的结构　b) 矩阵式键盘的结构

1．独立式键盘

微课：独立式键盘的扩展应用

如图 5-35a 所示，在独立式键盘中，每个按键的一端独立地连接到单片机的一个 I/O 引脚上，另一端接地。按键没按下时，按键两端不导通，单片机的 I/O 引脚为高电平；按键按下时，按键两端导通，单片机 I/O 引脚接地为低电平。因此，可以利用与按键相连的单片机 I/O 引脚电平状态判断按键是否被按下，即低电平表示按键按下，高电平代表按键抬起。例如，在图 5-35a 中，编号为 1 的按键两端分别与单片机的 P1.1 和地相连，若 1 号键没有按下，则其两端不导通，此时 P1.1 引脚为高电平；若 1 号键被按下，则其两端连通，P1.0 引脚经过按键后接地，为低电平。

在按键检测时，需要特别注意的是，机械式按键按下时，其开关触点会产生短暂、轻微的弹跳和抖动，造成短暂的开关闭合不稳定，使得其引脚电平也不稳定，如图 5-36 所示。另外，一般的误操作（如按键被误碰或键盘受到了较大的振动和干扰等）也会造成按键引脚电平不稳定。为了避免将按键误操作当作按键按下，通常键盘处理程序会在每次检测到按键引脚低电平后，调用一段延时约 10ms（该时长可以根据实验结果进行调整）的延时程序，延时结束后再次进行按键引脚电平的判断，如果延时后引脚电平依然是低电平，则认为按键确实被按下了，否则认为之前的按键引脚低电平是按键误操作等干扰因素造成的。

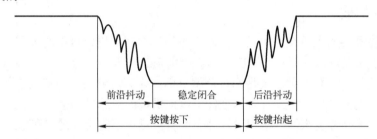

前沿抖动　稳定闭合　后沿抖动

按键按下　按键抬起

图 5-36　按键按下过程中的引脚电平变化

一般来说，非编码键盘的键盘处理程序包含以下几个步骤：

（1）判断有无按键按下

根据按键引脚电平，判断是否有键按下。若按键引脚电平是高电平，则无键按下，程序退出；否则，进入下一个步骤。

（2）延时去抖

调用延时时长约为 10ms 的延时子程序，以消除按键机械抖动可能引起的误判。该延时子程序通常被称为延时去抖子程序。

（3）再次判断有无按键按下

检测按键引脚的电平。若为高电平，则步骤（1）的"有键按下"判断是由干扰造成的，程序退出；否则，确实有按键被按下，进入下一个步骤。

（4）确定被按下按键的键值

预先对键盘上的所有按键进行编号。每个按键被按下都会使得与该按键相连的单片机引脚为低电平，由此可以确定被按下的是哪一个键，并记录按键的编号。

（5）等待按键抬起

与步骤（1）和（3）相似，通过按键引脚的电平判断是否有键按下，若为低电平，则继续重复检测引脚电平；否则，无键按下，即被按下的按键已经抬起，可退出键盘处理程序。

【例 5-15】 独立式按键的键盘处理程序。要求：针对如图 5-37 所示的电路，编写程序，当有按键被按下时，该程序可以检测出被按下按键的键值，并在与 LED 灯相连的 P2 口上输出键值。假设每次最多只有一个按键被按下。

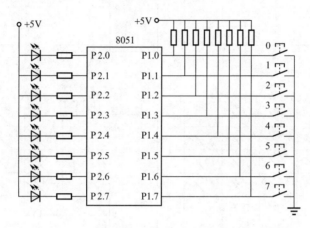

图 5-37　独立式按键电路

解：源程序可扫码获取。

2. 矩阵式键盘

独立式键盘的每个按键都占用一个单片机引脚，随着按键数增多，所占用引脚也增多。因此，按键较多时，不宜采用独立式键盘，而可以使用图 5-35b 所示的矩阵式键盘。下面将以图 5-38 为例，讲解矩阵式键盘的工作原理。

例 5-15 源程序

图 5-38 所示为 4×4 的矩阵式键盘，由 4 行（R0~R3）和 4 列（C0~C3）组成。第 0 行（R0 行）、第 0 列（C0）键的键值为 0，第 0 行（R0 行）、第 1 列（C1）键的键值为 1，依此类推；第 1 行（R1 行）、第 0 列（C0）键的键值为 4，第 1 行（R1 行）、第 1 列（C1）键的键值是 5，依此类推。由此可知，对于 4×4 的矩阵式键盘，其第 i 行、第 j 列的键的键值为 $i \times 4 + j$；同理，对于 $m \times n$（m 为行数，n 为列数）的矩阵式键盘，其第 i 行、第 j 列的键的键值为 $i \times n + j$。

微课：矩阵式键盘的扩展应用

矩阵式键盘处理程序的功能是确定被按下的按键的行值 i 和列值 j，并利用 i 和 j 计算出该按键的键值。其步骤如下：

（1）确定是否有按键按下

如图 5-38 所示，同一行上所有按键的行端均连接在单片机的同一个引脚上（如第 0 行按键的行端均连接在 P1.0 引脚上），同一列上所有按键的列端均连接在单片机的同一个引脚上（如第 1 列按键的列端均连接在 P1.5 引脚上）。

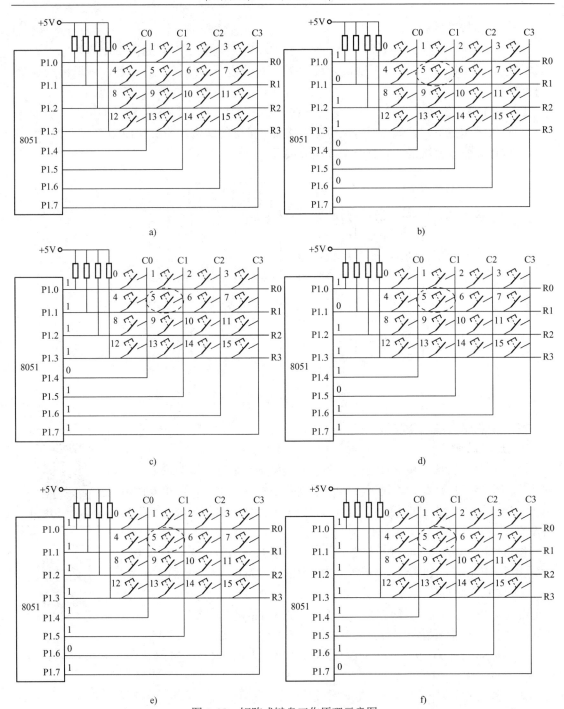

图 5-38 矩阵式键盘工作原理示意图

a) 行列值和键值 b) 有无按键按下的判断 c) 判断第 0 列是否有键按下

d) 判断第 1 列是否有键按下 e) 判断第 2 列是否有键按下 f) 判断第 3 列是否有键按下

在判断有无按键按下时，首先，与按键列端相连的列引脚均输出低电平 0，如图 5-38b 所示。若无按键按下，则键盘的所有行引脚和列引脚在电气上是不连通的，此时行引脚 P1.0~P1.3 与+5V 电压相连，是高电平。若此时有按键按下，则被按下按键的行端和列端被短路，导致此按键所在的行引脚变成低电平 0，例如：若 5 号键被按下，则 5 号键的两端被短路，导致 P1.1 和 P1.5 被按键连接在一起，P1.1 引脚变成低电平。

可见，在判断是否有键按下时，可以令所有列引脚输出低电平，然后读取所有行引脚的电平，若任意一个行引脚为低电平，则意味着有按键被按下。若判断结果为无按键被按下，则退出键盘处理程序，否则进入下一步延时去抖阶段。

（2）延时去抖

与独立式按键处理相同，调用延时时长约为 10ms 的延时子程序，以消除按键机械抖动可能引起的误判。

（3）再次判断有无按键按下

重复步骤（1）再次判断是否有键按下，若无键按下，则退出程序；否则，进入下一步确定键值。

（4）确定被按下按键的键值

为了确定被按下按键的键值，必须知道该按键的行号和列号。为此，将键盘的列引脚逐一设置为低电平 0，并检测列信号为 0 的那一列上是否有行引脚电平为 0 的按键，若有，则该键就是被按下的键，即可得到该键的列号和行号。例如，对于图 5-38a 所示的矩阵式键盘，该过程如图 5-38c、d 所示，具体如下：

1）令 P1.4～P1.7 引脚电平组合为 0111，即第 0 列的列引脚为低电平 0，其他列引脚为高电平 1，然后读引脚 P1.0～P1.3 的电平。因为第 0 列没有按键按下，所以引脚 P1.0～P1.3 均为高电平，其电平组合为 1111。

2）令 P1.4～P1.7 引脚电平组合为 1011，即第 1 列的列引脚为低电平 0，其他列引脚为高电平 1，然后读引脚 P1.0～P1.3 的电平。因为第 1 列、第 1 行的 5 号按键被按下，所以引脚 P1.1 为低电平 0，而 P1.0、P1.2 和 P1.3 为高电平 1。因此，被按下的按键的行号为 1，列号为 1，而其键值为 1（按键行号）×4（键盘列数）+1（按键列号）=5。

（5）等待按键抬起

按照与步骤（1）相同的方法判断是否有键按下。如果判断结果为没有键按下，则意味着之前按下的按键已经抬起，可以退出按键处理程序。否则，不断重复进行检测，直到按键抬起为止。

【例 5-16】 单片机并口扩展键盘显示器。要求：针对如图 5-39 所示电路，编写程序，当有按键被按下时，该程序可以检测出被按下按键的键值（编号），并在数码管（共阳极）上显示键值。假设每次最多只有一个按键被按下。

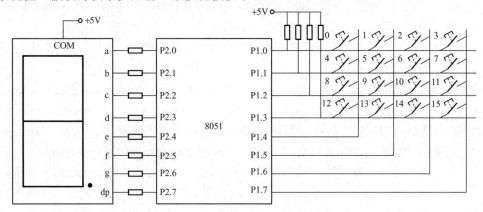

图 5-39　单片机并口扩展矩阵式键盘及数码管显示器

解： 源程序可扫码获取。

【例 5-17】 8255A 扩展键盘显示器接口。要求：在图 5-40 所示电路中，8051 单片机利用 8255A 扩展了一个 2×3 的矩阵式键盘和一个具有 3 位数码管的动态显示电路，请编写程序显示被按下的按键的键值，显示格式为：第 1、2 和 3 位数码管分别显示字符 P、小数点和键值。

例 5-16 源程序

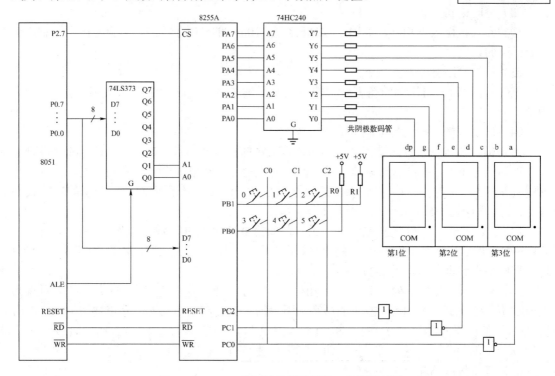

图 5-40　8255A 扩展键盘显示器接口电路原理图

解： 源程序可扫码获取。

例 5-17 源程序

5.6　D-A 和 A-D 接口的扩展

单片机是一种数字器件，只能处理数字量，在工业生产和日常生活中，常用于电流、电压、温度、湿度和压力等信号的监测或处理。而这些信号都是连续变化的模拟量，被单片机处理之前必须转成数字量，而单片机处理后得到的数字量也要根据需要转换为对应的模拟量。

模拟量到数字量的转换被称为模-数转换，或简称 A-D 转换（Analog to Digital Conversion），实现 A-D 转换的电路被称为 A-D 转换器，简称为 ADC（Analog to Digital Converter）。类似地，数字量到模拟量的转换被称为数-模转换，或简称 D-A 转换（Digital to Analog Conversion），实现 D-A 转换的电路被称为 D-A 转换器，简称为 DAC（Digital to Analog Converter）。

图 5-41 为一个典型单片机应用系统的结构框图，其中：①传感器可将温度、湿度和压力等非电信号转换成电信号；②信号调理环节对信号进行放大和滤波等处理；③功率放大环节将 D-A 转换后的信号进行功率放大，以满足执行机构对驱动能力的要求；④显示器和键

盘属于人机交互环节，可向用户反馈系统工作状态信息或接收用户的指令；⑤开关量控制的执行机构（如继电器等）可以被单片机的数字量控制。

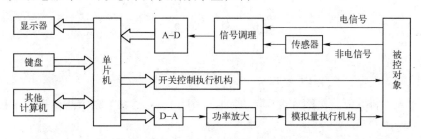

图 5-41　单片机应用系统结构框图

本节将介绍 D-A 和 A-D 转换器的工作原理和主要性能指标，并讲解典型的 D-A 转换器 DAC0832 和 A-D 转换器 ADC0809 芯片的接口扩展方法。

5.6.1　D-A 转换器的工作原理和性能指标

D-A 转换器（DAC）可以将数字量转换成与数字量大小成正比的模拟量。根据工作原理分类，DAC 可分为：权电阻 DAC、T 形电阻网络 DAC、权电流 DAC 和权电容网络 DAC 等。本节将以 T 形电阻网络 DAC 为例介绍 D-A 转换器的工作原理和主要性能指标。

1. T 形电阻网络 DAC 工作原理

图 5-42 为可以将 4 位二进制数转换为模拟信号的 4 位 T 形电阻网络 DAC 的原理图，其中：V_{ref} 是参考电压；相邻的 2 个阻值为 R 的电阻和 1 个阻值为 $2R$ 的电阻构成一个 T 形，因此这种 DAC 又被称为 R-$2R$ T 形电阻网络 DAC；OA 是运算放大器；A 点和 B 点分别是运算放大器的反相输入端和同相输入端；R_{fb} 是反馈电阻；二进制数 $d_3d_2d_1d_0$ 是待转换的数字量。

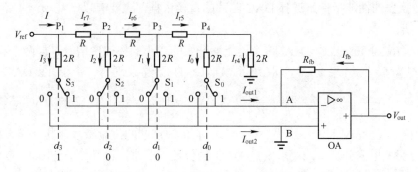

图 5-42　T 形电阻网络 DAC 的原理图

由图 5-42 可知，T 形电阻网络的分支电流 I_i（i=0,1,2,3）的流向由开关 S_i（i=0,1,2,3）控制，而开关 S_i 的位置由二进制位 d_i（i=0,1,2,3）决定。当 d_i 为 0 时，开关 S_i 倒向左边，P_i（i=0,1,2,3）点将通过电阻接到运放 OA 的同相输入端 B 点（B 点接地，是真地）；若 d_i 为 1，则开关 S_i 倒向右边，P_i 点将通过电阻接到运放 OA 的反相输入端 A 点（A 点没有实际接地，是虚地）。可以认为，无论 d_i 的值是什么，T 形电阻网络中的电阻 $2R$ 都是接地的，因此 P_i（i=0,1,2,3）点的对地电阻都是 R。

由以上分析可知：$I=\dfrac{V_{\text{ref}}}{R}=I_3+I_2+I_1+I_0+I_{\text{r4}}=I_{\text{out1}}+I_{\text{out2}}+I_{\text{r4}}$，$I_3=I_{\text{r7}}=\dfrac{1}{2}I=\dfrac{V_{\text{ref}}}{2R}=$

$\dfrac{2^3V_{\text{ref}}}{2^4R}=2^3\dfrac{V_{\text{ref}}}{2^4R}$，$I_2=I_{\text{r6}}=\dfrac{1}{2}I_3=2^2\dfrac{V_{\text{ref}}}{2^4R}$，$I_1=I_{\text{r5}}=\dfrac{1}{2}I_2=2^1\dfrac{V_{\text{ref}}}{2^4R}$，$I_0=I_{\text{r4}}=\dfrac{1}{2}I_1=2^0\dfrac{V_{\text{ref}}}{2^4R}$，

即

$$I_i=2^i\dfrac{V_{\text{ref}}}{2^nR}，\quad(n=4，\ i=0,1，\cdots，n\text{-}1) \tag{5-1}$$

式中，n 是 DAC 的位数，在图 5-42 中，n=4；i=0，1，$\cdots$，$n-1$ 是电流信号的下标，用于区分电流。

由式（5-1）可知，电流 I_{out1} 的值为

$$I_{\text{out1}}=\sum_{i=0}^{n-1}\left(d_i\times I_i\right)=\sum_{i=0}^{n-1}\left(d_i\times2^i\dfrac{V_{\text{ref}}}{2^nR}\right)=\dfrac{V_{\text{ref}}}{2^nR}\sum_{i=0}^{n-1}\left(d_i\times2^i\right)=D\times\dfrac{V_{\text{ref}}}{2^nR} \tag{5-2}$$

式中，D 是被转换的数字量。在图 5-42 中，$D=d_3d_2d_1d_0$B=1001B=9。

由 I_{out1} 可得

$$I_{\text{out2}}=I-I_{\text{out1}}-I_{\text{r4}}=I-I_{\text{out1}}-I_0=\dfrac{V_{\text{ref}}}{R}-D\times\dfrac{V_{\text{ref}}}{2^nR}-2^0\dfrac{V_{\text{ref}}}{2^nR}=\dfrac{2^n-1-D}{2^n}\times\dfrac{V_{\text{ref}}}{R} \tag{5-3}$$

另外，OA 的 A 点是虚地的，所以 $I_{\text{fb}}=-I_{\text{out1}}$，由此可知

$$V_{\text{out}}=I_{\text{fb}}\times R_{\text{fb}}=-I_{\text{out}}\times R_{\text{fb}}=-D\times\dfrac{V_{\text{ref}}}{2^nR}\times R_{\text{fb}} \tag{5-4}$$

由式（5-4）可知，数值 D 与电压 V_{out} 之间存在线性关系。

若选择 $R_{\text{fb}}=R$，则

$$V_{\text{out}}=-D\dfrac{V_{\text{ref}}}{2^n} \tag{5-5}$$

2．D-A 转换器的性能指标

D-A 转换器的性能指标是选择 DAC 芯片的重要依据，主要有以下几项：

（1）分辨率

分辨率（Resolution）是 D-A 转换器能够产生的最小的模拟量增量，即两个相邻的二进制数的模拟量转换结果之差，取决于 DAC 的位数。对于 n 位的 DAC，该差为 $\Delta V_{\text{out}}=\left|\left[-(D+1)\dfrac{V_{\text{ref}}}{2^n}\right]-\left(-D\dfrac{V_{\text{ref}}}{2^n}\right)\right|=\left|\dfrac{V_{\text{ref}}}{2^n}\right|$。当 V_{ref}=5V 时，n=8 和 n=12 的 DAC 芯片的分辨率分别为 $5\text{V}/2^8\approx19.53\text{mV}$ 和 $5\text{V}/2^{12}\approx1.22\text{mV}$。可知，DAC 的位数越多，其分辨率越高。

【**例 5-18**】根据分辨率的要求确定 DAC 的位数。要求：已知 V_{ref}=-10V，DAC 的分辨率为 1mV，请确定 DAC 的位数。

解：根据已知 $\Delta V_{\text{out}}=\left|\dfrac{V_{\text{ref}}}{2^n}\right|=\dfrac{10\text{V}}{2^n}\leqslant1\text{mV}=10^{-3}\text{V}\Rightarrow2^n\geqslant10^4\Rightarrow n\geqslant\dfrac{4\log_{10}10}{\log_{10}2}\approx13.2877$；$n$ 必须为整数，所以 $n\geqslant14$，即 DAC 的位数最小应为 14 位。

（2）满量程

满量程（Full Scale Range，FSR，即满刻度范围）是转换所得的理想模拟电压范围。对于单极性的转换电路，FSR 可以看作是 $-V_{\text{ref}}$。实际上，满量程是无法达到的。因为，由式（5-5）可知，若 V_{ref}=-5V，n=8，则最大的模拟量转换结果为 $V_{\text{out}}=-\left(2^n-1\right)\times V_{\text{ref}}\big/2^n=$

$255 \times \dfrac{5}{256} \mathrm{V} \approx 4.98\mathrm{V} < 5\mathrm{V}$。

（3）精度

精度（Resolution）由转换误差决定，是一个综合性的指标。与精度相关的指标很多，这里仅介绍以下几个：

1）积分非线性度（Integral Non-Linearity，INL）和线性误差（Linearity Error）是衡量 D-A 转换器转换精度的常用指标，表示实际转换结果与理想转换结果之间的最大偏差，单位是 LSB。LSB（Least Significant Bit）是二进制数的最低位，也被称为最低有效位。类似地，MSB（Most Significant Bit）是最高有效位。这里，LSB 代表被转换数字量仅最低位为 1、其他位均为 0 时的理想转换结果，即 $-V_{\mathrm{ref}}/2^n$。例如，若一个 12 位 DAC 的 INL 为 ±1/2 LSB，参考电压为 $V_{\mathrm{ref}} = -4.096\mathrm{V}$，则其 INL 为 $\pm 1/2 \times \left(-V_{\mathrm{ref}}/2^n\right) = \pm 1/2 \times 4.096\mathrm{V}/2^{12} = \pm 1/2\,\mathrm{mV}$；若用该 DAC 将数字量 100 转换成电压，理想转换结果为 $V_{\mathrm{out}} = 100 \times 4.096\mathrm{V}/2^{12} = 0.1\mathrm{V} = 100\mathrm{mV}$，而实际的转换结果应在（100-0.5）～（100+0.5）mV 范围内，即 99.5～100.5mV 之间。

需要指出的是，分辨率与精度是不同的概念。例如，10 位 DAC 芯片 TLC5615 的 INL 是 ±1LSB，而 8 位 DAC 芯片 DAC0854 的 INL 是 ±0.5LSB。

2）微分非线性（Differential nonlinearity，DNL）。两个连续的数字量之间的差或步长是 1 LSB，这两个数字量的 D-A 转换之差的理想值是 $\left|V_{\mathrm{ref}}/2^n\right|$，DNL 是实际值与该理想值的最大偏差。

3）零编码误差（Zero code Error，ZE）也被称为偏移量误差或零点误差，是数字量 0 的实际模拟量转换结果。

4）满量程误差（Full Scale Error，FSE）是被转换数字量的二进制位均为 1 时的实际转换结果与其理想转换结果 $-\left(2^n-1\right)V_{\mathrm{ref}}/2^n$ 之间的差。

（4）建立时间

建立时间（Settling Time）用于衡量转换速度，是从转换开始到 DAC 输出达到目标转换结果 ±1/2 LSB 范围内的时间。

5.6.2　DAC0832 芯片的接口扩展

DAC0832 是一种 8 位的 D-A 转换芯片，内部采用 R-$2R$ T 形电阻网络，输出为正比于数字量的电流。DAC0832 的引脚和功能结构如图 5-43 所示。

微课：DAC0832 的接口及应用

1. DAC0832 的功能结构

DAC0832 内部由 8 位输入寄存器、8 位 DAC 寄存器和 8 位 D-A 转换器组成，如图 5-43a 所示。

8 位输入寄存器的作用是通过 DI7～DI0 引脚接收单片机送来的数字量，DI7～DI0 引脚需与单片机的数据总线相连。当 $\overline{\mathrm{ILE1}}$ 为高电平时，8 位输入寄存器的输出端（Q 端）随着输入端（D 端）变化，即允许数字量输入；当 $\overline{\mathrm{ILE1}}$ 由高电平变为低电平时，8 位输入寄存器将输入数据锁存，其输出不再随输入变化。为使 $\overline{\mathrm{ILE1}}$ 是高电平，ILE、$\overline{\mathrm{CS}}$ 和 $\overline{\mathrm{WR1}}$ 必须分别为高电平、低电平和低电平。

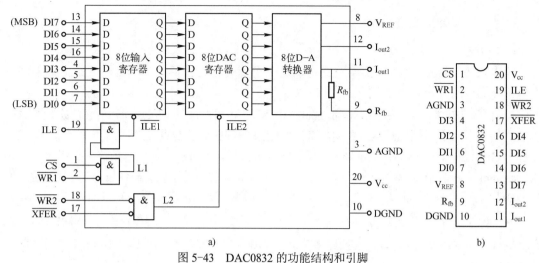

图 5-43　DAC0832 的功能结构和引脚

a) 功能结构图　b) 引脚图

8 位 DAC 寄存器具有对数字量的缓冲和锁存功能。当 $\overline{ILE2}$ 为高电平时，8 位 DAC 寄存器的输出随输入变化，可以接收来自 8 位输入寄存器的数据；当 $\overline{ILE2}$ 由高电平变为低电平时，8 位 DAC 寄存器将输入数据锁存，其输出不再变化。当 $\overline{WR2}$ 和 $\overline{XFER}$ 均为低电平时，$\overline{ILE2}$ 是高电平，否则 $\overline{ILE2}$ 为低电平。

8 位 D-A 转换器由 R-$2R$ T 形 D-A 电阻网络构成，用于 D-A 转换，可将 8 位 DAC 寄存器输出端的数字量转换成与之成比例的电流信号。

可见，8 位输入寄存器和 8 位 DAC 寄存器构成了两级锁存和缓冲器，这使得 DAC0832 的使用更加灵活、方便。另外，需要特别注意的是，DAC0832 内部有反馈电阻 R_{fb}，但是没有运算放大器，因此 DAC0832 工作时必须外接运算放大器。

2. DAC0832 的引脚

DAC0832 的 20 个引脚（如图 5-43b 所示）根据功能可以分成数据输入引脚、电源引脚和控制信号引脚，其作用分别如下：

（1）数据输入引脚

8 位数据输入引脚 DI7～DI0，扩展时与单片机的数据线相连，其中 DI7 是最高位（MSB），DI0 是最低位（LSB）。

（2）电源引脚

V_{cc} 是电源引脚，其电压范围为+5～+15V。AGND 和 DGND 分别是模拟地和数字地的引脚，这两个连在一起，并接地。

（3）控制信号引脚

1）$\overline{CS}$ 是片选信号，低电平有效。当该引脚为低电平时，DAC0832 被选中，可以工作，否则不能工作。

2）8 位输入寄存器相关引脚，包括高电平有效的 ILE 和低电平有效的 $\overline{WR1}$。只有 $\overline{CS}$、$\overline{WR1}$ 和 ILE 分别为 0、0 和 1 时，才能使 $\overline{ILE1}$ 为 1，否则 $\overline{ILE1}$ 为 0。当 $\overline{ILE1}$ 为 1 时，8 位输入寄存器能接收 DI7～DI0 引脚的数据。一旦 $\overline{ILE1}$ 由 1 变为 0，8 位输入寄存器就将其输入端的数据锁存于输出端，不再接收新的数据。

3）8 位 DAC 寄存器控制引脚，包括：低电平有效的 $\overline{\text{WR2}}$ 和 $\overline{\text{XFER}}$。只有 $\overline{\text{WR2}}$ 和 $\overline{\text{XFER}}$ 均为 0 时，才能使 $\overline{\text{ILE2}}$ 为 1，否则 $\overline{\text{ILE2}}$ 为 0。当 $\overline{\text{ILE2}}$ 为 1 时，8 位 DAC 寄存器能接收 8 位输入寄存器送来的数据，该数据才能到达 8 位 D-A 转换器并被转换成模拟量。一旦 $\overline{\text{ILE2}}$ 由 1 变为 0，8 位 DAC 寄存器就将其输入端的数据锁存于输出端，而 8 位 D-A 转换器将一直转换这个被锁存的数字量。另外，DAC0832 的转换时间约为 1μs。为保证转换正常完成，当 V_{cc} 为+5V 时，$\overline{\text{WR2}}$ 和 $\overline{\text{XFER}}$ 引脚的负脉冲持续时间应大于 375ns；而当 V_{cc} 提高到+15V 时，该时间应当大于 320ns。

4）D-A 转换器相关引脚，包括：V_{REF} 是 DAC0832 内部 $R\text{-}2R$ T 形电阻网络的参考电压输入引脚，电压范围为-10～+10V；R_{fb} 引脚与 DAC0832 内部的反馈电阻 R_{fb} 相连，该引脚需要与 DAC0832 外接运算放大器的输出引脚相连；I_{out1} 和 I_{out2} 是 DAC0832 内部 $R\text{-}2R$ T 形电阻网络的电流输出引脚，应当分别连接到 DAC0832 外接运算放大器的反相输入端和同相输入端。另外，两个电流输出引脚的电流之和 $I_{out1}+ I_{out2}=$常数，当 DAC0832 转换的数字量为 255（0FFH=11111111B）时，I_{out1} 达到最大；当 DAC0832 转换的数字量为 0（00H=0B）时，I_{out1} 达到最小。

3．DAC0832 的扩展方式

DAC0832 内部的 8 位输入寄存器和 8 位 DAC 寄存器可以分别进行锁存，使得 DAC0832 的使用更加灵活，具有三种扩展方式，即直通方式、单缓冲方式和双缓冲方式。

（1）直通方式

直通方式的电路原理图如图 5-44 所示。该方式下，DAC0832 内部的 $\overline{\text{ILE1}}$ 和 $\overline{\text{ILE2}}$ 同时为高电平，DAC0832 DI7～DI0 引脚上的数据可以直接到达 8 位 D-A 转换器的输入端，并被转换。在这种方式下，D-A 转换不受单片机的控制，常用于不带单片机等控制器的应用系统。

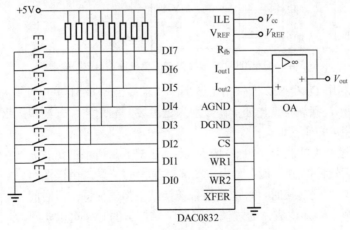

图 5-44　DAC0832 直通方式的电路原理图

（2）单缓冲方式

单缓冲方式是指 DAC0832 内部的 8 位输入寄存器和 8 位 DAC 寄存器中的一个工作于直通方式，另一个工作于受控方式。这里所说的直通方式是指：$\overline{\text{ILE1}}$ 或 $\overline{\text{ILE2}}$ 为高电平，使得对应寄存器的输出数据随着输入数据的变化而变化；而受控方式是指：$\overline{\text{ILE1}}$ 或 $\overline{\text{ILE2}}$ 为低电平，使得对应的寄存器不接收新数据，仅当需要接收新数据时，才使 ILE1 或 ILE2 为高电平。

图 5-45 为 DAC0832 单缓冲方式单极性输出电路原理图，这里所谓的单极性是指其输出电压的极性始终与参考电压的极性相反。

下面以图 5-45 为例，介绍单缓冲方式的工作原理。

由 T 形电阻网络 DAC 的工作原理可知，若假设单片机通过 DI7～DI0 引脚送给 DAC0832 的数字量是 D，则 $V_{out} = -D \times V_{REF}/256$。

在图 5-45 中，由于 $\overline{WR2}$ 和 $\overline{XFER}$ 均为低电平，所以 8 位 DAC 寄存器处于直通方式；而 $\overline{CS}$ 和 $\overline{WR1}$ 引脚分别与 8051 单片机的 P2.7 和 $\overline{WR}$ 引脚相连，使得单片机可以通过指令控制 8 位输入寄存器。

与访问并行 I/O 接口 8255A 相同，单片机可以通过指令"MOVX @DPTR, A"和"MOVX @Ri, A"访问和控制 DAC0832。由图 5-13 所示时序图可知，这两条指令执行时，$\overline{WR}$ 引脚的低电平将与数据总线 P0 上的数据同时出现，此时只要使地址总线的 P2.7 引脚为低电平，即可使 DAC0832 的 8 位输入寄存器接收数据。因此，图 5-45 中 DAC0832 的地址可以是 7FFFH，确定地址的方法在简单 I/O 扩展部分已经提到过，此处不再赘述。另外，因为地址的低 8 位不影响 DAC0832 的工作，所以图 5-45 中没有用于低 8 位地址锁存的锁存器。

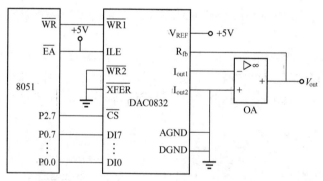

图 5-45　DAC0832 单缓冲方式的单极性输出电路原理图

【例 5-19】 利用 DAC0832 产生指定波形。要求：已知 8051 单片机扩展 DAC0832 的原理图如图 5-45 所示，请编程使电压 V_{out} 分别为锯齿波、三角波、方波和正弦波。

解： 参考程序可扫码获取。

上述 4 个程序产生的波形如图 5-46 所示。图 5-46d 所示的正弦波波形由 Proteus 仿真软件产生，其右图为左图局部放大的结果，由该图可以明显看出，D-A 转换器转换时，每个模拟量转换结果都要保持一段时间，从而使波形由一个个阶梯构成，通过调整每个阶梯持续的时间可以实现波形周期的调节。需要注意的是，电压的阶梯变化使 D-A 转换结果的波形不平滑，若用其控制其他设备，则要根据实际要求对 D-A 转换结果进行平滑滤波处理。另外，产生正弦波的数字量是通过对正弦波信号的采样获得的。同样道理，也可以通过对其他任意波形的采样而"复现"任意波形，这也是任意波形发生器的一种实现方法。

例 5-19 源程序

需要注意的是，在图 5-45 所示的单极性连接方式下，只能产生与 V_{REF} 极性相反的电压，而如图 5-47 所示的双极性连接方式则可以产生正负两种极性的电压。

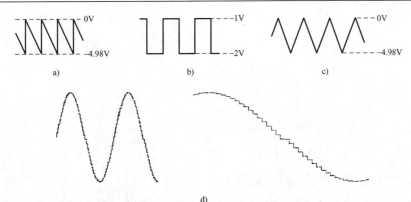

d)

图 5-46　DAC0832 单缓冲方式单极性输出波形

a) 锯齿波　b) 方波　c) 三角波　d) 正弦波

在图 5-47 中，A 点的电压是 $V_A = -D \times V_{REF}/256$；运算放大器 OA2 的反相输入端 B 虚短、虚断，可以认为 B 点电压 $V_B=0$，并且没有电流流入 OA2 的反相输入端。因此，可知对于 DAC0832 的双极性连接，数字量 D 的转换结果为

$$V_{out} = V_B - \left(\frac{V_A - V_B}{R} + \frac{V_{REF} - V_B}{2R} \right) \times 2R = \frac{(D-128)}{128} V_{REF} \tag{5-6}$$

显然，在式（5-6）中，D 的取值范围是 0～255，V_{out} 可以出现正、负两种极性。

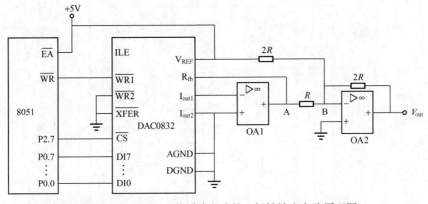

图 5-47　DAC0832 单缓冲方式的双极性输出电路原理图

（3）双缓冲方式

双缓冲方式是指 DAC0832 内部的 8 位输入寄存器和 8 位 DAC 寄存器均工作于受控方式。在大部分时间中，$\overline{ILE1}$ 或 $\overline{ILE2}$ 为低电平，仅当需要接收新数据时，才被单片机通过指令设置为高电平。如此可以控制多个不同的 DAC0832 同时完成 D-A 转换，输出达到同步。

图 5-48 为 DAC0832 双缓冲方式单极性输出的原理图，其中，3 片 DAC0832 的 8 位 DAC 寄存器均由单片机的 P2.7 和 $\overline{WR}$ 引脚控制，而它们的 8 位输入寄存器则由单片机的 $\overline{WR}$ 引脚和其他不同的引脚控制，即：1 号 P2.6 引脚、2 号 P2.5 引脚和 3 号 P2.4 引脚。因此，双缓冲方式下，每个 DAC0832 都有两个地址，一个是 8 位 DAC 寄存器的地址，另一个是 8 位输入寄存器的地址。在图 5-48 中，3 个 DAC0832 的 8 位输入寄存器地址相同，均为 7FFFH（只要保证 P2.7 为 0，且 P2.6、P2.5 和 P2.4 均不为 0 即可）；它们的 8 位 DAC 寄存器地址各不相同，分别为 1 号 0BFFFH（只有 P2.6 为 0）、2 号 0DFFFH（只有 P2.5 为 0）和 3 号 0EFFFH（只有 P2.4 为 0）。

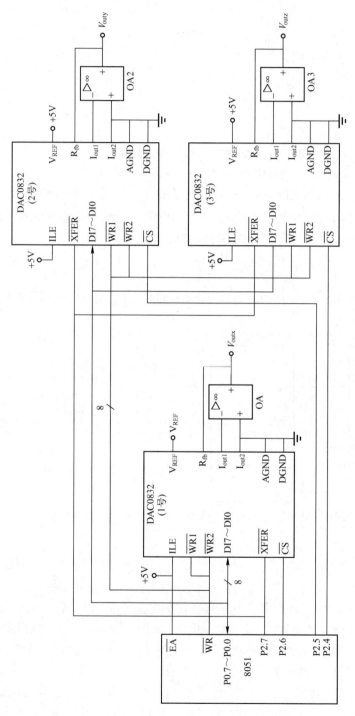

图5-48 DAC0832双缓冲方式单极性输出原理图

【例 5-20】 利用 DAC0832 同时产生多个波形。要求：已知 8051 单片机扩展 DAC0832 的原理图如图 5-48 所示，请编程使电压 V_{outx}、V_{outy} 和 V_{outz} 分别为锯齿波、三角波和正弦波。

例 5-20 源程序

解： 源程序可扫码获取。

图 5-49 为上述程序在 Proteus 仿真软件中运行时同步产生的三种波形图。

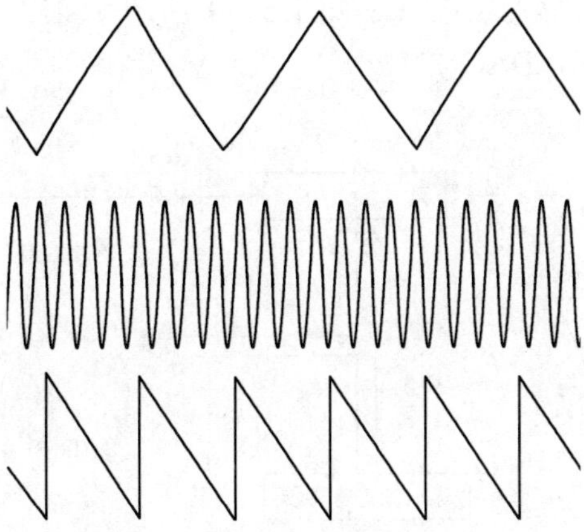

图 5-49　DAC0832 双缓冲方式单极性输出波形

5.6.3　A–D 转换器的工作原理和性能指标

A–D 转换器（ADC）能将模拟电信号转换成与其大小成比例的数字量信号，这种由模拟量到数字量的转换也可以被称为量化。

1. 采样和采样定理

模拟信号和数字信号的主要差别是，在某个连续范围内，模拟信号能取得任何值，而数字信号仅能取得有限个不同的值。比如：电压是模拟信号，如果电压在 0～7V 之间，则电压值可能是 2V、5.2V 或 6.278V，即电压的可能取值是无限多的；而一个 0～7 之间的数字量的取值只能是 0、1、2、3、4、5、6 和 7，共 8 个可能的不同值，并且这些值之间不是连续变化的，即不能包含 5.2 或 6.278V 这样的小数值。

一般情况下，A–D 转换器的输入信号是在时间上连续的模拟信号，每一次 A–D 转换都将一个模拟量转变成对应的数字量，这就是一次对模拟信号的采样。作为物理器件，A–D 转换器完成转换需要一定时间，因此相邻两次转换之间存在时间间隔 t_s。为了保证采样所得的数字信号能够保留足够的原始模拟信号信息，采样时间间隔 t_s 必须足够小，即采样频率 $f_s = 1/t_s$ 必须足够大，必须满足

$$f_s \geqslant 2\max(f_i) \tag{5-7}$$

式中，f_i 为原始信号中各个频率分量的频率；$\max(f_i)$ 为各频率分量的频率最大值。

式（5-7）是采样定理，即采样频率必须大于原始信号频率的两倍。只有符合采样定理，才可能从采样所得的数字信号恢复出原始模拟信号。但是，受到器件物理条件和成本的限制，采样频率不可能无限提高，通常设为原始模拟信号最大频率的 3～5 倍即可。

2. A-D 转换器的工作原理

常用的 A-D 转换方法有计数法、双积分法和逐次逼近法。计数式 A-D 转换器的优点是结构简单，双积分式 A-D 转换器的优点是精度高、抗干扰性强，它们的共同缺点是转换速度较慢。与前两种方法相比，逐次逼近式 A-D 转换器的结构比较简单，转换速度更快，应用更加广泛。本小节将仅以逐次逼近式 A-D 转换器为例，介绍 A-D 转换器的工作原理。

逐次逼近式 A-D 转换器的工作原理如图 5-50 所示，当启动信号由高电平变为低电平时，逐次渐进寄存器被清 0，DAC 的输出 V_O 为 0V，当启动信号再次变成高电平时，A-D 转换开始进行。

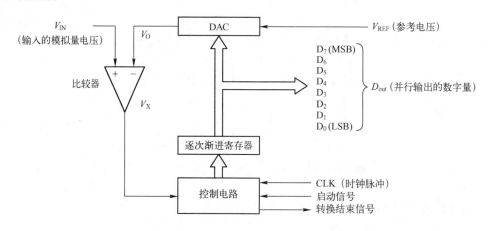

图 5-50　逐次逼近式 A-D 转换器的工作原理

逐次逼近式 A-D 转换器采用二分搜索法确定模拟量所对应数字量。以 8 位 A-D 转换为例，转换过程如下：当第一个时钟脉冲出现时，逐次渐进寄存器的最高位 D_7 被置 1，其值为 1000000B=128，该值被 DAC 转换为电压 $V_O = \frac{128}{256} V_{REF} = 0.5 V_{REF}$，即满量程的一半。然后，比较器将输入模拟电压 V_{IN} 与 $0.5 V_{REF}$ 进行比较，比较结果有以下两种可能：

1）若 $V_{IN} \leqslant 0.5 V_{REF}$，则将逐次渐进寄存器的最高位 D_7 清 0、次高位 D_6 置 1；接下来，$V_O = \frac{01000000B}{256} V_{REF} = \frac{64}{256} V_{REF} = 0.25 V_{REF}$，即满量程的 1/4，之后，$V_{IN}$ 与 $0.25 V_{REF}$ 比较。

2）若 $V_{IN} > 0.5 V_{REF}$，则逐次渐进寄存器的最高位 D_7 保持为 1、次高位 D_6 被置 1；接下来，$V_O = \frac{11000000B}{256} V_{REF} = \frac{192}{256} V_{REF} = 0.75 V_{REF}$，即满量程的 3/4，之后，$V_{IN}$ 与 $0.75 V_{REF}$ 比较。

上述过程重复进行，直到逐次渐进寄存器的最低位 D_0 被置 1 时的 V_O 被比较后为止。转换结束后，逐次渐进寄存器中的值就是 A-D 转换所得的数字量，并且控制电路会输出一个低电平作为转换结束信号。

由上述转换过程可知：

1）逐次逼近式 A-D 转换器总在剩余最大搜索范围的 1/2 内进行对半搜索，速度快。

2）对于 n 位 A-D 转换器，其转换结果 D 与输入模拟电压之间的关系为

$$V_{IN} = \frac{D}{2^n} V_{REF} \tag{5-8}$$

式中，V_{REF} 为 A–D 转换器的参考电压，也是其输入模拟电压的满量程值。由该式可得 A–D 转换结果 D 为

$$D = \frac{V_{IN}}{V_{REF}} 2^n \tag{5-9}$$

3. A–D 转换器的性能指标

与 DAC 的性能指标相似，ADC 的性能指标是衡量 A–D 转换器性能和进行 A–D 转换器选型的重要依据。ADC 的性能指标较多，主要的有以下几个：

（1）分辨率

分辨率是 A–D 转换器所能分辨的最小模拟量值，即两个相邻数字量所对应的模拟量的差值，与 ADC 的位数有关。由式（5-9）可知 n 位 A–D 转换器的分辨率为

$$\frac{D-(D-1)}{2^n} V_{REF} = \frac{1}{2^n} V_{REF} \tag{5-10}$$

通常，用 A–D 转换器的位数来代表其分辨率，即若 1 个 A–D 转换器的分辨率是 $n$bit，则代表其分辨率为满量程输入模拟量的 $1/2^n$ 倍。

由式（5-10）可知，增加 A–D 转换器的位数可以提高其分辨率。例如：如图 5-51 所示，有一个电压信号在等间隔的时间点 t_0，t_1，…，t_7 和 t_8 上被采样，得到 a，b，…，h 和 i 共 9 个采样点。在图 5-51a 所示的 2 位 A–D 转换结果中，点 c、d、e、g 和 h 的数字量均为 2，其中，虽然点 g 和点 h 的电压差比较大，但是靠转换后的数字量无法区分它们。在图 5-51b 中，由于 A–D 转换器的位数提高到了 3 位，分辨率有所提高，点 g 和点 h 已经可以区分。

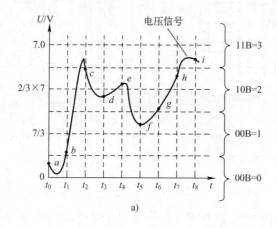 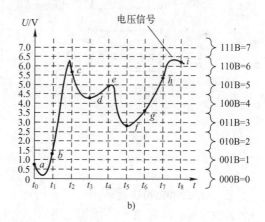

图 5-51　A–D 转换示意图

a) 2 位的 A–D 转换　b) 3 位的 A–D 转换

（2）转换精度

转换精度与误差有关，几个常用的相关指标如下：

1）量化误差是实际转换结果与理想转换结果之间的最大偏差。例如，在图 5-51b 中，5.2V

的转换结果为 5，6.278V 的转换结果为 6，而这两个数的理想转换结果应分别为 5.2 和 6.278。但是，由于 ADC 无法得到小数的转换结果，所以，5.2V 和 6.278V 的转换结果存在误差，分别为 0.2V（=|5.2V−5V|）和 0.278V（=|6.278V−6V|）。显然，量化误差是 1/2 倍的分辨率。例如，3 位 ADC 的量化误差是 $0.5\left(V_{REF}/2^3\right)$。另外，量化误差也可以用 1LSB（$n$ 位二进制数的最低位，是数字量的最小增量，对应于模拟量的最小增量 $V_{REF}/2^n$）的倍数来表示。例如，对于 3 位 ADC 来说，1LSB 和 0.5LSB 所对应的量化误差分别是 $V_{REF}/2^n$ 和 $0.5\left(V_{REF}/2^n\right)$。

2）偏移误差。理想情况下，输入模拟量为 0 时，A-D 转换结果应该为 0。但是，实际情况下，输入模拟量 0 的转换结果通常不为 0，这个不为 0 的转换结果就是偏移误差。

（3）转换速度

转换速度是完成一次转换所需要的时间，其倒数为转换速率。转换速率与采样频率不同，前者是单次转换的时间，后者是连续两次转换之间的时间间隔的倒数。为了保证正确转换，转换速率要大于或等于采样频率。

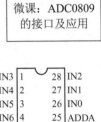

微课：ADC0809 的接口及应用

5.6.4 ADC0809 芯片的接口扩展

ADC0809 是一种 8 位的逐次逼近式 A-D 转换器，其功能结构和引脚如图 5-52 所示。

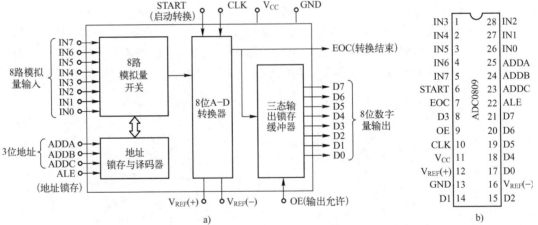

图 5-52 ADC0809 的功能结构和引脚

a）功能结构图 b）引脚图

1. ADC0809 的功能结构

ADC0809 内部由 8 路模拟量开关、8 位 A-D 转换器和三态输出锁存缓冲器组成（如图 5-52a 所示），可以将由 IN7～IN0 输入的 8 路（通道）模拟量转成数字量并由 D7～D0 引脚输出。

因为 8 路模拟量输入共用一个 8 位 A-D 转换器和一组数字量输出引脚，所以必须利用 8 路模拟量开关进行模拟量通道选择，以实现多通道的分时转换。被选中的模拟输入通道由 3 位地址信号 ADDA、ADDB 和 ADDC 的值确定，具体对应关系见表 5-14。

表 5-14　ADC0809 的通道选择

ADDC（C）	ADDB（B）	ADDA（A）	被选中的模拟量输入通道
0	0	0	IN0
0	0	1	IN1
0	1	0	IN2
0	1	1	IN3
1	0	0	IN4
1	0	1	IN5
1	1	0	IN6
1	1	1	IN7

2. ADC0809 的引脚

ADC0809 的 28 根引脚（见图 5-52b）根据功能可以分为模拟量输入引脚、数字量输出引脚、电源引脚和 A-D 转换相关引脚。

（1）模拟量输入引脚

8 路模拟量信号输入引脚 IN7～IN0，输入 0～+5V 的电压信号。

（2）数字量输出引脚

8 位数字量输出引脚 D7～D0，扩展时与单片机的数据线相连，其中 D7 是最高位（MSB），D0 是最低位（LSB）。

（3）电源引脚

V_{CC} 是电源引脚，单电源供电，电压为+5V。GND 为接地引脚。

（4）A-D 转换相关引脚

1）地址引脚 ADDC、ADDB 和 ADDA，用于模拟输入通道的选择，见表 5-14。

2）ALE 引脚，地址锁存允许信号，高电平有效。该引脚出现上升沿时，引脚 ADDC、ADDB 和 ADDA 上的地址信号被锁存和译码，以确定被转换的输入通道。

3）START 引脚，启动转换脉冲。该引脚出现上升沿时，ADC0809 内部的寄存器复位（清 0）；该引脚出现下降沿时，开始进行 A-D 转换。另外，如果转换过程中 START 引脚出现了新的启动脉冲，则当前的转换过程结束，并开始新的转换。

4）EOC 引脚，转换结束信号。转换过程中，该引脚为低电平，转换结束后该引脚输出高电平。可以通过该引脚的状态，判断转换是否结束；还可以利用转换结束时该引脚出现的上升沿作中断请求信号，通过中断方式实现连续转换。

5）CLK 引脚，时钟脉冲输入。CLK 引脚输入时钟脉冲的典型频率为 640kHz，其允许频率范围为 10～1280kHz。

6）$V_{REF(+)}$ 和 $V_{REF(-)}$ 引脚，为参考电压输入引脚，$V_{REF(+)}$ 接+5V，$V_{REF(-)}$ 接地。

3. ADC0809 的扩展方式

8051 单片机扩展 ADC0809 的两种典型方法如图 5-53 所示，其差别是确定 ADC 转换通道的方式不同。

（1）单片机地址总线低 8 位确定转换通道

在图 5-53a 中，单片机 ALE 引脚信号进行二分频后，作为 ADC0809 的 CLK 时钟信

号。单片机 P0 口经过锁存器 74HC373 后的地址总线低 8 位的 A2、A1 和 A0 分别与
ADC0809 的地址线 C、B 和 A 相连，用于确定被转换的通道编号。

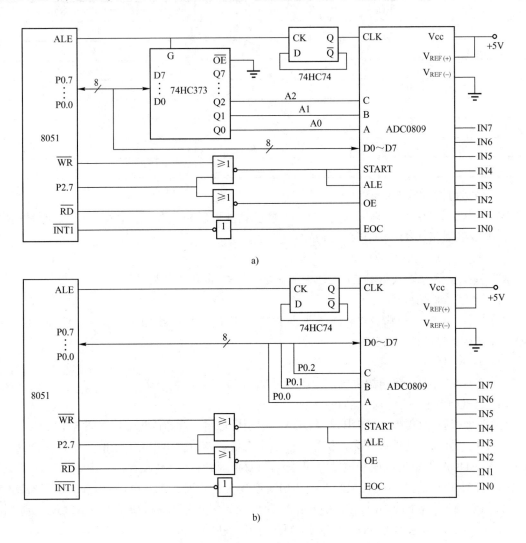

图 5-53　8051 单片机扩展 ADC0809 的电路原理图

a) 单片机地址总线低 8 位确定转换通道　b) 单片机数据总线确定转换通道

启动 ADC0809 转换的指令是"MOVX @DPTR, A"或"MOVX @Ri, A"。例如，对于
图 5-53a，启动通道 6 转换的指令可以是：

```
MOV    DPTR,#7FFEH    ;将通道 6 的地址 7FFEH 送入 DPTR
MOVX   @DPTR,A        ;将地址送上地址总线，以确定通道并发出启动转换脉冲
```

其中，MOVX 指令执行时，地址 7FFEH 的低 8 位（A7～A0）和高 8 位（A15～A8）分
别出现在地址总线 P0 和 P2 上。由 MOVX 指令写总线时序（见图 5-13）可知，单片机 ALE
的下降沿信号将驱动 74HC373 锁存 P0 传送的低 8 位地址（A7～A0，其值为
0FEH=11111110B），其中 A2、A1 和 A0 分别与 ADC0809 的 C、B 和 A 引脚连接，确定了被

选中的通道编号是 110B=6。另外，由于 P2.7 为低电平，单片机的 $\overline{\mathrm{WR}}$ 被或非门取反，使得 START 和 ALE 引脚产生如图 5-54 所示的波形，从而启动 ADC0809 转换。

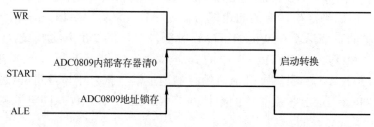

图 5-54　8051 单片机启动 ADC0809 转换的引脚波形图

特别需要指出的是：

1）对于图 5-53a 所示的扩展连接方式，在 ADC0809 的启动指令 "MOVX @DPTR, A" 中，累加器 A 的值对 A-D 转换本身没有任何影响，其值可以是任意的。

2）指令 "MOVX @DPTR, A" 中，与 ADC0809 通道选择无关的地址位可以是任意值，但推荐将其设置为 1，如图 5-53a 中的单片引脚 P2.6～P2.0 和 P0.7～P0.3。

转换结束后，读取转换结果的指令是 "MOVX A, @DPTR" 或 "MOVX A, @Ri"。例如，对于图 5-53a，读取通道 6 转换结果的指令可以是

```
MOV      DPTR,#7FFEH    ;将通道 6 的地址 7FFEH 送入 DPTR
MOVX     A,@DPTR        ;将地址送上地址总线，使 OE 为高电平，读取转换结果
```

由 "MOVX A,@DPTR" 指令时序（见图 5-12）可知，该指令执行时地址 7FFEH 的高 8 位和低 8 位分别出现在 P2 口和 P0 口；单片机引脚 ALE 下降沿信号使 74HC373 锁存 P0 上的低 8 位地址；而 P2.7 为低电平，使单片机引脚 $\overline{\mathrm{RD}}$ 的低电平被或非门取反，变成高电平，使 ADC0809 的 OE 引脚有效，允许 ADC0809 由其 D7～D0 引脚输出 8 位 A-D 转换结果；而 ADC0809 的 D7～D0 引脚与单片机的 P0 口相连，在单片机引脚 $\overline{\mathrm{RD}}$ 为低电平时，P0 作为数据线恰好可以将转换结果送入单片机的累加器 A。另外，读取转换结果时，仅需要 ADC0809 的 OE 引脚高电平有效，地址引脚 A、B 和 C 没有任何作用，所以与地址引脚 A、B 和 C 对应的地址位可以是任意值，即在 "MOVX A,@DPTR" 指令中，DPTR 的最低 3 位可以是任意值。

由上述分析可知，指令时序在单片机扩展外部 I/O 接口时具有重要作用，恰当地利用时序可以使单片机有效地完成对 I/O 接口的访问。

（2）单片机数据总线确定转换通道

在图 5-53b 中，没有使用地址锁存器锁存地址总线的低 8 位地址。在这种连接方式下，启动通道 6 转换的指令可以是

```
MOV      DPTR,#7FFFH    ;将 7FFFH 送入 DPTR
MOV      A,#0FEH        ;将 0FEH（11111110B）送入累积器 A
MOVX     @DPTR,A        ;将 7FFFH 送上地址总线，将 0FEH 送上数据总线
```

其中，"MOVX @DPTR,A" 指令中累加器 A 的值决定了 ADC0809 被转换的通道编号。

具体分析如下：

结合图 5-13 所示的"MOVX @DPTR,A"指令时序图和图 5-54 所示的 ADC0809 启动转换引脚波形图可知，ADC0809 在其 ALE 引脚上升沿时锁存器地址引脚 A、B 和 C 上的地址信息，用以确定被转换的通道编号。而 ADC0809 的 ALE 引脚上升沿信号源于单片机 $\overline{WR}$ 引脚的下降沿。在 $\overline{WR}$ 的下降沿时刻，单片机 P0 是数据线，并且传送的，该数据来自于"MOVX @DPTR,A"中的累加器 A。即，对于图 5-53b 所示的扩展方式，ADC0809 在其 ALE 引脚上升沿时锁存的地址信号来自于单片机的数据总线，因此"MOVX @DPTR,A"送上数据总线的数据（即累加器 A 中的数）决定了 ADC0809 转换的通道编号。

由以上分析可知，被"MOVX @DPTR,A"指令送入地址总线的 7FFFH 的最高位决定了 P2.7 的状态为 0，使得单片机 $\overline{WR}$ 引脚的信号被取反后通过"或非"门，从而启动转 ADC0809 的 A-D 转换；而该指令送上数据总线的 0FEH 的最低 3 位 110B 对应于 ADC0809 的 C、B 和 A 引脚，在 ADC0809 的 ALE 上升沿时刻（单片机 $\overline{WR}$ 的下降沿时刻）被锁存以确定 A/D 转换通道编号。

读取通道 6 转换结果的指令如下：

```
MOV      DPTR,#7FFFH    ;将地址 7FFFH 送入 DPTR
MOVX     A,@DPTR        ;将地址送上地址总线，使 OE 为高电平，读取转换结果
```

4. 转换结果的传输方式及应用举例

启动 ADC0809 转换后，单片机必须在转换结束后读取转换结果，不能提前读取，否则将得不到准确结果。单片机可以通过三种方式做到这一点，分别是无条件传送、查询式传送和中断式传送。具体方法如下：

1）无条件传送是指启动转换后，单片机执行一段延时程序（其延时时间超过 A-D 转换用时），然后再读转换结果。

2）在查询式传送中，单片机不断查询 ADC0809 的 EOC 引脚状态，当其为高电平时表示转换结束，可以读取转换结果。

3）中断式传送方式下，单片机外部中断设置为下降沿触发，将 ADC0809 的 EOC 引脚经非门连接到单片机的外部中断引脚（$\overline{INT0}$ 或 $\overline{INT1}$）上。当转换结束时，EOC 引脚产生由低电平变成高电平的上升沿，经过非门后，将在单片机的外部中断引脚上产生下降沿信号，引起外部中断请求，可以在外部中断服务处理程序中读取转换结果。

【例 5-21】 电压信号的采集。要求：针对图 5-53a 所示电路编写程序，持续采集 ADC0809 通道 6 输入引脚上的电压信号，并将转换所得数字量存入单片机片内 RAM 的 40H 单元中，同时将数字量送到单片机的 P1 口。

解：根据图 5-53a 所示电路原理图搭建的 Proteus 仿真电路图如图 5-55 所示。由于 Proteus 中的 ADC0809 模型不能仿真，所以用 ADC0808 代替。ADC0808 与 ADC0809 兼容，除了性能指标以外，它们的主要差别是 ADC0808 数字量的最高位是 D0（OUT1），而最低位是 D7（OUT8）。仿真中通过可调电阻 RV1 调节模拟电压的幅值。ADC0808 的 CLOCK 引脚输入为 500kHz 的时钟信号。另外，为了便于观察转换结果的变化，将转换结果（或取反后的转换结果）送至单片机 P1 口，以控制 7 个 LED 灯的亮灭，当转换结果发生变化时，LED 灯的亮灭状态也会随之变化。

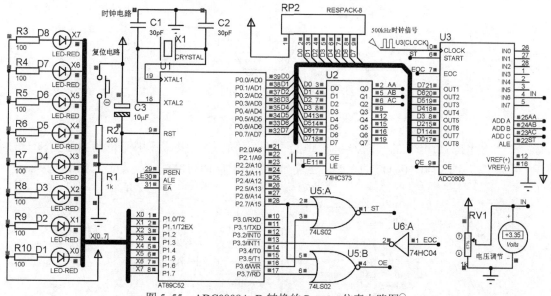

图 5-55　ADC0808A-D 转换的 Proteus 仿真电路图⊖

源程序可扫码获取。

例 5-21 源程序

5.7　小结

本章介绍了 MCS-51 单片机的总线结构及各总线引脚的功能。在此基础上介绍了片外存储器（包括程序存储器和数据存储器）和常用 I/O 接口（包括简单 I/O 接口、8255A、键盘、显示器，A-D 和 D-A 转换器）的扩展方法。通过本章的学习，读者应当熟悉单片机总线中各引脚的作用；理解 MOVX 指令的总线时序；掌握片外存储器和 I/O 接口与单片机的电路连接方法、片外扩展存储器和 I/O 接口的地址编址方法，以及相关程序设计方法。另外，本书第 8 章将本章的大部分汇编语言源程序改写为 C51 语言程序，方便读者对照学习。

5.8　习题

1. 简述为什么 MCS-51 单片机使用相同的地址访问扩展的片外 ROM 和 RAM 存储单元时不会出现地址冲突？

2. 针对图 5-53 所示的单片机扩展 ADC0809 的电路，编写程序，每隔 0.5s 循环检测 ADC0809 IN0～IN7 引脚上的电压，并分别存入单片机片内 RAM 的 30H～37H 单元。要求：1）当有任何一个引脚的电压值大于 4.5V 或小于 1V 时，将与 P1.0 引脚相连的 LED 灯（低电平点亮，图 5-53 中没有该灯，请读者自行添加）点亮；2）通过单片机内部定时器的中断方式实现 0.5s 定时。

3. 针对图 5-45 所示 DAC0832 单缓冲方式的单极性输出原理图，编写梯形波输出程序。要求：梯形波波形如图 5-56 所示。

⊖ 仿真图中元器件的图形符号为软件自带，部分与国标不符。

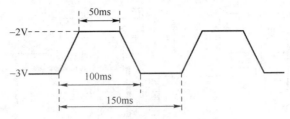

图 5-56 梯形波波形示意图

4. 针对图 5-57 所示的 8255A 扩展 LED 灯和开关的电路,编写程序,实现由开关 S0~S7 控制发光二极管 LED0~LED7 的亮灭。要求:开关 S 闭合时 LED 灯点亮,否则 LED 熄灭。

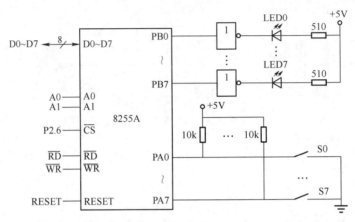

图 5-57 8255A 扩展 LED 灯和开关的电路原理图

5. D-A 转换器有哪些主要性能指标?若已知 $V_{REF}=-5V$,DAC 的位数为 12,求该 DAC 的分辨率。

6. 数码管显示器有哪两种显示方式?试比较它们的优缺点。

7. A-D 转换器有哪些主要性能指标?

8. 在 8051 单片机系统中,利用 8255A 扩展具有 20 个按键的键盘。并编写键盘处理程序,将检测到的键值存入片内 RAM 的 40H 单元。

9. 在 8051 单片机系统中,扩展 1 片 62256 和 1 片 6116 数据存储器芯片,并确定它们的地址范围。

第6章 常用串行总线接口技术

与并行总线接口相比，串行总线接口具有引脚数目少、体积小、结构简单等优点，广泛应用于单片机系统。本章将结合实例介绍几种常用串行总线（包括 SPI 总线、I²C 总线和单总线）的工作原理和使用方法。

6.1 SPI 总线

SPI（Serial Peripheral Interface）总线是 Motorola 公司推出的一种同步串行通信总线。利用 SPI 总线，单片机可以与外设之间进行 8 位数据的同步发送和接收。目前采用 SPI 总线的芯片较多，如 Motorola 公司的 M68HC08 单片机、TI 公司的 A-D 转换器 TLC2543 和 D-A 转换器 TLC5615，以及 AD 公司的温度传感器 AD7816 等。本节将首先介绍 SPI 总线的引脚功能和时序；然后，介绍采用 SPI 总线接口的 A-D 转换芯片 TLC2543 的引脚功能和使用方法；最后，给出 AT89C52 单片机扩展 TLC2543 的实例。

微课：SPI 总线

6.1.1 SPI 总线的引脚功能和时序

1. SPI 总线的引脚功能

图 6-1 为 SPI 总线接口扩展示意图，其中 4 根信号线将主机与从机（或从器件）连接在一起，这 4 根线的作用如下：

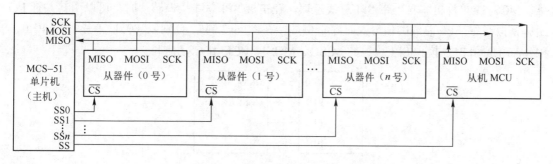

图 6-1　SPI 总线接口扩展示意图

1）MISO（Master Input/Slave Output，主入从出）是主机与从机之间的数据线，是主机的数据输入线，是从机的数据输出线。

2）MOSI（Master Output/Slave Input，主出从入）是主机与从机之间的数据线，是主机的数据输出线，是从机的数据输入线。

3）SCK（串行时钟）是主机时钟信号输出线是从机（或从器件）的时钟信号输入线。

时钟信号可以控制数据传输的速度。

4）SS（Slave Select）是从机的片选信号。

在 SPI 总线通信中，只有一个主机，可以有多个从机。从机可以是单片机（如 8051 单片机），也可以是 SPI 总线接口器件，如 A-D 转换器 TL2543 等。因为所有从机（或从器件）的 MOSI、MISO 和 SCK 分别连接在一起，所以通信时主机必须通过片选信号选择一个或多个从机（或从器件）进行通信。

2. SPI 总线的时序

SPI 器件可以在 SCK 的上升沿或下降沿收发数据，数据可以按照"先高位后低位"或"先低位后高位"的顺序传输。

若假设主机在 SCK 的上升沿按"先高位后低位"的顺序接收数据，则由图 6-2 可知：

1）SS 引脚出现低电平后，从机被选中；同时从机将数据的 D7 位（即最高位）送到 MISO 引脚。

2）在 SS 变成低电平之后的每个 SCK 下降沿，从机将 1 位数据送到 MISO 引脚。

3）在每个 SCK 的上升沿，主机采集 MISO 引脚上的数据，完成读（接收）数据的操作。

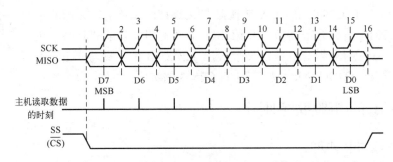

图 6-2 SPI 总线时序图

MCS-51 单片机本身不带 SPI 总线接口，在扩展 SPI 总线接口芯片时，可以用其并行 I/O 引脚模拟产生 SPI 总线的信号及时序。例如，在图 6-3 中，分别以 8051 单片机的 P1.0、P1.1、P1.2 和 P1.3 模拟 SPI 总线的 MISO、MOSI、SCK 和 $\overline{CS}$ 引脚。

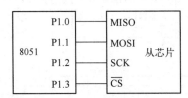

图 6-3 8051 单片机引脚模拟 SPI 总线

6.1.2 SPI 总线 A-D 转换芯片 TLC2543

TI 公司生产的 TLC2543 是采用 SPI 总线接口的 12 位 A-D 转换器，可以转换 11 个模拟输入量，分辨率高、转换速度快，使用方便，应用较广。下面简要介绍 TLC2543 的引脚功能、时序和操作命令。

1. TLC2543 的引脚功能

图 6-4 为 TLC2543 的引脚图，其中各引脚功能如下：

1）AIN0～AIN10 是 11 个模拟量输入引脚。

2）GND 是接地引脚。

3）$V_{ref(+)}$ 和 $V_{ref(-)}$ 分别是正、负参考电压的输入端。$V_{ref(+)}$ 接 V_{cc} 上；$V_{ref(-)}$ 通常接地。模拟量输入的最大值由 $V_{ref(+)}$ 和 $V_{ref(-)}$ 的差决定。

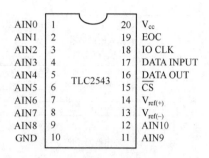

图 6-4 TLC2543 的引脚图

4）$\overline{CS}$ 是片选信号输入端。在 $\overline{CS}$ 的下降沿，TLC2543 复位内部计数器和控制器，使能 DATA OUT、DATA INPUT 和 IO CLK 引脚；在 $\overline{CS}$ 的上升沿，禁止上述引脚功能。

5）DATA OUT 是 A-D 转换结果的三态串行输出引脚。$\overline{CS}$ 为高电平时，该引脚为高阻态；$\overline{CS}$ 下降沿时，DATA OUT 引脚输出上一次转换结果的第一位，在之后的 IO CLK 下降沿，DATA OUT 引脚按次序输出转换结果的剩余位。

6）DATA INPUT 是串行数据输入引脚，输入 TLC2543 的 8 位初始化命令。初始化命令的前 4 位为串行地址，用于选择被转换的模拟量输入（或测试电压）。经过前 4 个 IO CLK 上升沿后，4 位串行地址按先高位后低位的顺序移入数据寄存器。之后按顺序移入命令字的剩余位。

7）IO CLK 是输入/输出时钟信号。该引脚的时钟信号与 TLC2543 的工作时序有关：①在 IO CLK 的前 8 个上升沿，输入的 8 位初始化命令移入输入数据寄存器。在 IO CLK 的第 4 个上升沿，已移入的 4 位输入通道选择地址有效；②在 IO CLK 的第 4 个下降沿与最后 1 个下降沿之间，被选中的模拟量输入电压持续给电容充电；③将上一次转换结果的剩余 11 位移出至 DATA OUT 引脚（最开始的一位已经在 $\overline{CS}$ 下降沿时移出），数据引脚的状态在 IO CLK 的下降沿发生变化；④在最后一个 IO CLK 的下降沿，将转换控制移交给 TLC2543 的内部状态控制器。

8）EOC 是转换结束信号。EOC 在 IO CLK 的最后一个下降沿由高电平变成低电平，并且一直保持低电平，直到转换结束且 TLC2543 已准备好输出转换结果为止。

9）V_{cc} 是正电压输入引脚，接+5V。

2. TLC2543 的初始化命令和时序

TLC2543 是 12 位的 A-D 转换器，可以将外部输入的 11 个模拟量电压和 3 个内部自测试电压源中的一个，转换为 12 位数字量。转换结束后，转换结果可由 DATA OUT 引脚输出。输出的转换结果可以是无符号数（即单极性）或有符号数（即双极性），位数可以是 8 位、12 位或 16 位，输出顺序可以是"先高位后低位"（即 MSB 先导）或"先低位后高位"（即 LSB 先导）。

在每次 A-D 转换之前，必须向 TLC2543 的 DATA INPUT 引脚发送初始化命令（见表 6-1），以选择模拟电压源并设置结果输出格式。

表 6-1　TLC2543 的初始化命令格式

功　能			输入数据字节					
			地址位				L1　L0		LSBF	BIP
			D7	D6	D5	D4	D3	D2	D1	D0

功　能			D7	D6	D5	D4	D3	D2	D1	D0
选择转换源	输入模拟量通道	AIN0	0	0	0	0				
		AIN1	0	0	0	1				
		...	...							
		AIN10	1	0	1	0				
	内部自测电压	$V_{ref(+)}$-$V_{ref(-)}$	1	0	1	1				
		$V_{REF(+)}$	1	1	0	0				
		$V_{REF(-)}$	1	1	0	1				
掉电模式			1	1	1	0				
输出数据长度		12 位					0	0		
		8 位					0	1		
		12 位					1	0		
		16 位					1	1		
转换结果输出顺序							MSB 先导（先高位后低位）		0	
							LSB 先导（先低位后高位）		1	
输出极性选择								单极性		0
								双极性		1

在图 6-5 所示的 TLC2543 引脚时序图中，字母 A 代表上一次转换，字母 B 代表本次转换，字母 C 代表下一次转换，即：A11～A10 是上一次 A-D 转换结果的输出；B7～B0 是本次 A-D 转换的初始化命令，B11 是本次转换结果的输出，"访问周期 B"是本次转换的访问周期，"采样周期 B"是本次转换的采样周期；C7 是下一次转换的初始化命令。

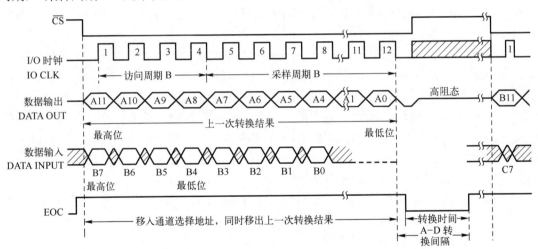

图 6-5　使用 CS 且 12 位输出转换结果的 TLC2543 引脚时序图

由图 6-5 可知，每次 A-D 转换之前，需要一个由 CS 下降沿开启的包含 12 个 IO CLK 的 TLC2543 初始化过程，该过程可分为如下两部分：

（1）访问周期

在访问周期中，经过 4 个 IO CLK 的上升沿，通过 DATA INPUT 引脚接收初始化命令的前 4 位（B7～B4，即地址位），以确定被转换的模拟电压源。

（2）采样周期

在采样周期中，通过 DATA INPUT 引脚接收初始化命令的后 4 位（B3～B0），同时开始电压采样，为后续的 A-D 转换做准备。

在最后一个（即第 12 个）IO CLK 的下降沿之后，开始进行 A-D 转换。转换开始后，EOC 变成低电平，数据输出引脚为高阻态，IO CLK 被禁止。转换结束后 EOC 恢复为高电平。至此，一次 A-D 转换结束。

另外，$\overline{\text{CS}}$ 下降沿也可以开启一次包含 12 个 IO CLK 的转换结果（属于上一次转换）输出过程。如图 6-5 所示，当 $\overline{\text{CS}}$ 下降沿出现时，TLC2543 将上一次转换结果的最高位 A11（也可以设置为最低位）移出至 DATA OUT 引脚，在第 1 个 IO CLK 的上升沿时单片机可以读取该位。在第 1 个 IO CLK 的下降沿，下一位转换结果 A10 被移出至 DATA OUT 引脚，在第 2 个 IO CLK 的上升沿单片机可以读取该位。之后是第 3 个 IO CLK，第 4 个 IO CLK 等。依此类推，最后一个 IO CLK 的上升沿单片机可以读到转换结果的最后一位。

特别需要注意，读上一次转换结果与初始化（启动）本次 A-D 转换的操作应当同步进行，即如图 6-5 所示，在每个 IO CLK 信号周期内同时完成下面两个操作：

1）在 IO CLK 上升沿，将本次转换初始化命令中的一位，移位到 DATA INPUT 引脚。

2）在 IO CLK 下降沿，读取上一次的转换结果的一位。

6.1.3　TLC2543 的应用实例

图 6-6 给出了一个以 AT89C52 单片机为主控制器，以 TLC2543 为 A-D 转换器的电压采集系统的 Proteus 仿真模型（本书第 9 章介绍了 Proteus 仿真软件的使用方法，请读者参考）。该单片机应用系统由以下电路模块组成：

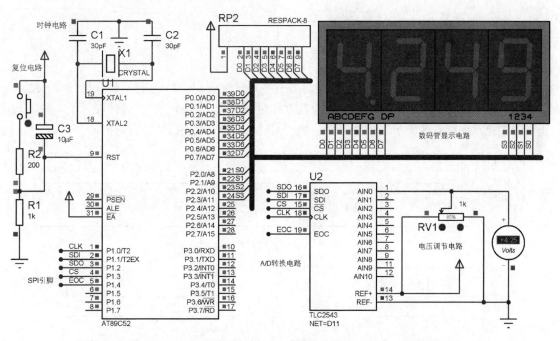

图 6-6　基于 TLC2543 的电压采集系统的 Proteus 仿真模型

1）复位电路，提供了两种单片机复位方式，包括上电复位和按键复位。

2）时钟电路，为系统提供时钟信号，其中晶振的频率为 12MHz。

3）显示电路，是由 4 位共阴极数码管构成的动态显示电路。数码管的段控信号由单片机的 P0 口输出，位控信号由单片机 P2 口的低 4 位输出。

4）模拟电压调节电路，通过可调电阻对+5V 电压进行分压，分压结果作为 TLC2543 的模拟量输入。

5）TLC2543 电压采集电路，利用单片机的 P1 口引脚模拟 SPI 总线引脚的功能，实现对 TLC2543 的转换控制。

例 6-1 源程序

【例 6-1】 针对图 6-6 所示单片机系统，设计 C51 程序，完成以下功能：采集 TLC2543 模拟量输入通道 0 的输入电压，并将该电压值显示在数码管上。

解：源程序可扫码获取。

6.2 I^2C 总线

I^2C（Inter-Integrated Circuit）总线是 Philips 公司推出的一种双向二线制同步串行总线，仅用两根线即可实现器件之间的数据传送。目前很多芯片集成了 I^2C 总线接口，如 CYGNAL 公司的 C805IF0XX 系列单片机、实时日历时钟芯片 PCF8563 及数字温度传感器 LM75 等。本节将首先介绍 I^2C 总线的引脚功能和时序；然后，介绍 I^2C 总线接口的实时时钟芯片 PCF8563 的引脚功能和使用方法；最后，给出 AT89C51 单片机扩展 PCF8563 的实例。

微课：I^2C 总线

6.2.1 I^2C 总线的引脚功能和时序

1. I^2C 总线的引脚功能

如图 6-7 所示，I^2C 总线通过两根线将多个芯片（包括 MCU）连接在一起，其中，SDA 和 SCL 都是双向传输线，分别用于传输数据和时钟信号。这两个引脚必须经过上拉电阻与正电源相接，如图 6-8 所示。另外，在总线空闲时，SDA 和 SCL 都是高电平。

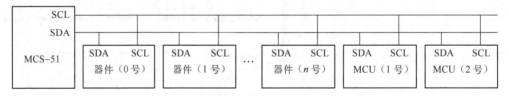

图 6-7　I^2C 总线接口扩展示意图

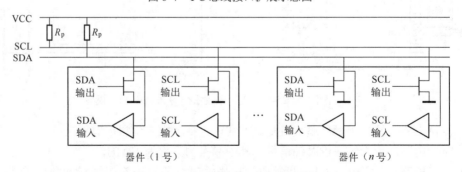

图 6-8　I^2C 总线接口电气结构图

需要注意，在图 6-7 中并没有指出从机或主机，这是因为 I^2C 是一种多主机的总线，可以有多个主机，且主从关系可以根据任务要求而更改。当有多个主机时，I^2C 总线可以通过内部的竞争检测和仲裁电路进行仲裁处理，以保证数据正确传输。另外，主机是产生时钟信号并初始化数据传输的器件，只有带 CPU 的器件才能成为主机。每个器件都有一个唯一的地址编号，被主机通过地址编号寻址访问的器件是从机。

2. I^2C 总线的引脚时序

I^2C 总线的数据传输过程由主机控制。在该过程中，主机的操作可以分为以下几个步骤：①发送启动信号；②传输从机地址，并确认数据传输方向（主机输出从机输入，或主机输入从机输出）；③与从机之间进行数据传输（发送或读取）；④发送停止信号。I^2C 总线信号的时序由主机产生和控制，下面分别进行介绍。

（1）启动信号和停止信号的时序

启动信号和停止信号分别用于确定数据传输的开始和结束。如图 6-9 所示，当 SCL 为高电平时，若 SDA 引脚出现下降沿，则产生启动信号；反之，当 SCL 为高电平，而 SDA 引脚出现上升沿时，则产生停止信号。

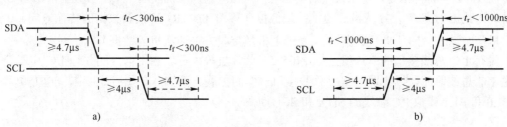

图 6-9　启动信号与停止信号的引脚时序

a) 启动信号　b) 停止信号

（2）数据传送时序

数据传送过程中，如图 6-10 所示，当 SCL 为高电平时，SDA 引脚上的信号是被传送的数据位（低电平为 "0"，高电平为 "1"），必须保持稳定；若要更改被传送的数据位，则必须先令 SCL 为低电平。可见，I^2C 总线仅在 SCL 为高电平时传送数据。

（3）响应信号时序

I^2C 总线以字节为单位传送数据和地址。传送时高位在前、低位在后。每发送完

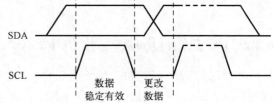

图 6-10　数据传送过程中的引脚时序

一个字节后，发送方都要求接收方返回一个响应信号。响应信号有两种，分别是应答信号 ACK 和非应答信号 $\overline{ACK}$，其时序如图 6-11 所示，下面分析该时序。

1）若主机为发送方，则发送完一个字节后，需要从机进行应答。此时，主机在 SCL 引脚产生一个时钟脉冲（高电平），并将 SDA 引脚设置为高电平（即释放对总线的控制）。接收方若需继续接收下一个数据，则主动将 SDA 引脚设置为低电平。即产生如图 6-11a 所示的 ACK 信号。主机检测到 ACK 信号后将继续发送下一个数据。若接收方不需要接收下一个数据，则不更改 SDA 引脚状态，使其保持高电平。即产生如图 6-11b 所示的 $\overline{ACK}$ 信号。主机检测到 $\overline{ACK}$ 信号后，将产生如图 6-9b 所示的停止信号，并结束发送。

图 6-11 响应信号的引脚时序

a) 应答信号 ACK b) 非应答信号 $\overline{ACK}$

2）若主机为接收方，则接收完一个字节数据后，主动产生一个应答信号。如果主机希望接收新数据，则该应答信号为 ACK 信号。检测到 ACK 信号的从机将发送下一个数据。如果主机不需要接收新数据，则应答信号为 $\overline{ACK}$ 信号。从机检测到 $\overline{ACK}$ 信号后，将停止发送、释放 SDA 线（即使其为高电平）。之后，主机可以发送停止信号，结束本次数据传输。

3. I²C 总线的数据帧格式

如前所述，I²C 总线传输数据之前除了发送启动信号外，还要发送从机地址，并确认数据传输方向。具体方法是，主机发送启动信号后，接着再向从机发送一个字节数据。如图 6-12 所示，该数据的高 7 位是从机的地址；最低位（第 0 位）R/$\overline{W}$ 代表数据的传输方向，0 表示主机是发送方（向从机写数据），1 表示主机是接收方（读从机的数据）。

没有 I²C 总线接口的单片机，如 MCS-51 单片机等，可以利用自身的并行 I/O 引脚模拟产生 I²C 总线时序，以实现对 I²C 总线接口器件的扩展。例如，在图 6-13 中，8051 单片机用 P1.0 和 P1.1 模拟 I²C 总线的 SDA 和 SCL 引脚。

图 6-12 I²C 总线的从机地址格式

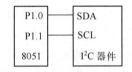

图 6-13 引脚模拟 I²C 总线

6.2.2 I²C 总线日历时钟芯片 PCF8563

实时时钟芯片 PCF8563 是低功耗的 I²C 总线器件，其内部有定时器和报警器等资源，可以提供时、分、秒、月、日、年和星期等时间信息，被广泛应用于便携式设备中。本节将简要介绍 PCF8563 的引脚、内部寄存器和通信协议。

1. PCF8563 的引脚功能

PCF8563 的引脚如图 6-14 所示，其功能分别如下：

1）OSCI 和 OSCO 分别是振荡器的输入和输出引脚。

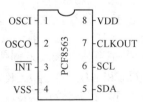

图 6-14 PCF8563 的引脚

2）$\overline{INT}$ 是中断信号输出引脚，低电平有效。

3）VDD 和 VSS 分别是正电源引脚和接地引脚。

4）SDA 和 SCL 分别是串行数据输入/输出引脚和串行时钟信号引脚。

5）CLKOUT 是时钟信号输出引脚。

2．PCF8563 的内部寄存器

PCF8563 内部有 16 个 8 位寄存器，每个寄存器都有地址，见表 6-2。根据功能可以将这些寄存器分成三类：

1）控制寄存器，地址为 01H～02H 和 0DH～0FH。

2）时钟寄存器，地址为 02H～08H，存放了时、分和秒等时钟信息。

3）报警寄存器，地址为 09H～0CH，用于设置报警时间。

单片机可以通过地址访问这些寄存器，以实现对 PCF8563 的操作控制。

表 6-2　PCF8563 的内部寄存器

地址	寄存器名称	bit7	bit6	bit5	bit4	bit3	bit2	bit1	bit0
00H	控制/状态寄存器 1	TEST1	0	STOP	0	TESTC	0	0	0
01H	控制/状态寄存器 2	0	0	0	TI/TP	AF	TF	AIE	TIE
02h	秒	VL	00～59　BCD 码格式数						
03h	分钟	—	00～59　BCD 码格式数						
04h	小时	—	—	00～59　BCD 码格式数					
05h	日	—	—	01～31　BCD 码格式数					
06h	星期	—	—	—	—	—	0～6		
07h	月/世纪	C	—	01～12　BCD 码格式数					
08h	年	00～99　BCD 码格式数							
09h	分钟报警	AE	00～59　BCD 码格式数						
0Ah	小时报警	AE	—	00～23　BCD 码格式数					
0BH	日报警	AE	—	01～31　BCD 码格式数					
0CH	星期报警	AE	—	—	—	—	0～6		
0DH	CLKOUT 输出寄存器	FE	—	—	—	—	—	FD1	FD0
0EH	定时器控制寄存器	TE	—	—	—	—	—	TD1	TD0
0FH	定时器计数值寄存器	定时器倒计数数值（二进制）							

注：1．"—"表示该位无效。

　　2．VL=0，保证准确的时钟/日历数据，否则不保证。

　　3．C=0，世纪数为 21，否则为 20。

　　4．AE=0，分钟报警有效，否则无效。

3．PCF8563 的通信协议

PCF8563 有三种通信协议，分别如图 6-15～图 6-17 所示，下面分别简要介绍。

（1）主机发送、从机接收的协议

假设单片机是主机，PCF8563 是从机。在图 6-15 所示的协议中，主机发出启动信号之后再发送 1 个字节，该字节的高 7 位是 PCF8563 的地址；最低位为 0，表示主机将继续向 PCF8563 发送数据。接下来，主机发送 PCF8563 内部寄存器的地址，以确定存放接收数据的寄存器。之后，主机连续向 PCF8563 发送 n 个字节数据。每接收 1 个字节数据后，PCF8563 内部寄存器的地址将自动加 1。发送完毕后，主机发出停止信号，结束本次数据传输。

需要注意，PCF8563 的地址格式如图 6-12 所示。其中：地址高 7 位是固定的，即 1010001，最低位为 1 和 0 分别表示单片机读和写 PCF8563，即：主机读、写 PCF8563 的地址分别是 0A3H 和 0A2H。另外，PCF8563 没有硬件地址定义引脚；对于有地址定义引脚的

I²C 器件，接收到器件地址后，需将该地址与地址定义引脚的状态进行比较，比较结果一致，才能进行后续的通信操作。

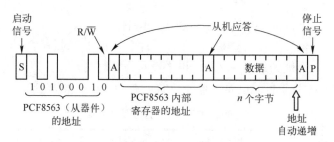

图 6-15　PCF8563 协议之主机发送、从机接收

（2）主机设置寄存器地址后再读数据

在图 6-16 的协议中，主机发出启动信号后再发 1 个字节，其中，高 7 位是 PCF8563 的地址；最低位是 0，表示主机将继续发数据。接着，主机发送 PCF8563 内部寄存器的地址，以确认下一步读取 PCF8563 的哪一个寄存器。之后，主机开启一个读 PCF8563 的过程，主机首先发出启动信号；然后发出一个字节，其中高 7 位是 PCF8563 的地址，最低位为 1，表示接下来主机要读 PCF8563 的数据；之后主机开始连续读 PCF8563 发出的数据。

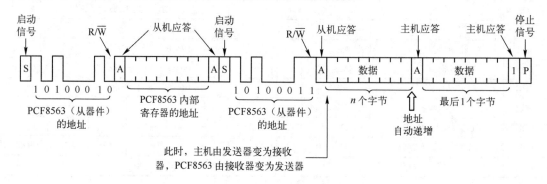

图 6-16　PCF8563 协议之主机设置寄存器地址后再读数据

需要注意，在由写操作切换到读操作前，主机必须再次产生启动信号，并利用之后发出的第 1 个字节（其最低位为 1，表示读操作）将 PCF8563 设置为发送方。

（3）主机设置从机地址后立即读数据

在图 6-17 的协议中，主机产生启动信号后再发送 1 个字节（该字节的最低位为 1），以将自身设置为数据接收方，接下来连续读取 PCF8563 发送的数据。

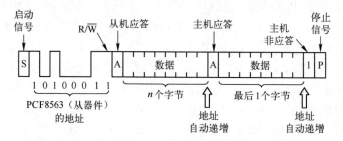

图 6-17　PCF8563 协议之主机设置从机地址后立即读数据

6.2.3　PCF8563 的应用实例

图 6-18 给出了一个以 AT89C51 单片机为主控制器，PCF8563 提供时间信息的日历时钟系统的 Proteus 仿真模型（本书第 9 章介绍了 Proteus 仿真软件的使用方法，请读者参考）。该系统由以下电路模块组成：

1）复位电路，提供了两种单片机复位方式，包括上电复位和按键复位。

2）时钟电路，为系统提供时钟信号，其中晶振的频率为 12MHz。

3）显示电路，是由 8 位共阴极数码管构成的动态显示电路。数码管的段控信号由单片机的 P0 口输出，位控信号由单片机 P2 口输出。

4）单片机利用 P3.0 和 P3.1 引脚分别模拟 I^2C 总线的 SCL 和 SDA 引脚，实现对 PCF8563 的控制，并读取时间信息。

【例 6-2】　针对图 6-18 所示单片机系统仿真图，设计 C51 程序，完成以下功能：读取 PCF8563 提供时间信息，并将其显示在数码管上。可以通过开关 SW1 切换显示内容，若开关闭合，则显示时-分-秒，否则显示年-月-日。

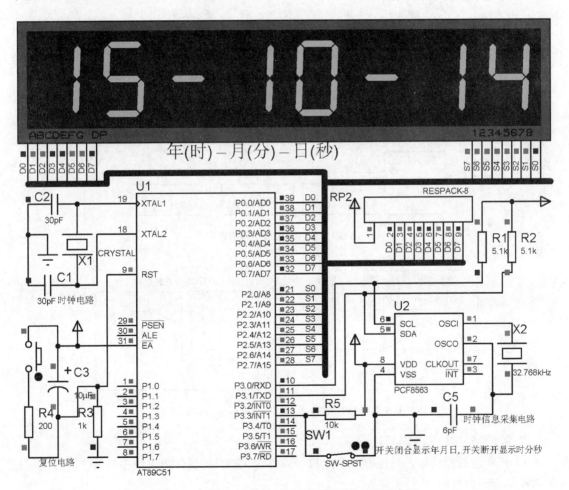

图 6-18　基于 PCF8563 的日历时钟系统电路仿真图

解：本例程序包含两个程序文件，一个是主程序文件"PCF8563.c"，该文件中包含 main 函数，控制 PCF8563 和显示器工作；另一个是 I²C 总线函数头文件 "I2C.h"，包含 I²C 总线引脚的定义及相关总线操作函数。源程序可扫码获取。

例 6-2 源程序

6.3 单总线

单总线（1-Wire）是 DALLAS 公司推出的一种单线双向串行总线，仅用一根线即可实现多个器件间的数据传输。目前，常用的单总线接口芯片有数字温度传感器 DS18B20、单总线控制器 DSIWM 和 D-A 转换器 DS2450 等。本节将以单总线温度传感器 DS18B20 为例，介绍单总线接口器件的引脚功能、时序及使用方法；最后，给出 AT89C52 单片机扩展 DS18B20 的例子。

6.3.1 单总线的引脚功能和时序

1. 单总线的引脚功能

在单总线接口扩展中，一根线 DQ 将所有器件连接在一起，如图 6-19 所示。DQ 是双向传输线，可以传送时钟信号和数据。为保证总线空闲时该引脚为高电平，DQ 引脚必须经过一个约 5kΩ 的电阻与正电源相连，如图 6-20 所示。另外，在图 6-20 中，主机是指单片机等控制器。没有专用单总线引脚的单片机可以用 I/O 口引脚模拟单总线引脚。

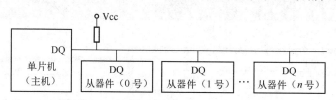

图 6-19 单总线接口扩展示意图

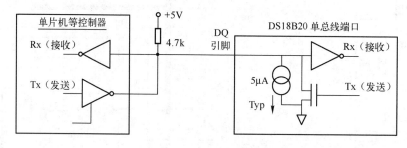

图 6-20 DS18B20 单总线引脚硬件结构示意图

使用单总线接口器件时要注意：

1）在单总线通信中，只能有一个主机（只有含 CPU 的器件可以作主机），并且从机只能被动地与主机通信。

2）单总线接口器件都具有唯一、不能更改，且与其他器件不同的 64 位 ROM 序列号，主机可以通过该序列号寻址单总线上挂接的从机。

3）单总线的数据传输顺序是"先低位，后高位"。

4）单总线接口器件采用寄生电源的供电方式时，不需要外接电源。

2．单总线的引脚时序

为保证数据传输的正确性，单总线接口器件通信过程中必须按照通信协议要求产生总线信号。单总线协议中的信号类型有以下几种，分别是复位脉冲、存在脉冲、写 0 信号、写 1 信号、读 0 信号和读 1 信号。上述信号中，除了存在脉冲，所有信号均由主机产生。这些信号的时序如图 6-21 所示，下面分别介绍。

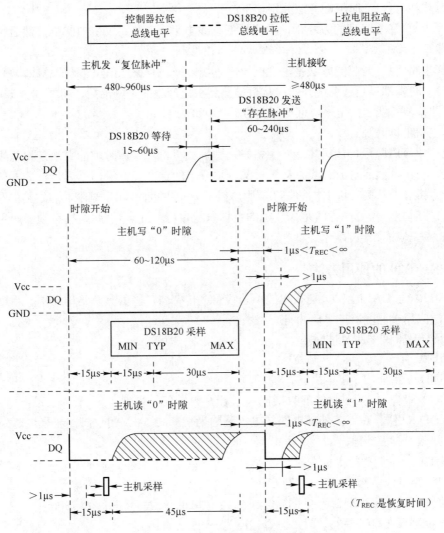

图 6-21　DS18B20 的 DQ 引脚时序

（1）复位脉冲

单总线的数据传输开始于主机发出复位脉冲，这是总线初始化操作。如图 6-21 所示，主机（即控制器）将 DQ 引脚置为低电平，即将总线的电平拉低，并保持 480～960μs，以产生"复位脉冲"。复位脉冲发出后，主机重新将 DQ 置为高电平（即释放总线）并等待 15～60μs，之后检测从机是否发出了"存在脉冲"。若检测到"存在脉冲"则开始通信，否则不通信。

（2）存在脉冲

主机发出复位脉冲并释放总线时，总线上产生上升沿。从机（此处指 DS18B20）检测到该上升沿后，等待 15～60μs 再将总线 DQ 引脚置为低电平，并保持 60～240μs。如图 6-21 所示，这个持续 60～240μs 的低电平即是从机发出的"存在脉冲"。

（3）主机的写时隙

主机通过写"0"时隙向从机发送逻辑 0，通过写"1"时隙向从机发送逻辑 1。写"0"时隙和写"1"时隙都必须维持至少 60μs。两次写时隙之间至少需要 1μs 的恢复时间。产生写"0"时隙和写"1"时隙的方法分别如下：

1）产生写"0"时隙的方法是，主机拉低总线电平，并保持 60～120μs，然后释放总线（即向总线写 1）。

2）产生写"1"时隙的方法是，主机拉低总线电平，并在 15μs 内释放总线，写"0"时隙和写"1"时隙都以拉低总线开始，从机检测到由此产生的下降沿后，将在 15～60μs 内读取数据，即检测总线上的电平，低电平为 0，高电平为 1。

（4）主机的读时隙

主机产生读时隙后，从机才能向主机发送数据。主机产生读时隙的方法是将总线拉底，并保持至少 1μs，然后释放总线。从机检测到总线上的这个上升沿信号后，将数据送到总线上、发给主机。若从机发给主机的是 0，则总线上产生主机读"0"时隙，若发给的是 1，则产生读"1"时隙。需要注意的是，从机的数据只能保持 15μs，因此主机必须在产生读时隙后的 15μs 内完成读数据的操作。

6.3.2　DS18B20 的使用方法

DS18B20 是 DALLAS 公司推出的单总线温度传感器，因其具有结构简单、精度高等优点，而广泛应用于温度监控等单片机应用系统。

1. DS18B20 的引脚及性能指标

DS18B20 有 3 个引脚，分别是：

1）GND（引脚 1），接地引脚。

2）DQ（引脚 12），单总线的数据输入/输出和时钟信号引脚。

3）VDD（引脚 3），接外部电源（电压范围为+3～+5.5V）的引脚，若采用寄生电源方式供电，则该引脚应接地。

DS18B20 的主要性能指标有：

1）可测温度的范围为-55～+125℃。

2）温度分辨率可以配置为 9～12 位，在 12 位时的单次转换时间为 750ms。

3）温度测量在-10～+85℃时，测量精度为±0.5℃。

4）可以设置温度的上、下限报警值，并存在其内部的非易失存储器中。

5）能够识别产生温度报警的器件。

2. DS18B20 的操作指令

在单总线通信中，主机首先选择与之通信的 DS18B20，然后通过给 DS18B20 发操作命令来控制其工作。DS18B20 的所有操作命令均以 8 位二进制数表示，由表 6-3 可知，ROM 命令主要用于 DS18B20 的定位（如确定总线上哪一个 DS18B20 出现了报警），而存储控制命令主要用于控制温度转换和数据的读、写等。

表 6-3　DS18B20 的 ROM 命令

类别	命令编码	命令名称	功能
ROM命令	33H	读 ROM	读取 DS18B20 的 ROM 序列号，当总线上只有一片 DS18B20 时才能使用此指令
	55H	匹配 ROM	发出该命令后接着发 DS18B20 的 ROM 列号。当总线上有多个 DS18B20 的 ROM 序列号时，可以通过该命令对指定的 DS18B20 进行操作
	CCH	跳过 ROM	通过该命令可以跳过 ROM 匹配，让总线上的所有 DS18B20 同时操作，比如同时进行温度转换
	ECH	报警搜索	找出在最近一次温度转换时出现报警的 DS18B20
	F0H	搜索 ROM	读取总线上所有 DS18B20 的 ROM 序列号
存储器控制命令	44H	温度转换	启动在线的 DS18B20 进行温度转换。转换过程中 DS18B20 将转换状态发给主机，如 0 表示正在转换，而 1 表示转换已经结束
	BEH	读寄存器	读 DS18B20 内部所有暂存器，DS18B20 将读到的 9 个字节数据发送给主机
	4EH	写寄存器	主机向 DS18B20 发送 3 个字节的数据，这 3 个字节的数据被写入 DS18B20 暂存器的第 2、3、4 个字节（即 TH、TL 和配置寄存器）
	48H	复制	将 DS18B20 内部暂存器 TH、TL 和配置寄存器的数据复制到 EEPROM
	B8H	读 EEPROM	将 EEPROM 中数据写入 TH、TL 和配置寄存器。该操作会在 DS18B20 上电时自动完成
	B4H	读电源供电方式	DS18B20 主机发送电源状态

（1）DS18B20 的 ROM 序列号

ROM 序列号是每个单总线接口器件都有的唯一的编号，共 64 位，其中，最后 8 位是厂家号（Family Code），DS18B20 的厂家号是 10H；中间 48 位是序列号（Serial Number）；最高 8 位是 CRC 冗余检验码（CRC Code）。

（2）DS18B20 内部的存储结构

DS18B20 内部存储资源由高速暂存器和 EEPROM 构成，如图 6-22 所示。其中，暂存器的第 4 个字节是配置寄存器（见表 6-4），其第 6 位和第 5 位用于设置温度传感器的位数（即分辨率）。

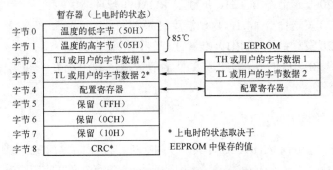

图 6-22　DS18B20 内部的存储结构

表 6-4　DS18B20 的配置寄存器

bit7	bit6	bit5	bit4	bit3	bit2	bit1	bit0
0	R1	R0	1	1	1	1	1
	0	0	9 位的温度传感器				
	0	1	10 位的温度传感器				

（续）

bit7	bit6	bit5	bit4	bit3	bit2	bit1	bit0
1	0		11 位的温度传感器				
1	1		12 位的温度传感器				

　　DS18B20 的默认分辨率为 12 位。温度值的低字节和高字节分别存放于暂存器的字节 0 和字节 1。另外，DS18B20 可以采集正、负温度，因此温度以补码形式存放。采用 12 位分辨率时的温度存放格式见表 6-5，其中：

　　1）字母"S"代表温度的符号位，这些位为 1 时，温度为负数，否则为正数。

　　2）表格中的数字为对应二进制位的权重。其中低字节的 bit3～bit0 是二进制小数位，其余位是整数位。例如，若温度数据为 0FE6FH（1111 1110 0110 1111B），则温度值为 $-25.0625 = -1 \times 2^{11} + 1 \times 2^{10} + 1 \times 2^9 + 1 \times 2^8 + 1 \times 2^7 + 1 \times 2^6 + 1 \times 2^5 + 0 \times 2^4 + 0 \times 2^3 + 1 \times 2^2 + 1 \times 2^1 + 0 \times 2^0 + 1 \times 2^{-1} + 1 \times 2^{-2} + 1 \times 2^{-3} + 1 \times 2^{-4}$。在 DS18B20 复位时，暂存器字节 0 和字节 1 的值分别是 50H 和 05H，则温度值为 85℃。

表 6-5　温度存放格式

	bit7	bit6	bit5	bit4	bit3	bit2	bit1	bit0
低字节	2^3	2^2	2^1	2^0	2^{-1}	2^{-2}	2^{-3}	2^{-4}
高字节	S 2^{11}	S 2^{10}	S 2^9	S 2^8	S 2^7	2^6	2^5	2^4

3．DS18B20 的使用方法

　　若 DS18B20 采用其默认配置（12 位的温度分辨率），并假设总线上只存在一个 DS18B20，则 DS18B20 的使用步骤如下：

　　1）检测 DS18B20 是否存在（在线），若存在则进入下一步操作，否则不能进行通信。

　　2）向 DS18B20 发送命令 0CCH，即跳过 ROM 匹配环节。

　　3）向 DS18B20 发送命令 44H，启动温度转换。

　　4）向 DS18B20 发送命令 0BEH，准备读取转换结果。

　　5）连续从 DS18B20 的暂存器读取 9 个字节数据，其中第 0 个和第 1 个字节分别为温度的低字节和高字节。

6.3.3　DS18B20 的应用实例

　　图 6-23 给出了一个以 AT89C52 单片机为主控制器，用 DS18B20 温度采集的单片机应用系统 Proteus 仿真模型（本书第 9 章介绍了 Proteus 仿真软件的使用方法，请读者参考）。该单片机应用系统由以下电路模块组成：

　　1）复位电路，提供了两种单片机复位方式，包括上电复位和按键复位。

　　2）时钟电路，为系统提供时钟信号，其中晶振的频率为 12MHz。

　　3）单片机利用 P3.5 引脚模拟单总线的 DQ 引脚，实现对 DS18B20 的控制，并读取温度转换结果。

　　4）显示电路，是由 4 位共阴极数码管构成的动态显示电路。数码管的段控信号由单片机的 P0 口输出，位控信号由单片机 P2 口输出。

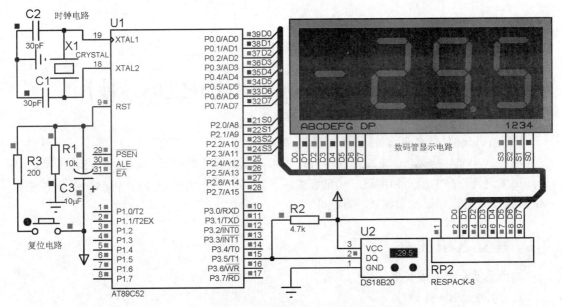

图 6-23　基于 DS18B20 的温度采集系统仿真图

【例 6-3】 针对图 6-23 所示单片机系统，设计 C51 程序，完成以下功能：读取温度传感器 DS18B20 提供的温度信息，并将温度值显示在数码管上，要求显示到小数点后一位。

解： 源程序可扫码获取。

例 6-3 源程序

6.4　小结

串行总线接口器件因其体积小、结构简单、传输速度快等优点广泛应用于单片机应用系统。本章分别以 TLC2543、PCF8563 和 DS18B20 为例，介绍了三种常用串行总线 SPI 总线、I^2C 总线和单总线的信号时序、通信协议和使用方法。时序是理解和掌握串行总线技术的关键，通过本章的学习，读者应当掌握总线时序的分析方法，并能编写相应的程序。因为在实际单片机系统程序设计中，主要采用 C51 语言，所以本章例题中仅给出 C51 语言的参考程序。另外，本章例题中的 Proteus 仿真模型仅用于仿真研究，没有考虑数码管的限流和驱动问题。

6.5　习题

1. 针对例 6-1 的功能要求，编写汇编语言程序。

2. 针对例 6-2 的功能要求，编写汇编语言程序。

3. 针对例 6-3 的功能要求，编写汇编语言程序。

4. 比较并行总线与串行总线的优缺点。

5. 针对如图 6-6 所示电路，编写程序循环检测 TLC2543 的 11 个模拟量输入，并将检测结果存入单片机片内 RAM 从 40H 开始的连续 11 个字节单元中。

第7章　Keil μVision4 集成开发环境使用

Keil μVision4 是 Keil 软件公司为 8051 系列微控制器及其兼容产品设计的集成式软件开发环境。μVision4 集成了 C51 编译器和 A51 汇编器，其界面类似于 Microsoft VS，支持 C 语言和汇编语言程序的编写和调试，功能强大。本章将主要介绍利用 Keil μVision4 软件进行 MCS-51 单片机程序设计和调试的方法。

7.1　建立 Keil 工程

本节主要介绍生成 Keil 工程的步骤。

1. 启动 μVision4 软件

μVision4 软件安装后将在桌面上生成一个 μVision4 的快捷方式图标，如图 7-1a 所示，鼠标双击该图标后，将出现图 7-1b 所示的 μVision4 软件启动画面，启动画面消失后，出现如图 7-1c 所示的软件主界面。

图 7-1　μVision4 软件启动相关信息

a) 快捷方式图标　b) 启动画面　c) 软件主界面

2. 生成工程文件

首先，在软件主界面用鼠标单击子菜单"Project"→"New μVision Project…"，如图 7-2a 所示。然后，在弹出对话框（见图 7-2b）的"文件名(N)"框中输入工程名，此图中工程名设置为"Test_CreatProject"。工程的"保存类型(T)"默认为"*.uvproj"，且不可更改。

3. 选择控制器类型

生成工程文件后将弹出图 7-2c 所示的选择 CPU 对话框，其中"Data base"框中显示所有 μVision4 软件支持的微控制器的供应商，用鼠标左键单击对应供应商名称左边的加号将出现该生产商的微控制器列表，进一步用鼠标左键单击相应的条目即可选中目标微控制器，同时右侧的"Description"框中显示所选微控制器的基本信息。单击"选择 CPU"对话框左下方的"OK"按钮确认选择后将弹出图 7-2d 所示对话框，以确认是否加入标准 8051 启动代码，如果进行汇编语言程序设计，则应选择"否(N)"；如果进行 C 语言编程，则除非用到一些增强功能，也应该选择"否(N)"。

完成控制器选择后，将生成一个空的工程项目，其界面如图 7-2e 所示。使用者可以通过单击工程界面中的菜单栏和快捷工具栏，打开相应的对话框（如"文件编辑"对话框和"输出"对话框）或完成相应的设计任务（如源文件的编译和调试等）。

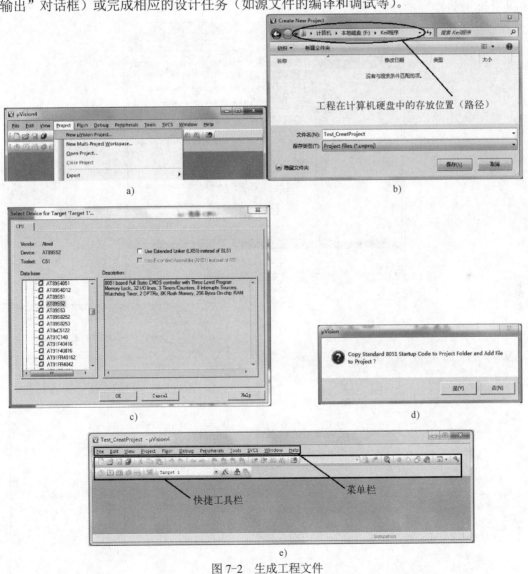

图 7-2　生成工程文件

a) 建立工程的菜单　b) 工程文件保存对话框　c) 选择 CPU 对话框　d) 是否加入标准 8051 启动代码选择对话框　e) 空的工程项目界面

7.2 生成源程序文件

建立空的工程项目后，需将源程序加入到工程中进行编译链接，以生成程序的目标文件。目标文件下载到单片机的程序存储器后，单片机才能运行该程序。下面简要介绍生成源程序文件的方法。

1. 新建源程序文件

鼠标单击"File"→"New"子菜单，生成一个名为"Text1"的文档编辑窗口，在窗口中写入源程序，窗口名称变为"Text1*"，如图7-3a所示。之后，单击"File"→"Save"菜单，将出现文件保存对话框（见图7-3b），用以选择文件保存路径和文件名称。汇编语言程序文件和C语言程序文件的扩展名分别为".asm"和".C"。文件保存后的源程序编辑窗口如图7-3c所示。

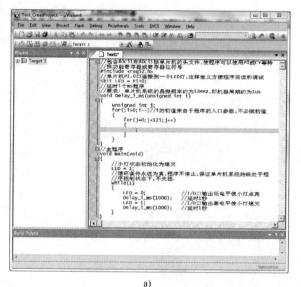

a)

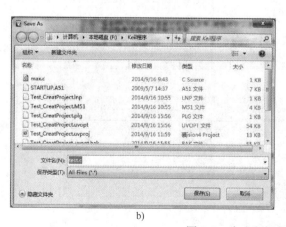

b)

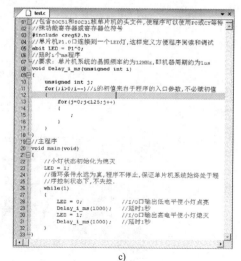

c)

图7-3 生成和保存源程序文件

a) 文档编辑窗口 b) 文档保存对话框 c) 保存后的源程序编辑窗口

2. 将源程序加入到工程中

源程序添加到工程中才能被编译和调试。首先，在界面左侧的"Project"窗口中，鼠标单击"Target1"左侧的加号，之后会展开"Source Group1"项，鼠标右键单击该项后将弹出快捷菜单。之后，鼠标左键单击该菜单中的"Add Files to Group 'Source Group1'…"，如图 7-4a 所示，并在弹出的"Add Files to Group 'Source Group 1'"对话框中选择要添加的源程序文件，如图 7-4b 所示。添加文件时，需要注意"文件类型"选项，若添加 C 语言程序，应选择"C Source file (*.c)"；若添加汇编语言程序文件，应选择"All Files (*.*)"。

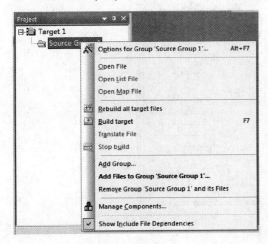

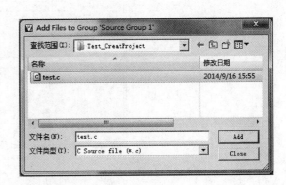

a)　　　　　　　　　　　　　　　　　　　　b)

图 7-4　加入源程序文件到工程中

a)　"Project"窗口的右键快捷菜单　b) 加入文件对话框

7.3　工程的基本设置

可以通过"Options for Target"界面完成工程的基本设置。打开该界面的方法有两种，一种是鼠标左键单击主界面上的"Target Options"快捷菜单（见图 7-5a）；另一个是单击"Project"→"Options for Target 'Target 1'…"菜单（见图 7-5b）。在图 7-5c 所示的"Options for Target"界面中有多个选项卡可用于工程设置。下面介绍几个常用选项卡的用法。

（1）"Target"选项卡

图 7-5c 为"Target"选项卡，其中：Xtal(MHz)为单片机系统模拟仿真时所采用的晶振频率；Memory Model 用于设置 C51 编译器的存储器模式（Small、Compact 和 Large），通常设置为"Small"；Code Rom Size 用来指定程序存储器的大小（Small、Compact 和 Large），影响 JMP 和 CALL 指令的运行，选择"Large"即可；其他项采用默认设置即可。

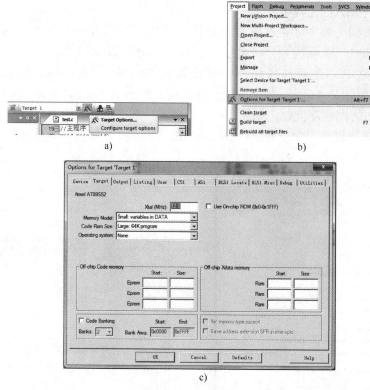

图7-5　工程设置界面

a)"Target Options"快捷菜单　b)"Options for Target"菜单　c)"Options for Target"界面

（2）"Device"选项卡

"Device"选项卡如图7-6所示，该选项卡与图7-2c几乎一致，其功能已经在7.1节介绍过，此处不再赘述。

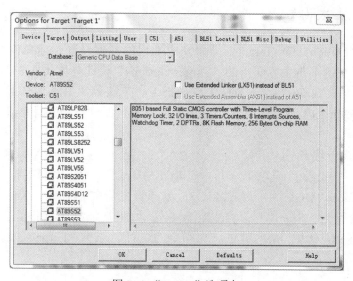

图7-6　"Device"选项卡

（3）"Output" 选项卡

"Output" 选项卡（见图 7-7）用于设置目标文件的存放位置等信息。"Name of Executable" 文本框用于设定目标文件的文件名，默认为当前工程的名称。鼠标左键单击 "Select Folder for Objects …" 按钮后，可以在弹出的对话框（见图 7-8）中设置目标文件的存放路径。在 "Output" 选项卡中，单选框 "Create Executable" 和 "Create Library" 只能二选一。"Create Executable" 下面有三个选项，其中："Debug Information" 和 "Browse information" 分别代表生成调试信息和生成浏览信息；"Create Hex File" 表示编译、链接后将生成 HEX 文件，该文件为程序的目标文件，目标文件下载到单片机的程序存储器后单片机才能工作。µVision4 采用 BL51 链接定位器，生成的 HEX 文件为 HEX-80 格式。如果需要进行程序调试或将目标程序下载到单片机中，则必须选中 "Create Hex File" 项。"Create Batch File" 为生成批处理文件选项，可以不选。

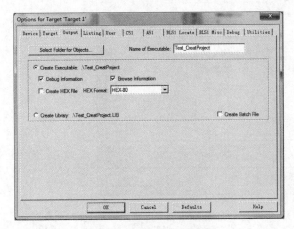

图 7-7　"Output" 选项卡

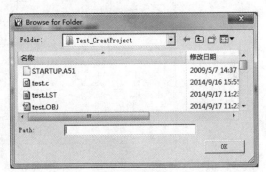

图 7-8　设置目标文件的存放路径

（4）"Listing" 选项卡

"Listing" 选项卡如图 7-9 所示，用于设置列表文件的存放路径和所包含的信息。列表文件的扩展名是 "*.lst"。鼠标左键单击 "Select Folder for Listings …" 按钮后，可在弹出的文件夹浏览框中设置列表文件的存放路径。

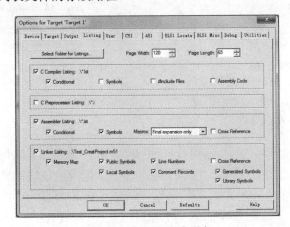

图 7-9　"Listing" 选项卡

（5）"Debug"选项卡

"Debug"选项卡（见图 7-10）用于设置程序调试方式，包括两种：一种是"Use Simulator"方式，用 μVision4 软件来模拟单片机的硬件；另一种是"Use"方式，通过"Use"右侧的下拉列表来选择某种硬件仿真器进行单片机仿真，如图 7-11 所示。选择硬件仿真器后，再单击"Settings"按钮将弹出硬件仿真器的设置界面。不同硬件仿真器的设置界面不同，图 7-12 为"Proteus VSM Simulator"仿真器的设置界面。

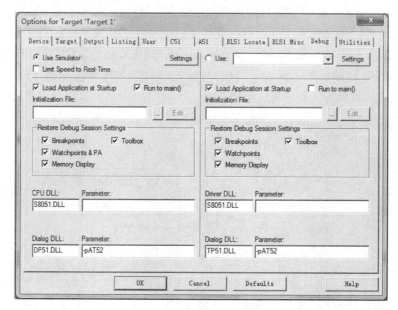

图 7-10 "Debug"选项卡

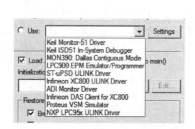

图 7-11 硬件单片机仿真器选择界面

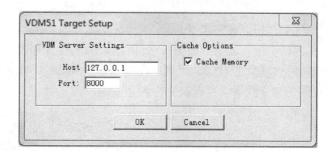

图 7-12 "Proteus VSM Simulator"仿真器设置界面

7.4 程序的运行和调试

将源程序加入工程后，必须生成可执行的目标文件，并将其下载到单片机的程序存储器中，该程序才能执行。而在这之前，必须保证程序没有基本的语法错误，如指令格式错误和变量重复定义等。在 μVision4 中，可以通过"编译（Translate）"查找程序中的语法错误，通过"生成目标文件（Build）"功能或"重建目标文件（Rebuild）"功能将没有语法错误的源程序转换为"HEX"格式的目标文件。需要特别强调的是，若没有编译错误的程序不能产生预期的运行结果，则意味着程序中存在逻辑错误，此时可以利用 μVision4 的调试 "Debug"功能查找和修正错误。

7.4.1　程序的编译和链接

1. 程序的编译

可以通过鼠标左键单击快捷菜单中的"Translate"（见图 7-13a）或"Project"→ "Translate"子菜单（见图 7-13d）进行源程序编译。若程序没有语法错误，则"Build Output"窗口的输出信息为："test.c – 0 Error(s), 0 Warning(s)"，表示"test.c"文件中有 0 个警告（Warning）和 0 个错误（Error），如图 7-14a 所示。若程序中存在基本语法错误，软件会在"Build Output"窗口输出错误提示信息。如图 7-14b 所示，"test.c – 1 Error(s), 0Warning(s)"表示"test.c"文件中有 0 个警告（Warning）和 1 个错误（Error）；错误提示信息"TEST.C(13): error C202: 'j': undefined identifier"表示错误出现在"TEST.C"文件的第 13 行（若用鼠标单击错误提示信息，则在源程序窗口中对应行的行首会出现绿色箭头），"error C202"表示错误编号为 C202，而 C202 号错误为 "Undefined Identifier"，提示信息 ''j'：undefined identifier"表示变量 j 没有定义。由图 7-14b 所示源程序可以看出，出现这个错误的原因是，文件第 10 行的变量 j 定义语句前加上了注释符号"//"，成为注释信息；去掉注释符号"//"后再次编译，错误提示将消失。

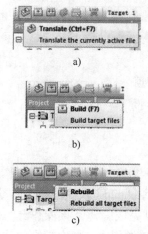
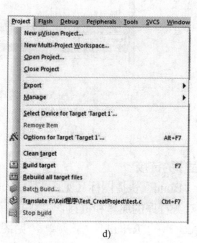

图 7-13　程序编译链接的相关菜单

a)"Translate"编译快捷菜单　b)"Build"链接快捷菜单

c)"Rebuild"重新编译链接快菜单　d)"Project"菜单

需要注意，"Error(s)"错误将导致无法生成目标代码，"Warning(s)"警告是程序中不严重的小问题，不影响目标文件的生成。但是最好消除所有的警告，因为警告类的小问题可能会导致潜在的、不易发现的严重问题。另外，编译不能产生目标文件，若要生成目标文件，还需在编译的基础上进行链接操作。

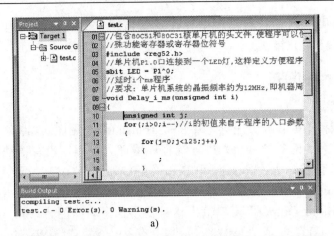

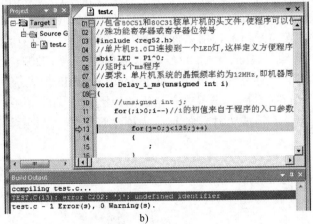

图 7-14 编译链接相关菜单和界面

a) 编译无错误的提示信息　b) 编译错误提示信息

2. 程序的链接

单击"Build"快捷图标（见图 7-13b）或"Project"→"Build"子菜单（见图 7-13d），可以完成对源程序的编译和链接，并生成目标文件。单击"Rebuild"快捷图标（见图 7-13c）或"Project"→"Rebuild"子菜单（见图 7-13d）也可以完成编译链接操作。"Build"与"Rebuild"的区别是，"Build"仅编译链接新的源程序文件或源程序文件中被修改的部分，而"Rebuild"将重新编译链接源程序文件。

7.4.2　程序的调试

当程序的运行结果与预期不同时，需要利用 μVision4 的调试功能分析和查找程序中隐藏的逻辑错误。下面介绍程序调试的具体方法。

1. 进入调试环境的方法

通过单击 μVision4 工具栏上的快捷菜单"Start/Stop Debug Session"（见图 7-15a）或"Debug"→"Start/Stop Debug Session"子菜单（见图 7-15b）进入调试状态，其界面如图 7-16

所示。在调试状态下，工具栏中会出现用于调试的快捷图标栏（见图 7-17a、b），并且 "Debug" 菜单下会出现更多用于程序调试的子菜单（见图 7-17c）。

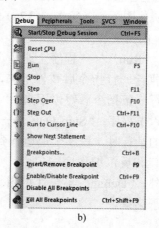

a)　　　　　　　　　　　　　　　　　　　　　　b)

图 7-15　与调试相关的菜单

a) 快捷菜单 "Start/Stop Debug Session"　　b) "Debug" 菜单

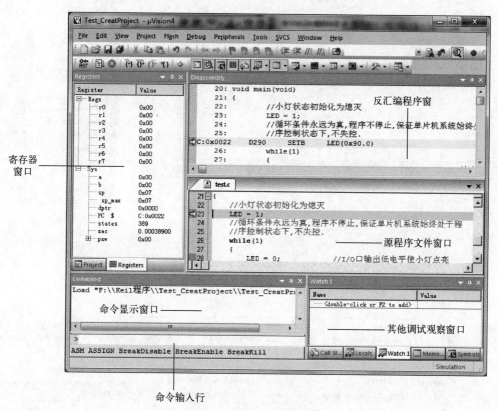

图 7-16　调试环境界面窗口

2. 程序调试方法

程序由若干行指令构成，当其无法完成预期任务时，程序员需要确定程序中哪一行指令出现了问题，此时需要调试程序，即跟踪和分析程序执行的结果。在调试过程中，可以执行一行、几行或一段指令后停下来查看寄存器、变量或存储单元的值。

（1）控制指令执行

调试用快捷图标栏（见图 7-17a）的图标用于程序调试，鼠标在图标上停留片刻后将弹出图标功能的英文解释，如图 7-18 所示。该图中各图标的作用分别如下："Reset"——复位单片机；"Run"——程序全速运行；"Stop"——停止程序运行；"Step"——单片调试程序，每执行一行指令后暂停下来，遇到子程序调用指令时，进入子程序，在子程序中也是每执行一条指令后暂停下来；"Step Over"——单片调试程序与"Step"类似，但调试时不进入子程序；"Step Out"——跳出子程序；"Run to Cursor Line"——鼠标点中源程序窗口的某行时，程序全速运行到此行处后暂停；"Show Next Statement"——在源程序文件窗口和反汇编程序窗口中，始终有一个黄色的箭头出现在接下来要执行的指令的行首。另外，"Debug"菜单（见图 7-17c）下也有与图 7-18 所示快捷图标功能和名称完全相同的子菜单。

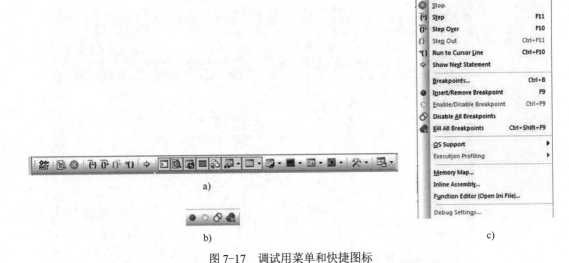

图 7-17　调试用菜单和快捷图标

a) 调试用快捷图标栏　b) 断点控制快捷图标　c)"Debug"菜单

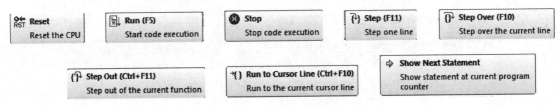

图 7-18　程序调试用快捷图标的作用

（2）断点的使用

为了更方便地控制调试中指令暂停的位置，可以在程序的某行或某几行前加入断点。加入断点后，若单击"Run"快捷菜单，程序会在有断点的行暂停下来。

加入断点的快捷图标如图 7-17b 所示，在"Debug"菜单（见图 7-17c）下也有相应的子菜单可实现相同的功能。当鼠标停留在快捷菜单上时，将弹出信息框提示快捷菜单的功能，如图 7-19 所示。下面介绍与断点相关的快捷图标的作用。

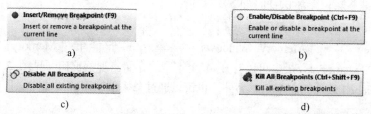

图 7-19 断点相关快捷图标

a)"Insert/Remove Breakpoint"（添加/删除断点）　b)"Enable/Disable Breakpoint"（允许/禁止断点）

c)"Disable All Breakpoints"（禁止所有断点）　d)"Kill All Breakpoints"（去掉所有断点）

"Insert/Remove Breakpoint"（添加/删除断点）：鼠标单击源程序窗口的某行后，再鼠标单击该快捷菜单，断点标记即出现在该行代码的行首，如图 7-20a 中的第 28～30 行之前的红色矩形框就是断点标志。鼠标左键单击有断点的代码行，然后再单击该快捷菜单，即可去掉这一行的断点。另外，双击源程序窗口中的代码行也可以实现添加和删除断点的功能。

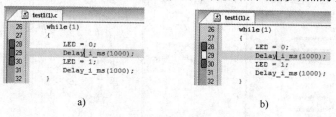

图 7-20 源程序窗口中的断点相关标志

a) 断点标志　b) 关闭指定断点的断点功能

"Enable/Disable Breakpoint"（允许/禁止断点）：若希望程序执行到断点处不暂停下来，还可以在不去掉断点的情况下关闭断点功能。具体方法是：首先在源程序窗口内单击需要关闭断点功能的代码所在行（必须保证该行之前已经加上了断点），然后单击该快捷图标。之后，红色矩形框变成白色矩形框，表示断点功能已关闭。如图 7-20b 所示，第 28 行和 30 行未关闭断点功能，程序执行到此处会暂停下来；而第 29 行被关闭了断点功能，程序执行到此处不会暂停下来。

"Disable All Breakpoints"（禁止所有断点）：直接单击此快捷菜单后，所有断点的断点功能被关闭，所有代表断点的红色矩形框将变成白色矩形框。

"Kill All Breakpoints"（去掉所有断点）：直接单击此快捷菜单后，同时去掉程序中的所有断点，所有代表断点的红色矩形框将消失。

3. 调试中常用观察窗口的使用方法

进入调试环境后，可以通过鼠标单击"View"菜单（见图 7-21）下的子菜单打开各种调试用的观察窗口（Window），也可以通过鼠标左键单击图 7-17a 所示的快捷图标打开这些窗口。

（1）"Register Windows"寄存器窗口

鼠标左键单击"View"→"Register Windows"菜单可以打开如图 7-22 所示的寄存器观

察窗口，该窗口显示了单片机内部主要寄存器的值，包括工作寄存器 R0~R7、累加器 A、寄存器 B、堆栈指针 SP、数据指针寄存器 DPTR、程序计数器 PC 和程序状态字寄存器 PSW 的值。另外，该窗口中的"sec"显示的是程序当前已经运行的时间长度，单位是秒。利用"sec"，可查看指令和程序的运行时间。

（2）"Memory Windows"存储器窗口

单击"View"→"Memory Windows"菜单下的子菜单"Memory1""Memory2""Memory3"和"Memory4"最多可以打开 4 个不同的存储器观察窗口（见图 7-23），这些窗口通常显示在 μVision4 软件的右下角。另外，也可以通过单击调试用的快捷图标打开这些窗口。

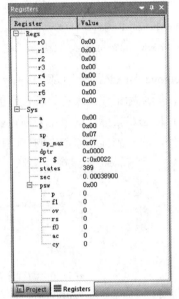

图 7-21 "View"菜单　　图 7-22 "Register Windows"寄存器窗口

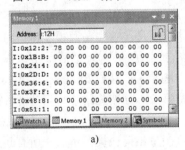

a)

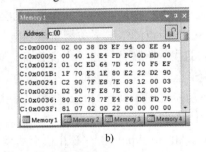

b)

图 7-23 "Memory Windows"存储器观察窗口

a) 片内数据存储器内容显示　b) 程序存储器内容显示

4 个 Memory 窗口没有差别，均可显示单片机片内数据存储器、片外数据存储器、特殊功能寄存器或程序存储器中的内容。"Memory Windows"显示数据的来源，由"Address"文本框中的输入决定。在 Memory 窗口中查看存储器和特殊功能寄存器数值的方法如下：

1）若显示片内数据存储器的数据，则应在"Address"文本框中输入以"I:"（英文字母大小写均可）开头的数字。该数字是片内数据存储器的地址值，其范围是 0~FFH。通过该地址可以定位显示一片存储器区域的内容。例如，在图 7-23a 的"Address"框中输入的是"i:12H"，则窗口中显示的是片内 RAM 中从地址 12H 开始的一片存储单元中的数据；窗口左侧的"I:0x12"表示片内 RAM 的地址 12H（"0x"是十六进制数的前缀，C51 程序中使用这种方法表示十六进制数）；窗口中的数均为十六进制数，每个数对应于一个字节单元，其中左上角的十六进制数"78"是片内 RAM 中地址为 12H 的存储单元中的数据。

2）若显示片外数据存储器的数据，则应在"Address"文本框中输入以"X:"（英文字母大小写均可）开头的数字，该数是片外数据存储器的地址，其范围是 0～FFFFH。

3）若显示特殊功能寄存器的数据，则应在"Address"文本框中输入以"D:"（英文字母大小写均可）开头的数字。当该数字在 0～7FH 范围内时，为片内数据存储器的地址；当该数字在 80H～0FFH 范围内时，为特殊功能寄存器的地址。

4）若显示程序存储器的数据，则应在"Address"文本框中输入以"C:"（英文字母大小写均可）开头的数字。该数字是程序存储器的地址，其范围是 0～FFFFH。

（3）变量查看

通过鼠标单击"View"→"Watch Windows"菜单下的子菜单或图 7-17a 中的"Watch Windows"快捷图标可以打开用于查看变量值的"Locals"窗口和"Watch"窗口，如图 7-24 所示。

"Locals"窗口用于显示子程序中局部变量的值。例如，在图 7-24a 中，左图是调试状态下的代码编辑窗口，其中箭头指向了第 14 行，表示子程序 Delay_i_ms(unsigned int i)正在执行，此时可以在图 7-24a 右图所示的"Locals"窗口中看到该子程序中局部变量 i 和 j 的值。

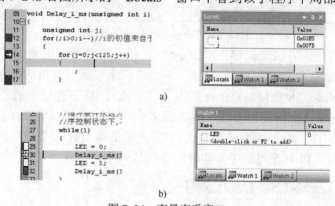

图 7-24　变量查看窗口

a)　"Locals"窗口　b)　"Watch"窗口

"Watch"窗口最多可以有两个，即"Watch1"和"Watch2"，如图 7-24b 所示。调试时可以将需要观察的变量加入到"Watch"窗口中。在"Watch"窗口中，Name 一栏的最下面一行显示"<double-click or F2 to add>"，双击这一行或按功能键〈F2〉时，该位置变为可编辑状态，此时可以在其中输入变量的名称，之后 Value 栏中会显示该变量的值。例如，在图 7-24b 中，左图显示的是代码编辑窗口，其中有变量 LED，在右侧的"Watch"窗口中添加变量 LED 后即可看到 LED 的值为 0。

（4）"Serial Windows"串行窗口

串行窗口可以通过单击"View"→"Serial Windows"菜单下的子菜单或图 7-17a 中的"Serial Windows"快捷图标打开。串行窗口最多有两个，在调试过程中，用于显示 printf 函数的输出结果及接收 scanf 函数的输入。例如，图 7-25a 中的 3 条指令执行后，图 7-25b 所示的串行窗口"UART1"中将显示输入和输出结果。需要注意的是，该窗口模拟的是串口，因此，在使用 printf 和 scanf 函数之前必须进行相应的串口初始化操作。

a)

b)

图 7-25 "Serial Windows"串行窗口

a) printf 与 scanf 指令　　b) 串行窗口输入输出

（5）逻辑分析仪

如图 7-26 所示的逻辑分析仪可以显示变量等的时域波形，单击"View"→"Analysis Windows"菜单下的"Logic Analyzer"子菜单或图 7-17a 中的"Logic Analyzer"快捷图标可以打开其界面。

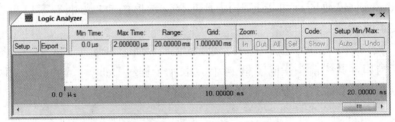

图 7-26 "Logic Analyzer"界面

逻辑分析仪的使用方法是：单击"Logic Analyzer"界面左上角的"Setup..."按钮，打开"Setup Logic Analyzer"界面（见图 7-27a），该界面右上角的图标"🔲"和"❌"分别用于添加（New）和删除（Delete）信号（变量）。单击窗口中的"🔲"图标后，文本框"Current Logic Analyzer Signals"中将添加一个可编辑行，可以在其中输入变量名。例如，在图 7-27b 中，添加的变量名是 LED，该变量为 sbit 型变量，程序调试运行时，可以在逻辑分析仪窗口中看到该变量随时间变化的波形，如图 7-27c 所示。

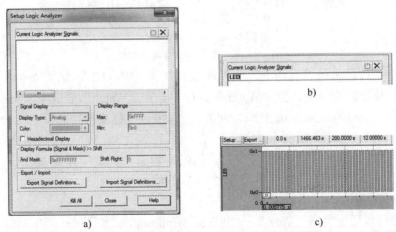

a)

图 7-27 "Setup Logic Analyzer"对话框的使用

a) "Setup Logic Analyzer"逻辑分析仪设置对话框　　b) 添加被观察变量　　c) 被观察变量的波形

7.5　小结

Keil 软件工具丰富，使用方便，是进行 MCS-51 单片机程序设计和调试的主流软件之一，并且该软件可以与 Proteus 软件进行联合模拟调试，应用日益广泛。本章仅简要介绍了利用 Keil 软件建立程序工程、编写和调试程序的常用工具和方法。关于 Keil 软件的更多高级工具和使用方法，读者可以在使用过程中研究和摸索。

7.6　习题

1. 请利用 Keil μVision4 软件"Register Windows"寄存器窗口中的"sec"值，分别确定以下两段程序的运行时间。

（1）C51 语言程序段

```
unsigned char i,j,k;
for(k=255;k>0;k--)
{
        for(i=6;i>0;i--)
        for(j=81;j>0;j--);
}
```

（2）汇编语言程序段

```
DELY:   MOV     R6,#2CH
DL:     MOV     R7,#00H
        DJNZ    R7,$
        DJNZ    R6,DL
```

2. 请利用 Keil μVision4 软件的逻辑分析仪"Logic Analyzer"，观察例 4-8 程序中 P1.1 引脚输出信号的波形，并确定该波形的频率。

第8章 C51语言程序设计基础

Keil C51 语言是一种用于 MCS-51 单片机编程的 C 语言,支持符合 ANSI 标准的 C 语言程序设计,同时又有一些针对单片机的扩展。C51 语言与汇编语言相比,指令丰富、易于阅读和理解,使用更加方便。本章将介绍 C51 语言的基础知识和程序设计方法。

8.1 计算机程序设计语言概述

计算机的程序设计语言可分为低级语言和高级语言两类。

1. 低级语言

低级语言是面向机器的程序设计语言,包括机器语言和汇编语言。

(1)机器语言

机器语言是第一代计算机程序设计语言,指令均由一串二进制数组成,难以书写、阅读和记忆。机器语言程序能够直接被计算机识别和执行。机器语言是面向机器的程序设计语言,不同计算机的机器语言不同。

(2)汇编语言

汇编语言是第二代程序设计语言,将机器语言指令进行了符号化,指令和地址均用符号表示,与机器语言相比,更便于识别、记忆和使用。但是,汇编语言程序不能被计算机直接识别和执行,必须被汇编程序"翻译"成机器语言代码(即目标代码)后方可。该"翻译"过程被称为"汇编",如图 8-1 所示。虽然,与机器语言相比,汇编语言在易用性方面有所提高,但是其指令功能单一,程序烦琐复杂,依然是一种难以使用和掌握的程序设计语言。

汇编语言代码　　　汇编程序　　　机器语言代码
(Assembly code)　　(Assembler)　　(Machine code)

图 8-1 汇编语言代码的汇编

2. 高级语言

高级语言是面向用户的程序设计语言,也被称为算法语言,其指令的表达方式接近于算法的表达方式,便于在计算机上表达和实现。高级语言程序简洁、易于编写和理解。常用的高级语言有 C、C++、C#、FORTRAN 和 Pascal 等。与汇编语言类似,高级语言程序被翻译成目标代码后才可以被计算机识别和执行。该"翻译"操作可分为两类,即编译和解释,分别由编译软件和解释软件完成。编译软件一次性将整个程序转换为目标代码,如图 8-2a 所示;而解释软件在程序执行时将指令逐条翻译成机器代码,供计算机执行,如图 8-2b 所示。C51 语言属于编译语言,C51 程序在执行前必须被编译软件转换成目标代码,并形成目标文件。

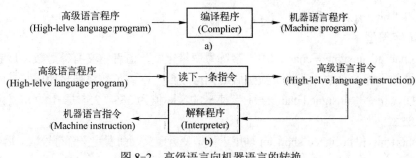

图 8-2　高级语言向机器语言的转换

a) 程序的编译　b) 程序的解释

8.2　C51 语言的变量

数据是程序处理的基本对象，数据类型决定了数据在存储器中的存放方式。正确掌握数据类型是学习程序设计语言的基础。

8.2.1　变量的数据类型

C51 语言中常用的数据类型见表 8-1。下面简要介绍表 8-1 中各数据类型的使用方法。

表 8-1　常用的 C51 语言数据类型

数 据 类 型		长　　度		取 值 范 围
		位	字节	
位型	bit	1	1	0、1
字符型	signed char	8	1	−128～+127
	unsigned char	8	1	0～255
整型	signed short int	16	2	−32768～+32767
	unsigned short int	16	2	0～65535
	signed int	16	2	−32768～+32767
	unsigned int	16	2	0～65535
长整型	signed long int	32	4	−2147483648～+2147483647
	unsigned long int	32	4	0～4294967295
浮点型	float	32	4	±1.175494E−38～±3.402823E+38
	double	32	4	±1.175494E−38～±3.402823E+38
指针型	*	8～24	1～3	对象的地址
可寻址位	sbit	1	1	0、1
特殊功能寄存器	sfr	8	1	0～255
16 位特殊功能寄存器	sfr16	16	2	0～65535

1. bit 位型

bit 可以定义位变量，但是不能定义位指针变量和位数组。如，"bit　a;" 是正确的，而

"bit　*z;"和"bit　z[2];"是错误的。

2．char 字符型

signed char 和 unsigned char 均用于字符型变量定义，前者定义有符号数，后者定义无符号数。无符号数不能为负数，若将负数赋值给无符号数，则该负数将被转换成其补码所对应的无符号数。如，指令"unsigned char x=-1;"使 x 的实际值为 255（255 是-1 的 8 位补码）。

3．int 整型

signed short int 和 unsigned short int 均用于整型变量定义，前者定义有符号数，后者定义无符号数。另外，signed short int 和 unsigned short int 可分别简写为 signed int 和 unsigned int。

4．long 长整型

signed long int 和 unsigned long int 均用于长整型变量定义，前者定义有符号数，后者定义无符号数。

5．浮点型

float 和 double 型变量都是浮点型变量，这两种变量类型完全等价，其取值范围和位数等完全相同。这与 PC 的 C 语言不同，在 PC 的 C 语言中，float 型变量和 double 型变量的取值范围和位数等均不同。

6．指针型

*可以加在字符型、整型、长整型和浮点型变量定义之前，从而形成相应类型的指针型变量。如，指令"char *x;"定义 char 型的指针变量 x。指针型变量中存放存储器或特殊功能寄存器的地址，通过该地址可以访问存储器或特殊功能寄存器中存放的数据。

7．可寻址位

sbit 用于定义单片机特殊功能寄存器中可寻址的位。例如，指令"sbit f=P2^1;"定义的变量 f 被初始化为特殊功能寄存器 P2 的第 1 位。严格来说，sbit 并不是变量定义，而只是给特殊功能寄存器的可寻址位赋予一个别名而已。

需要注意的是，因为 sbit 定义的变量来自于特殊功能寄存器，所以 sbit 型变量的位地址必须在 0x80～0xF7 范围内，即特殊功能寄存器区的位地址范围。例如，指令"sbit A_0 = 0xe0;"为累加器 A 的最低位定义了位变量 A_0，指令"A_0=1;"将累加器 A 的最低位设置为 1；而指令"sbit somebit = 0x7f;"是错误的，因为 0x7f 作为一个位地址不在特殊功能寄存器区的位地址范围内。

另外，补充说明：在 C51 语言中，十六进制需以"0X"或"0x"开头，且数字末尾不加字母"H"或"h"。

8．特殊功能寄存器

sfr 可定义特殊功能寄存器变量。严格来说，sfr 并未定义变量，而仅是给单片机的特殊功能寄存器赋予一个别名。例如，指令"sfr W= 0x80;"将特殊功能寄存器 P0 的地址赋予变量 W，之后，变量 W 与 P0 等价。需要注意的是，sfr 定义中出现的地址只能是特殊功能寄存器的地址。

9．16 位特殊功能寄存器

sfr16 用于定义 16 位特殊功能寄存器变量。例如，指令"sfr16 Time = 0x8C;"定义了 16 位的特殊功能寄存器变量 Time，该变量由字节地址为 0x8C 和 0x8C+1 的两个 8 位特殊功能寄存器拼接而成，其中，字节地址为 0x8C 的 TH0 为 Time 的低 8 位，字节地址为 0x8D 的 TH1 为 Time 的高 8 位。

这里需要特别说明的是，为了方便用户使用特殊功能寄存器，Keil C51 编译器预定义了一些 sbit、sfr 和 sfr16 变量，如：P0 是预定义的 sfr 型变量，并且已经在头文件"reg51.h"中进行了定义，若需在程序中使用这些预定义的变量，仅需在程序中加入"# include<reg51.h>"即可。

8.2.2　变量的存储

1．变量的分类

按照作用范围和存放方式的差别，变量可以分为自动（Auto）变量、全局（Global）变量、局部（Local）变量、外部（Extern）变量、静态（Static）变量和寄存器（Register）变量。

自动（Auto）变量定义时，需在变量之前加上关键字"auto"。例如，指令"auto int x;"定义了自动整型变量 x。在实际程序设计中，关键字"auto"可省略，例如，"auto int x;"被写为"int x;"。可见，自动变量是使用最广泛的一类变量。

全局（Global）变量在函数外部定义，其作用范围从定义该变量的位置开始一直到程序文件结束，该范围内的所有函数都可以使用和修改该变量。

局部（Local）变量在函数内部定义，其作用范围仅限于定义该变量的函数内部。当全局变量和局部变量同名时，局部变量起作用，全局变量不起作用。

外部（Extern）变量是在当前程序文件使用的、但在其他程序文件中定义的变量。例如，在 C 语言文件"var.c"中定义了变量"int x;"，若要在文件"main.c"中使用变量 x，则必须在"main.c"中声明 x 为外部变量，即"extern int x;"。另外，extern 也可以声明外部函数。

静态（Static）变量在存储器中有固定的存储位置，仅能在函数内部定义和使用，退出函数后虽然不能被访问，但是变量还存在，并且值保持不变，下一次进入函数后还可以继续访问该变量。

寄存器（Register）变量存放在寄存器中。例如，"register int x;"将 x 定义为寄存器变量。寄存器变量访问速度更快，但是由于寄存器数量有限，并非所有的寄存器变量都实际存放在寄存器中，具体情况由编译器决定。

2．变量的存储类型

变量存储类型可按变量在存储器中的存放位置和访问方式划分为 6 种，其关键字分别是 code、data、bdata、idata、pdata 和 xdata，见表 8-2。定义存储类型时，存储类型关键字要写在变量名和数据类型关键字之间，例如：指令"int data x = 100;"定义整型变量 x 并将其存储在片内 RAM 的低 128B 中。

表 8-2　存储类型与存放位置和访问方式的对应关系

存储类型	存放位置	访问方式	地址范围
code	程序存储器（64KB）	MOVC　A, @A+DPTR	0000H～0FFFH
data	片内数据存储器（低地址的 128B）	直接寻址方式	00～7FH
bdata	片内数据存储器中的位寻址区（16B）	位寻址，字节数据寻址（直接或间接寻址）	20H～2FH
idata	全部片内数据存储器	间接寻址方式	00～0FFH
pdata	片外数据存储器 1 页内（256B），P2 提供页地址	MOVX　A,@Ri，MOVX　@Ri,A	0000H～0FFFFH
xdata	片外数据存储器（64KB）	MOVX A,@DPTR，MOVX @ DPTR,A	0000H～0FFFFH

另外，需要特别注意：code 类型的变量被存放在程序存储器中，程序执行过程中不能修改，仅用于查询的数据表格可以定义成该类型。

访问这几种存储器类型的变量时，需用到头文件"absacc.h"中的宏定义：

```
#define CBYTE ((unsigned char volatile code   *) 0)
#define DBYTE ((unsigned char volatile data   *) 0)
#define PBYTE ((unsigned char volatile pdata *) 0)
#define XBYTE ((unsigned char volatile xdata *) 0)
```

利用上述宏定义和变量的绝对地址即可访问相应的存储器类型变量。例如，使用XBYTE[地址]或*(XBYTE+地址)可以访问片外数据存储器和 I/O 端口。以下指令将片外数据空间（或 I/O 空间）地址为 1234H 的存储单元（或 I/O 端口）中的数据赋值给变量 x，并且其中的 XBYTE[0x1234]可写为*(XBYTE+0x1234)。

```
#define     AGE XBYTE[0x1234] //XBYTE[0x1234]等价于*(XBYTE+0x1234)，代表数据空间或
                              //I/O 空间中地址为 0x1234 的单元
int         x = AGE;          //将片外数据存储器或 I/O 空间中的数据 AGE 赋值给 x
```

8.3 C51 语言的常量

常量不同于变量，其值在程序执行过程不发生变化。常量的类型包括整型、浮点型、字符型和字符串型。

1. 整型常量

整型常量是整型常数，可以写成十进制或十六进制形式，如：345、0 和-12 是十进制常数；0x1 和-0x1（或-0X1）为十六进制常数。另外，长整型常数有后缀字母 L，如：256L 是长整型常数。

2. 浮点型常量

浮点型常量有小数部分，如：0.4545、-0.6787 和 3e2 都是浮点型常数，其中 3e2 是数据的科学计数法表示。

3. 字符型常量

字符型常量是由单引号括起来单个字符，如：'A' 和 '1'。单引号中只能有一个字符，否则是错误的。转义符是一种不能被显示的字符型常量，常用的转义符见表 8-3。

表 8-3 常用的转义符

转义字符	含义	ASCII 码（十六进制）
\0	空字符（NULL）	0x00
\n	换行符（LF）	0x0A
\r	回车符（CR）	0x0D
\t	水平制表符（HT）	0x09
\b	退格符（BS）	0x08
\f	换页符（FF）	0x0c
\'	单引号	0x27
\"	双引号	0x22
\\	反斜杠	0x5c

4. 字符串型常量

字符串型常量是用双引号括起来一串字符，如："C""ABC""12"。字符串型常量与字符型常量的区别是：①字符串型常量中可以包含多个字符；②字符串型常量末尾有一个结束符，即转义符"\0"（见表 8-3）。

8.4　运算符

C51 语言具有丰富的运算符，可以进行各种算数和逻辑运算。本节将介绍几种常用的运算符。

微课：C51 语言的运算符、基本语句及函数

1. 赋值运算符"="

"="是赋值运算符，其作用是将等号右边的数值赋值给等号左边的变量。例如，"a=5.2;"的作用是将常数 5.2 赋值给变量 a。当等号左边的变量与等号右边的常数的数据类型不一致，则等号右边常数将被转换成等号左边变量的类型并进行赋值。比如，若 a 是 int 型变量，则"a=5.2"的实际作用是将整数 5 赋值给 a。

另外，还可以进行变量之间的赋值。例如，指令"a=b;"的作用是将变量 b 的值附给变量 a，当 a 和 b 的数据类型不一致时，b 将被自动转换成 a 的数据类型并赋值给 a，但是这一过程并不改变 b 本身的值。

2. 复合的赋值运算符

在"="之前加上其他运算符就形成了复合的赋值运算符，见表 8-4。

复合赋值运算符先对变量进行某种计算，然后将计算结果赋值给该变量。例如：指令"x+=1;"将变量 x 加 1 的结果赋值附给 x；指令"x/=2;"将变量 x 除以 2 后的商赋值给 x。

表 8-4　复合的赋值运算符

运算符	含义	运算符	含义
+=	加法赋值	-=	减法赋值
*=	乘法赋值	/=	除法赋值
%=	取模赋值	<<=	左移位赋值
>>=	右移位赋值	&=	逻辑与赋值
|=	逻辑或赋值	^=	逻辑异或赋值

3. 算术运算符

C51 语言中的算术运算符见表 8-5，其中"+""-""*""/"运算符为双目运算符，需要两个数据参与运算，例如：指令"a=b/c;"将变量 b 除以变量 c 的商赋值给变量 a。

4. 增量和减量运算符

增量运算符"++"的作用是将运算对象加 1。如：指令"x++;"的作用是将变量 x 的值加 1，如果运算之前 x 的值是 5，则运算后 x 的值是 6。减量运算符"--"的作用是将运算对象减 1。如：指令"x--;"的作用是将变量 x 的值减 1，如果运算之前 x 的值是 5，则经过"x--"运算后，x 的值是 4。

表 8-5　算术运算符

运算符	含义	运算符	含义
+	加或取正值	-	减或取负值
*	乘法运算	/	除法运算
%	取余运算		

另外，"++"和"--"可以写在变量之前，也可以写在变量之后。写在前面表示先对变量进行增量或减量计算，然后再使用该变量。例如，指令"y=x++;"先将变量 x 赋值给变量 y，然后再将变量 x 的值加 1，所以该指令执行后，x 的值比 y 大 1。

5. 关系运算符

关系运算符（见表8-6）可用于变量比较。例如，指令"x=y>=z;"的作用是，首先判断变量 y 是否"大于等于"变量 z，如果判断结果为"是"，则将 1 赋值给变量 x，否则将 0 赋值给变量 x。

6. 逻辑运算符

C51 语言中的逻辑运算符（见表8-7）将参与运算的变量当作逻辑 0 或 1，并进行逻辑运算。例如：指令"z=x&&y;"的作用是将 x 与 y 进行逻辑"与"运算，并将结果赋值给 z。

表8-6 关系运算符

运算符	含义	运算符	含义
>	大于	<	小于
>=	大于等于	<=	小于等于
==	等于	!=	不等于

需要注意的是，在逻辑运算中，变量的值不为 0（大于 0 或小于 0），即被认为是逻辑 1，否则被认为是逻辑 0。例如，下面这段程序的结果是 a=0、b=0 和 c=1。

```
//程序段：逻辑运算符
int x = 0;        //x 等于 0，相当于逻辑 0
int y = -5;       //y 不等于 0，相当于逻辑 1
int z = 4;        //z 不等于 0，相当于逻辑 1
int a = x&&y;     //a=0&&1=0
int b = x&&z;     //b=0&&1=0
int c = y&&z;     //c=1&&1=1
```

表8-7 逻辑运算符

运算符	含义	运算符	含义	运算符	含义
||	逻辑或	&&	逻辑与	!	逻辑非

7. 位运算符

位运算符（见表8-8）可以进行变量的位操作。

表8-8 位运算符

运算符	含义	运算符	含义	运算符	含义
～	按位取反	<<	左移	>>	右移
&	按位与	^	按位异或	|	按位或

下面这段程序演示了位运算符的功能，其注释给出了指令运行结果。

```
unsigned char x = 0x0F;    //x=00001111B
unsigned char y = -2;      //负数转换成补码 0xFE，y=11111110B
unsigned char z = 0x01;    //z=00000001B
unsigned char a = 1;       //a=00000001B
unsigned char b = 1;       //b=00000001B
unsigned char c = 1;       //c=00000001B
void main(void)
{
    a = ~x;                //x 逐位取反后送给 a，a=11110000B=0xF0
    b = z<<1;              //z 二进制位左移一次后送给 b，b=00000010B=0x02
    c = y&z;               //y 和 z 按位与运算后送给 c，c=00000000B=0x00
}
```

8. 指针和地址运算符

变量存放在特殊功能寄存器或存储单元中，而特殊功能寄存器和存储单元均有地址，因此地址是非常重要的信息。C51 语言提供了两个与变量地址有关的操作符：

1）"*"，加在指针型变量之前，用于提取指针所指向的变量值。

2）"&"，取变量的地址。

下段程序说明了运算符*和&的作用。

```
void main(void)        //程序段：*和&运算符
{
    int x = 1;         //定义整型变量 x
    int *y;            //y 中存放一个整型变量的存放地址，利用 y 可以找到该整型变量
    y = &x;            //取整型变量 x 的地址给 y，使 y 中地址指向变量 x
    *y = 2;            //改变指针 y 所指向的整型量，因此 x 的值被改为 2
}
```

8.5　数组

数组是相同类型的多个数据的集合。本节将简要介绍一维数组和二维数组的使用方法。

1. 数组的定义方法

一维数组的定义方式为

　　　数据类型　　数组名　[常量表达式];

例如，指令"int a[5];"定义了一个一维整型数组 a，该数组包含 5 个元素，每个元素均为整型量。

二维数组的定义方式为

　　　数据类型　　数组名　[常量表达式] [常量表达式];

例如，指令"float a[2][3];"定义了一个二维 float 型数组，该数组有 2 行、3 列，共 2×3=6 个元素，其中所有元素均为 float 型。

2. 数组的初始化方式

可以在定义数组时，进行数组元素的初始化。例如：

1）指令"int a[5] = {1, 2, 3, 4, 5};"定义了一维整型数组 a，并将其中下标为 0、1、2、3 和 4 的元素分别赋值为 1、2、3、4 和 5。

2）指令"float b[2][3] = { {1.1, 2.2, 8.3}, {6.1, 5.2, 4.3} };"定义了二维 float 型数组 b，并进行了赋值。

数组定义以后，也可以重新赋值，如指令"a[0]=4;"将 4 赋值给数组 a 中下标为 0 的元素。

另外，需要注意的是，数组的名称代表数组首元素的地址，该地址即是数组的指针。例如：①一维数组的数组名 a 代表数组首元素 a[0]的地址；②对于二维数组 b，b[0]代表数组第一行首元素 b[0][0]的地址，b[1]代表数组第二行首元素 b[1][0]的地址。

8.6　C51 语言的基本语句

8.6.1　条件语句

条件语句又称为分支语句，其关键字是 if，if 语句有以下三种书写、表达形式：

（1）　　　　if(条件表达式)　　　　　　语句
（2）　　　　if(条件表达式)　　　　　　语句1
　　　　　　　else　　　　　　　　　　　语句2
（3）　　　　if(条件表达式 1)　　　　　语句1
　　　　　　　elseif(条件表达式 2)　　　语句2
　　　　　　　elseif(条件表达式 3)　　　语句3
　　　　　　　…
　　　　　　　elseif(条件表达式 n)　　　语句n
　　　　　　　else(条件表达式 m)　　　　语句m

8.6.2　开关语句

开关语句与 if 条件语句相似，也能够实现分支程序。与 if 条件语句相比，开关语句的程序更加简明易读。开关语句的常用表达形式如下：

```
switch(输入表达式)
{
case 常量表达式 1: 语句 1
        break;
case 常量表达式 2: 语句 2
        break;
                …
case 常量表达式 n: 语句 n
        break;
default: 语句 m
}
```

其中，switch 和 case 是开关语句的关键字，当"输入表达式"的值与"常量表达式"的值相同时，":"之后的"语句"被执行；break 的作用是退出当前的分支，default 是"输入表达式"的值与所有"常量表达式"的值均不相同时所执行的分支。

8.6.3　循环语句

循环语句包括 while 循环和 for 循环。

1．while 循环

while 循环有两种表达形式，分别为

（1）先判断后循环

　　while（条件表达式）语句；

（2）先循环后判断

　　do 语句 while（条件表达式）；

需要指出，当 while 后面的"条件表达式"为真时，"语句"才能被执行。

一个 while 循环的例子如下，其中，因为条件表达式恒为 1（即恒为真），所以该程序将不停地执行指令"i++;"。

　　while(1)　　　//循环条件永远为真

```
{
        i++;        //i 加 1 操作
}
```

2．for 循环

for 循环的表达式为

for([循环变量初始值表达式]; [循环条件表达式];[循环变量更新表达式])语句

下段程序是一个 for 循环的例子，其中循环为双重循环，外循环的循环变量是 i，内循环的循环变量是 j。i×j 是指令"k+=;"的执行次数。

```
unsigned int i，j，k;
k=0;
for(i=5;i>0;i--)                //循环每执行一次 i 减 1，当小于等于 0 时，循环结束
{
        for(j=0;j<125;j++)    //循环每执行一次 j 加 1，当 j 大于 125 时，循环结束
        {
                k+=1;
        }
}
```

8.7　函数

8.7.1　函数的定义

函数又称为子程序，其定义表达式为

```
函数返回的数据类型    函数名（形式参数表）
{
        局部变量的定义；
        函数语句；
        返回语句；
}
```

以下是一个返回整型量的函数例子，其中 return(k)是返回指令，k 是该函数的返回值。

```
unsigned int ADD(unsigned int I,    unsigned int j)    //返回值的类型为"unsigned int"
{
        unsigned int k;
        k = i+j;
        return(k);                                   //return 是返回指令，()中的是返回值
}
```

函数也可以无返回参数，如下例所示：

```
void NEXT(unsigned int i) //返回值的类型为"void"，即没有返回值
{
        i++;
}
```

8.7.2　函数的调用

调用函数的方法如下：

　　函数名(实参参数表);

例如，之前定义的函数 ADD 和 NEXT 的调用方法如下所示：

```
unsigned int x = 1;
unsigned int y = 2;
unsigned int z= 0;
z = ADD(x，y);          //调用子程序 ADD
unsigned int a = 1234;
NEXT(a);               //调用子程序 NEXT
```

需要注意，子程序中定义的变量都是局部变量，仅当子程序运行时，局部变量才存在，子程序返回后局部变量消失不再起作用。主程序（即 main 函数）中定义的变量均是全局变量，全局变量在程序的整个生命周期中都存在并起作用。另外，在主程序和子程序之外定义的变量也是全局变量。

另外，对于单片机来说，程序必须一直运行，否则，单片机将失去控制。因此，单片机的主程序不能执行完毕并退出。实现这一目标的常用方法之一是：在主程序中，放置一个"条件表达式"恒为真的 while 循环，如下例所示：

```
void main(void)        //每一个 C 语言程序有且只有一个主函数 main
{
    while(1)           //循环条件永远为真，以下程序一直执行下去
    {
        i++;
    }
}
```

8.8　C51 程序设计实例

本书前面章节使用汇编语言进行程序设计，本节将给出其中部分例题的 C51 语言对照程序。

8.8.1　外部中断程序设计

【例 8-1】　按例 4-2 的要求编写 C51 语言程序，实现外部中断计数。

解： MCS-51 单片机有 5 个外部中断源，按照自然优先级别的顺序分别为外部中断 0、定时器 0、外部中断 1、定时器 1 和串口中断。在 C51 程序中，这些中断源的编号分别为 0、1、2、3 和 4。在定义中断服务处理程序时，要在中断函数名之后写出中断服务处理程序的关键字"interrupt"和中断源的编号。扫描二维码可查看本例的源程序。在参考程序中定义了外部中断 1 的中断服务处理程序 ISR_Int1()，外部中断 1 的编号为 2，所以要在"ISR_Int1()"后加上"interrupt 2"。

微课：外部中断
程序设计举例

例 8-1 源程序

8.8.2　定时/计数器程序设计

微课：定时/计数
器程序设计举例

【例 8-2】　按例 4-8 的要求编写 C51 语言程序，产生频率为 50Hz 的方波信号。

　　解：本例题有两种编程方式，分别是查询式和中断式。扫描下方二维码可查看源程序。

【例 8-3】　按例 4-9 的要求编写 C51 语言程序，产生频率为 1kHz 的方波信号。

　　解：源程序可扫码查看。

【例 8-4】　按例 4-10 的要求编写 C51 语言程序，对外部事件计数。

　　解：源程序可扫码查看。

【例 8-5】　按例 4-11 的要求编写 C51 语言程序，用定时器模拟外部中断。

　　解：源程序可扫码查看。

【例 8-6】　按例 4-12 的要求编写 C51 语言程序，测方波信号的周期，并将 1 个周期所包含的时钟周期个数存入无符号整型变量 uiPeriod 中。

　　解：源程序可扫码查看。

例 8-2 源程序　　例 8-3 源程序　　例 8-4 源程序　　例 8-5 源程序　　例 8-6 源程序

8.8.3　串行接口程序设计

微课：串行接口
程序设计举例

【例 8-7】　按例 4-14 的要求编写 C51 语言程序，利用 74LS164、74LS165 和单片机串口扩展并行 I/O 口，实现用 LED 亮灭反映开关闭合状态的功能。

　　解：源程序可扫码查看。

【例 8-8】　按例 4-15 的要求编写 C51 语言程序，实现双机串口通信。

　　解：本例用查询方式和中断方式两种方式实现了串口的数据发送和接收，源程序可扫码查看。

例 8-7 源程序　　　　　　　　例 8-8 源程序

8.8.4　并行接口程序设计

【例 8-9】　按例 5-1 的要求编写 C51 语言程序，实现片外数据存储器的读写操作。

　　解：源程序可扫码查看。

【例 8-10】　按例 5-6 的要求编写 C51 语言程序，控制简单输入接口 74LS244 和输出接

□ 74LS273，实现用 LED 亮灭反映开关闭合状态的功能。

　　解： 源程序可扫码查看。

例 8-9 源程序

例 8-10 源程序

8.8.5　键盘显示器接口程序设计

　　【例 8-11】　按例 5-12 的要求编写 C51 语言程序，利用串口工作方式 0 和移位寄存器 74LS164 实现数码管静态显示。

　　解： 源程序可扫码查看。

　　【例 8-12】　按例 5-13 的要求编写 C51 语言程序，通过单片机并口控制数码管动态显示。

　　解： 源程序可扫码查看。

　　【例 8-13】　按例 5-14 的要求编写 C51 语言程序，利用 8255A 控制数码管动态显示。

　　解： 源程序可扫码查看。

　　【例 8-14】　按例 5-15 的要求编写 C51 语言程序，实现独立式键盘处理功能。

　　解： 源程序可扫码查看。

例 8-11 程序

例 8-12 程序

例 8-13 程序

例 8-14 程序

　　【例 8-15】　按例 5-16 的要求编写 C51 语言程序，实现单片机并口扩展键盘显示器。

　　解： 源程序可扫码查看。

　　【例 8-16】　按例 5-17 的要求编写 C51 语言程序，利用 8255A 扩展键盘显示器接口。

　　解： 源程序可扫码查看。

　　【例 8-17】　按例 5-19 的要求编写 C51 语言程序，利用 DAC0832 产生指定波形。

　　解： 源程序可扫码查看。

　　【例 8-18】　按例 5-21 的要求编写 C51 语言程序，利用 ADC0809 采集电压信号。

　　解： 源程序可扫码查看。

例 8-15 程序

例 8-16 程序

例 8-17 程序

例 8-18 程序

8.9　小结

本章介绍了 C51 程序设计语言的基本语法知识和程序设计方法，并在 8.8 节中将本书第 4 章和第 5 章部分例题的汇编语言程序以 C51 语言重新实现。需要说明的是，8.8 节的大部分 C51 程序在 Protues 软件（该软件使用方法见本书第 9 章节）中调试通过，但是由于 Protues 软件并不能保证实时仿真，因此，将这些程序应用于实际单片机系统时，与时间有关的程序参数需要进行相应调整。

8.10　习题

请分别编写 C51 程序，完成本书第 4.6 节所有习题的题目要求。

第9章 Proteus 虚拟仿真

Proteus 虚拟仿真软件由英国 Labcenter 公司开发，集电路原理图设计、印制电路板设计和实物仿真等功能于一体，可以利用软件模拟各种硬件（如：电阻、电容等模拟器件，单片机、微处理器等数字器件，示波器、万用表等仪器设备），并支持对模拟硬件的软件编程和虚拟仿真调试。这使得用户可以在没有硬件支持的情况下，以电路原理为基础搭建虚拟模型，进行系统仿真和调试，并可以看到系统运行的模拟效果。由于可节约成本、提高研发效率，利用 Proteus 软件进行单片机系统辅助设计的方式已经被很多高校和研发机构采用。

Proteus 软件主要由 ISIS 和 ARES 两部分构成，其中 ISIS 用于电路原理图设计和仿真，ARES 用于印制电路板（PCB）设计。本章主要介绍 ISIS 的使用方法，并将其用于单片机系统的设计、仿真和调试。

9.1 集成环境 ISIS 的使用

Proteus 软件具有良好的人机交互功能，该软件启动后将自动进入 ISIS 功能界面（见图 9-1），其中多数工具栏的位置可以通过鼠标拖动来调整。本节将以 AT89C52 单片机最小系统原理图绘制为例，介绍 ISIS 的使用方法。

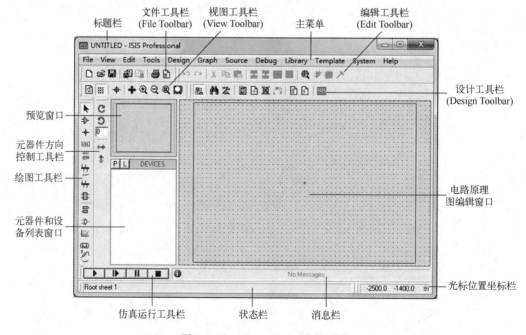

图 9-1 Proteus ISIS 7.1 功能界面

9.1.1　原理图的绘制

AT89C52 单片机最小系统的原理图如图 9-2 所示，下面将介绍在 ISIS 中绘制该电路原理图（即搭建虚拟仿真模型）的方法。

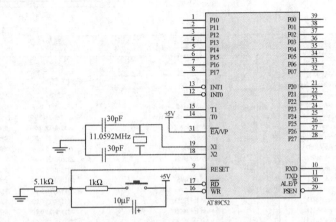

图 9-2　AT89C52 单片机最小系统原理图

1．新建与保存 ISIS 设计

（1）新建和打开 ISIS 设计

新建 ISIS 设计的步骤如下：单击"File"→"New Design…"子菜单（见图 9-3a），在弹出的"Creat New Design"（模板选择）对话框（见图 9-3b）中，单击选择设计图样的模板。图 9-3b 中各图样模板的主要差别是图样尺寸不同，并且除"DEFAULT（默认）"模板外的其他模板都有一个附带设计信息（包括设计文件的名称和保存路径等）的矩形图样边框（见图 9-3c）。另外，也可以鼠标单击快捷工具栏上的图标""（见图 9-3d）直接生成一个采用默认模板的设计文件（界面样式见图 9-1）。Proteus 7 版本的设计文件扩展名为".DSN"。

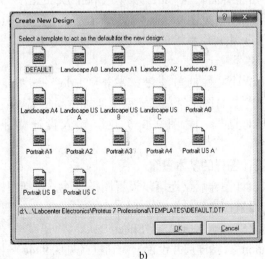

　　　　a)　　　　　　　　　　　　　　　　　b)

图 9-3　新建和打开 ISIS 设计文件

a)　"File"菜单　b) 图样模板选择对话框

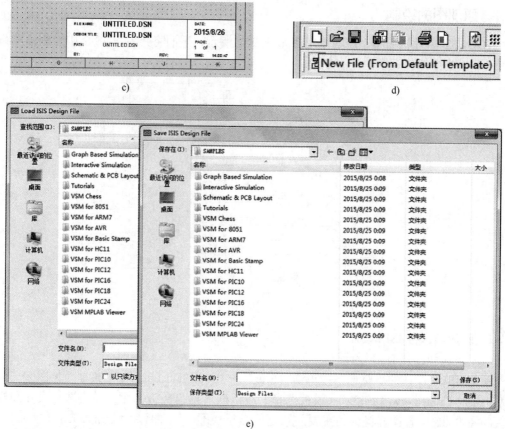

图 9-3 新建和打开 ISIS 设计文件（续）

c）图样模板上的设计信息 d）新建设计的快捷菜单 e）"Load ISIS Design File"和"Save ISIS Design File"对话框

除了新建设计以外，也可以通过修过已有设计得到新的设计。打开已有设计的方法是，首先，单击主界面上的"File"→"Open Design..."子菜单（见图 9-3a）或单击快捷工具栏上的图标"📂"（见图 9-3d）；然后，在弹出的"Load ISIS Design File"（设计装载）对话框（见图 9-3e）中，用鼠标单击要打开的设计文件。

（2）保存设计

保存设计文件的方法是，单击"File"→"Save Design"子菜单（见图 9-3a）或快捷工具栏上的图标"💾"（见图 9-3d）；然后，在弹出的"Save ISIS Design File"（设计装载）对话框（见图 9-3e）中，输入设计文件名称，并选择设计文件的保存路径（位置）。

2. 设计图样的基本设置

生成设计图样后，还可以设置图样属性，包括图样尺寸、背景颜色和文字样式等。

（1）设置图样尺寸

单击"System"→"Set Sheet Sizes..."子菜单（见图 9-4a）后，在弹出的"Sheet Size Configuration"（图样尺寸设置）对话框（见图 9-4c）中可以选择和设置图样尺寸。

（2）设置文本字体

单击"System"→"Set Text Editor..."子菜单（见图 9-4a）后，在弹出的"字体"对话

框（见图 9-4d）中可以设置图样中所有文本的字体。

（3）设置图样颜色

单击"Template"→"Set Design Defaults…"子菜单（见图 9-4b）后，在弹出的"Edit Design Defaults"对话框（见图 9-4e）中可以设置图样中的各类颜色，比如：单击"Paper Colour"右侧的下拉菜单"▭▾"后，可以在弹出的调色板中选择设计图样的背景颜色。

（4）设置元器件引脚标注字体

在 ISIS 设计中，可以为元器件的引脚添加标签和编号，可以通过单击"Font Face for Default Font"框中的下拉菜单来设置标签和编号的字体（见图 9-4e 的右下角）。

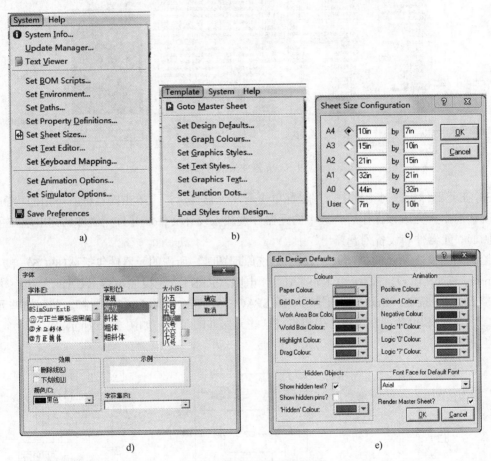

图 9-4　设计图样的基本设置

a)"System"菜单　b)"Template"菜单　c) 图样尺寸设置对话框　d)"字体"对话框　e) 图样颜色设置对话框

3. 装载元器件

绘制电路原理图之前，首先要从元件库中找到所需要的元器件，并将其装载到当前的设计文件中，具体步骤如下：

1）单击主界面左侧"绘图工具栏"的图标"➔"，若该图标凹陷下去，表示"元件模式（Component Mode）"已被激活。在该模式下可以从元件库中选取各种仿真模型。

2）单击主界面左侧"元器件和设备列表窗口"左上角的图标"P"(Pick components from

the device libraries)"，之后弹出"Pick Devices"（元器件拾取）对话框（见图9-5）。

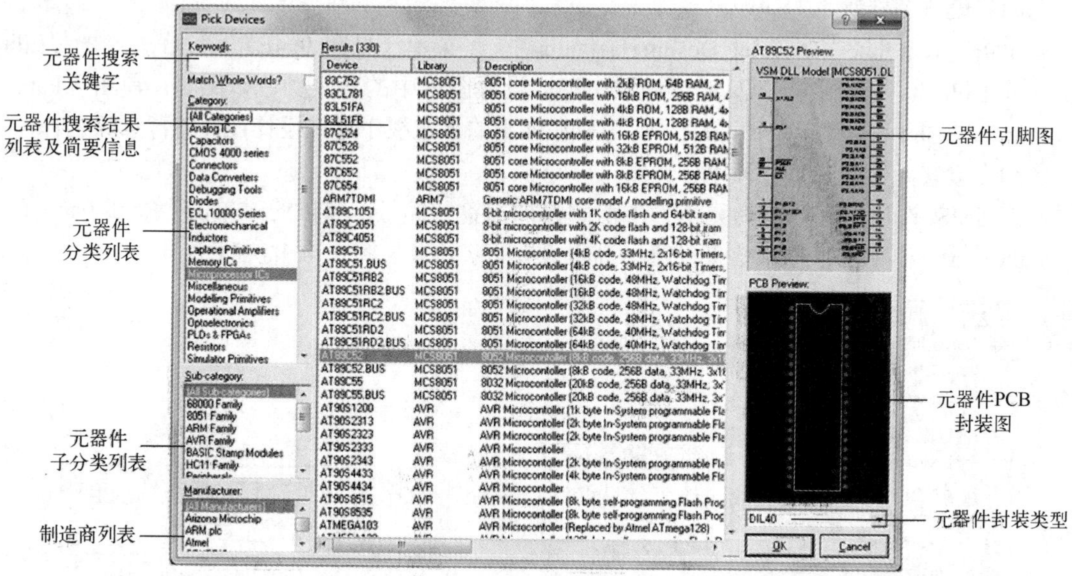

元器件搜索关键字

元器件搜索结果列表及简要信息

元器件分类列表

元器件子分类列表

制造商列表

元器件引脚图

元器件PCB封装图

元器件封装类型

图9-5　元器件拾取对话框

3）在元器件拾取对话框中，用鼠标单击所需元器件后，再单击对话框右下角的"OK"按钮确认退出。完成该操作后，选中的元器件被载入设计文件，并且元器件名称出现在主窗口左侧的"元器件和设备列表窗口"中。

绘制如图9-2所示的AT89C52最小系统原理图时，所需的元器件包括AT89C52单片机（Microprocessor ICs）、晶振（CRYSTAL）、电阻（RES）、无极性电容（CAP）、电解电容（CAP-ELEC）、按键（Button）和排阻（RESPACK-8，带公共端的8电阻排）。装载这些元器件后，"元器件和设备列表窗口"中将出现这些元器件的名称，如图9-6a所示。

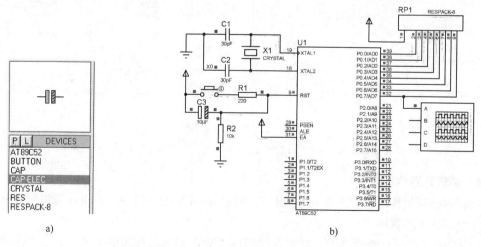

图9-6　AT89C52最小系统的ISIS虚拟仿真模型

a) 元器件列表和预览窗口　b) ISIS中绘制的AT89C52最小系统原理图

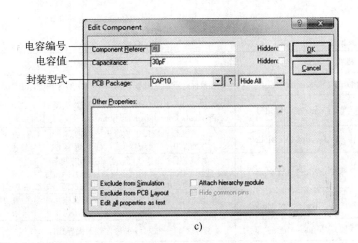

电容编号
电容值
封装型式

c)

图 9-6　AT89C52 最小系统的 ISIS 虚拟仿真模型（续）

c) 电容参数编辑对话框

4．绘制电路原理图

绘制电路原理图主要由元器件摆放和引脚连接两个步骤完成。

（1）元器件摆放

首先，单击主窗口左侧"绘图工具栏"上的图标 " ➡（Component Mode）"，激活"元器件模式"。然后，在"元器件和设备列表窗口"单击需要的元器件。最后，在"电路原理图编辑窗口"中元器件摆放的位置单击鼠标左键，即可完成元器件的摆放。

双击元器件后可以打开"Edit Component"（元器件编辑）对话框，并在其中设置元器件的参数，如电容的编号、电容值和封装形式等，如图 9-6c 所示。

鼠标右键双击原理图中的元器件，可以将其删除。

（2）元器件引脚连接

连接两个元器件引脚时，首先，单击其中一个引脚（引脚上出现红色小方框代表引脚已经被选中）；然后拖动鼠标引出一根导线，继续拖动鼠标到另一个引脚上并单击鼠标左键，即完成连接。

重复上述两个步骤，即可完成原理图的绘制。图 9-6b 为 ISIS 中绘制的 AT89C52 最小系统原理图，其中：元器件引脚边的小方框在仿真运行时出现，其颜色代表了引脚上的电平状态，默认情况下，红色代表高电平，蓝色代表低电平；图中与单片机 P0.7 引脚相连的是 ISIS 提供的虚拟示波器（OSCILLOSCOPE），用于测量 P0.7 引脚的电压波形。

5．绘制电路原理图的主要工具

在绘制电路原理图和搭建仿真模型时，主要使用主窗口左侧（也可以通过鼠标拖动来调整窗口的位置）绘图工具栏上的快捷图标（见图 9-1）。根据功能可以将这些快捷图标分成三类：电路绘制图标、电气端点和虚拟仪器图标以及二维图形绘制图标。这三类图标的功能分别见表 9-1～表 9-3。用鼠标左键单击这些图标，将激活对应的工作模式。

表 9-1   电路绘制类图标的功能

图　标	模式（Mode）名称	功能说明
▶	选择模式（Selection Mode）	可鼠标选取原理图编辑窗口中的元器件并进行引脚连接等操作
⊩	元件模式（Component Mode）	可以在原理图编辑窗口中摆放元器件，或进一步单击 P（Pick components from the device libraries）打开元器件库
✛	连接点模式（Junction Dot Mode）	在原理图编辑窗口中放置电气连接点，电气连接点应出现在导线的连接点上，如图 9-6b 中连接晶振 X1 与电容 C1 的导线上的实心小圆点
📇	导线标签模式（Wire Lable Mode）	用鼠标左键单击导线后，可在弹出的如图 9-7a 所示的"Edit Wire Lable"（导线标签编辑）对话框中设置标签名称、标签文字的方向和位置。标签名相同的导线在电气上是联通的，即使这两个导线并没连接在一起
☰	文本脚本模式（Text Script Mode）	弹出"Edit Script Block"脚本编辑框，如图 9-7b 所示，用于在原理图中加入多行文字说明
╫	总线模式（Buses Mode）	绘制总线（一根总线中包含若干根导线）
⌸	子电路图模式（Sub-circuit Mode）	在一个电路图中放置子电路图

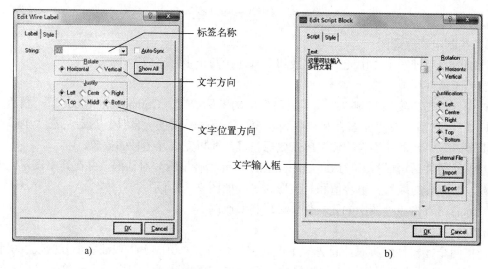

图 9-7   电路绘制类图标功能说明

a) 导线标签编辑对话框   b) 脚本编辑框

表 9-2   电气端点和虚拟仪器类图标的功能

图　标	模式（Mode）名称	功能说明
🖇	电气端点模式（Terminals Mode）	提供各种类型的电气终端，包括：电源（POWER↑）、地（GROUND⏚）、输入端点（INPUT▷—）、输出端点（OUTPUT-▷）、双向端点（BIDIR◁▷）、默认端点（DEFAULTo—）和总线端点（BUS◀）
⊩	元器件引脚模式（Device Pins Mode）	提供各种元器件引脚，包括：默认引脚（DEFAULT×—）、低电平有效引脚（INVERT×—o）、上升沿有效引脚（POSCLK×—▶）、下降沿有效引脚（NEGCLK×—◀）、短引脚（SHORT×—）和总线引脚（BUS——）
📈	图表模式（Graph Mode）	可以提供各种对仿真结果的非实时离线分析图表，如模拟分析图表和傅里叶分析图表等
📼	磁带录音机模式（Tape Recorder Mode）	用于记录信号的输出，并可以进行回放

（续）

图　标	模式（Mode）名称	功能说明
⊗	信号发生器模式 （Generator Mode）	可以产生多种激励信号，如：直流信号（DC⁷⌇〓）、正弦波信号（SINE⁷⌇〜）、脉冲信号（PULSE⁷⌇⌐）、指数信号（EXP⁷⌇〜）、单频率调频波（SFFM⁷⌇〜）、分段线性激励信号（PWLIN⁷⌇〜）、文件信号源（FILE⁷⌇?）、音频信号（AUDIO⁷⌇〤）、数字单稳态逻辑电平发生器（DSTATE⁷⌇−）、数字单边沿信号发生器（DEDGE⁷⌇⌐）、单周期数字脉冲发生器（DPULSE⁷⌇⌐）、数字时钟信号发生器（DCLOCK⁷⌇⊓⊓⊓）、数字模式信号发生器（DPATTERN⁷⌇⊔⊔⊔）
〃	电压探针模式 （Voltage Prob Mode）	拾取并记录电路中探针所在处的信号电压值
〃	电流探针模式 （Current Prob Mode）	拾取并记录电路中探针所在处的信号电流值
🖵	虚拟仪器模式 （Virtual Instruments Mode）	提供虚拟仪器设备，包括：示波器（OSCILLOSCOPE）、逻辑分析仪（LOGIC ANALYSER）、计数器/定时器（COUNTER TIMER）、虚拟终端（VIRTUAL TERMINAL）、SPI 调试器（SPI DEBUGGER）、I2C 调试器（I2C DEBUGGER）、信号发生器（SIGNAL GENERATOR）、模式发生器（PATTERN GENERATOR）、直流电压表（DC VOLTMETER）、直流电流表（DC AMMETER）、交流电压表（AC VOLTMETER）和交流电流表（AC AMMETER）

表 9-3　二维图形绘制类图标的功能

图　标	模式（Mode）名称	功能说明
╱	二维绘图直线模式（2D Graphics Line Mode）	在创建元器件时或绘制原理图时绘制直线
■	二维绘图矩形框模式（2D Graphics Box Mode）	在创建元器件时或绘制原理图时绘制矩形框
●	二维绘图圆形模式（2D Graphics Circle Mode）	在创建元器件时或绘制原理图时绘制圆形
◠	二维绘图弧线模式（2D Graphics Close Path Mode）	在创建元器件时或绘制原理图时绘制弧线
∞	二维绘图封闭路径框模式（2D Graphics Close Path Mode）	在创建元器件时或绘制原理图时绘制封闭的多边形
A	二维绘图文本模式（2D Graphics Text Mode）	在原理图中添加文字说明
S	二维绘图符号模式（2D Graphics Symbol Mode）	从符号库中装载各种基本绘图符号
╬	二维绘图标记模式（2D Graphics Markers Mode）	在创建元器件时或绘制原理图时绘制各种标记图标

6. 引脚连接的总线和标签技巧

当电路中元器件较多或元器件引脚较多时，电路中的导线较多、较长，将导致电路原理图复杂、混乱且难以查看。这种情况下，合理地使用总线和标签可以减少导线个数和长度，使电路原理图更简洁、明了。例如：在图 9-8a 中，单片机的 P0 口分别与两片 74LS373 芯片的 D7～D0 引脚相连，一共需要绘制 16 根导线，而且导线之间相互交错，随着元器件数量的增多，原理图将越来越混乱拥挤。使用总线方式连接引脚后，原理图中的导线交错情况将减少，以保留更多元器件摆放空间，如图 9-8b 所示。

下面以绘制图 9-8b 所示电路为例，介绍绘制总线和添加引脚标签的方法和步骤。

（1）绘制总线

首先，单击图标"╫"进入"总线模式"，然后在原理图编辑窗口中绘制一条总线。

（2）给总线添加标签

首先，用鼠标右键单击总线，并在弹出的菜单（见图 9-8c）中右键单击"Place Wire Label"。然后，在弹出的"Edit Wire Label"（编辑总线标签名称）对话框（见图 9-8d）的

"String"下拉列表框中输入总线的标签名"P0[0..7]",其中:P0 是总线标签名;"[0..7]"代表该总线中共有 8 根导线,其标签名分别是 P00,P01,…,P06 和 P07。确认退出该对话框后,总线标签"P0[0..7]"将出现在总线附近。

需要修改标签时,用鼠标右键单击总线,然后单击弹出菜单中的"Edit Wire Style",可以再次进入"Edit Wire Label"(导线标签编辑)对话框。另外,直接单击总线附件的总线标签也可以进入该对话框。

(3)连接引脚至总线

单击元器件引脚,然后拖动鼠标至总线上,并单击总线,即完成引脚与总线的连接。一根总线内包含了多根导线,因此必须确认引脚与总线中的哪一根导线相连,其方法是:首先,用鼠标右键单击连接总线和引脚的导线;然后,在弹出的菜单(见图 9-8e)中单击"Place Wire Label"进入导线标签编辑对话框;接着,单击"String"右侧下拉列表框右边的箭头,并在弹出的标签列表中选择与引脚相连的总线标签,如图 9-8f 所示;最后,确认选择,并退出"导线标签编辑"对话框,这时可以看到标签名出现在导线附近。

另外,为了减少标签编辑的工作量,还可以采用如下操作以加快标签添加速度:

1)用鼠标单击"Tools"→"Property Assignment Tool"菜单,弹出"Property Assignment Tool"(属性分配工具)对话框(见图 9-8g)。

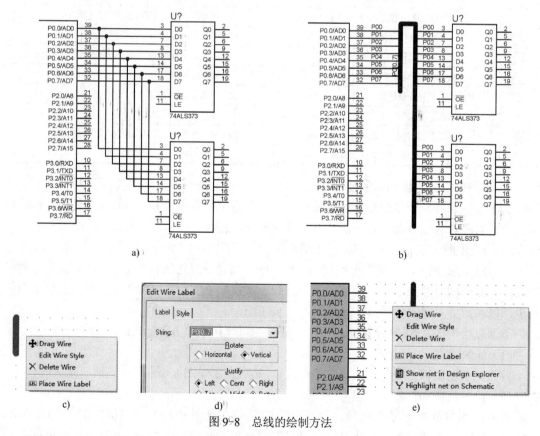

图 9-8 总线的绘制方法

a) 引脚间单根导线逐一相连导线 b) 引脚的总线方式连接 c) 标签处理菜单 d) 编辑总线标签名称 e) 单击总线的弹出菜单

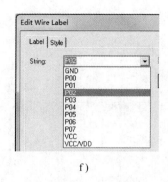

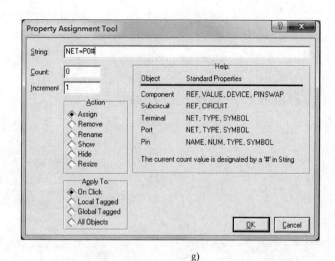

f)　　　　　　　　　　　　　　　　　　　g)

图 9-8　总线的绘制方法（续）

f) 标签列表　g) 属性分配工具对话框

2）在属性分配工具对话框的"String"文本框中输入"NET=P0#"。其中"P0"是标签名称，而"#"是标签的编号，"Count"文本框内的数值是"#"的起始值，"Increment"文本框内的数值是"#"的增量值。这样设置后，再连续单击需要加标签的导线时，导线会被自动加上标签，而且标签编号会自动连续增加。若需要标签编号自动减小，仅需将"Increment"设置为负数。

另外，自动连续编号操作也可以用于批量编辑元器件名称。

9.1.2　虚拟模型的仿真运行

绘制单片机系统的电路原理图后，即可以开始仿真调试操作。调试过程分为两个步骤：单片机载入目标文件和仿真运行。下面分别加以介绍。

1. 单片机载入目标文件

ISIS 支持原理图中的单片机载入扩展名为 HEX 的目标文件。载入的方法是：首先，双击原理图中的单片机，以弹出元器件编辑对话框（见图 9-9a）中；然后，在该对话框中，单击"Program File"文本框右侧的🗀图标，并在弹出的"Select File Name"（文件选择）对话框（见图 9-9a）中选择需载入的 HEX 文件。

2. 仿真运行

载入 HEX 文件后，单击"仿真运行工具栏"（见图 9-1 或图 9-9b）中的图标"play▶"，单片机程序开始仿真运行。仿真运行期间，所有元器件引脚边都会出现彩色小方框，其颜色随引脚电平的变化而变化，低电平时为蓝色，高电平时为红色。

在图 9-6b 所示电路图中，仿真运行以下这段程序后，单片机 AT89C52 的 P0.7 引脚出现方波，可以从与该引脚相连的示波器中看到方波波形，如图 9-9c 所示。

```
ORG         0000H                   ;程序的入口地址
            SETB     P0.7           ;P1.0 引脚置位(高电平)
NEXT:       CALL     DEALY          ;调用延时程序
            CPL      P0.7           ;P1.0 引脚电平取反
            SJMP     NEXT           ;反复执行
DEALY:      MOV      R6,#0FEH
            DJNZ     R6,$
            RET
            END                     ;程序结束
```

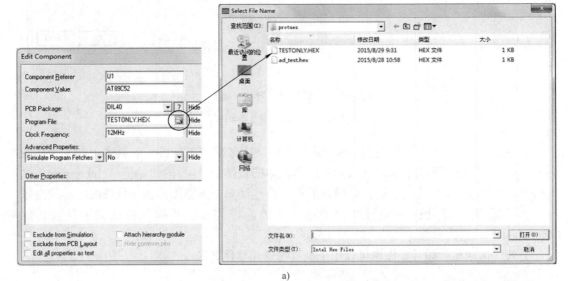

a)

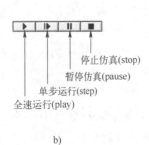

b)

c)

图 9-9   虚拟模型仿真运行操作

a) 目标文件的载入   b) 仿真运行工具栏   c) 数字示波器面板及显示的波形

3．查看仿真运行结果

在程序仿真运行过程中，可以通过 ISIS 提供的各种调试工具查看程序仿真运行结果。主要调试工具均在主菜单"Debug"的下拉子菜单中，其功能如图 9-10 所示。单击图 9-10a 所示"Debug"菜单的最下面一项"Digital Oscilloscope"，可以打开虚拟示波器界面，如果电路原理图中没有放入虚拟示波器，则 Debug 菜单中不会出现这一项。

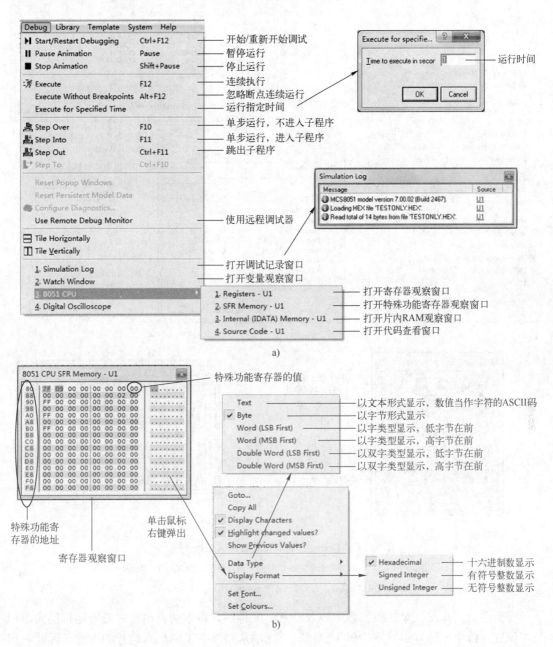

图 9-10　"Debug"菜单提供的调试工具

a) Debug 菜单功能　　b) 特殊功能寄存器观察窗口"8051 CPU SFR Memory"

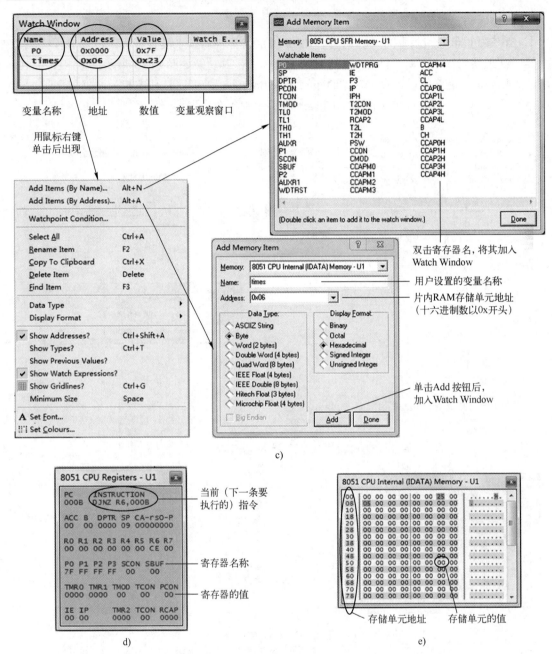

图 9-10 "Debug"菜单提供的调试工具（续）

c) 变量观察窗口 "Watch Window" d) CPU 寄存器观察窗口 "8051 CPU Register"

e) 片内 RAM 观察窗口 "8051 CPU Internal (IDATA) Memory"

需要注意，虽然在单片机模型中载入 HEX 文件后，可以仿真运行并查看运行结果，但是在调试过程中无法看到完整的程序源代码，无法从整体上了解仿真运行的进度，因此，调试过程不够直观。ISIS 提供了两种方法，可以使用户在仿真过程中看到完整的程序源代码，分别是：①利用 Proteus 软件自带的汇编语言编程工具，进行汇编语言程序设计（包括源程序的编写和汇编、链接等）；②利用软件 Keil 进行程序设计（包括 C 语言和汇编语言程序的编写、汇编、编译和链接等），然后进行 Keil 软件与 ISIS 电路模型的联合仿真调试。下面两节将分别介绍这两种方法。

9.1.3　基于 ISIS 的汇编语言程序设计

Proteus 软件自带汇编语言程序编辑器和编译器，用户可以在 Proteus 软件中完成汇编语言程序设计的全部工作，且不需要第三方软件的辅助。

1. 汇编语言程序的设计

在 Proteus 仿真环境中进行汇编语言程序设计的步骤如下。

（1）选择编译器

首先，用鼠标左键单击"Source"→"Add/Remove Source files…"子菜单，在弹出的"Add/Remove Source files…"（添加/移除源程序文件）对话框（见图 9-11a）中的"Code Generation Tool"编译器列表中选择"ASME51"，这是 Proteus 软件自带的 MCS-51 单片机汇编语言编译器。另外，还可以单击"Source"→"Define Code Generation Tools…"菜单（见图 9-11b），并在弹出的"Add/Remove Generation Tools"对话框中查看和更换编译器。

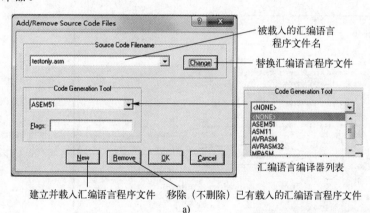

a)

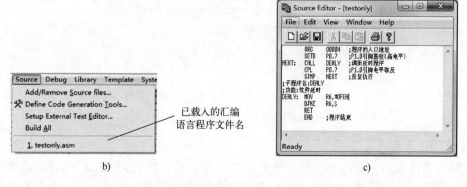

b)　　　　　　　　　　　　　　　c)

图 9-11　建立和载入汇编语言程序文件

a) 添加/移除源程序文件对话框　b) "Source"菜单　c) 源程序编辑窗口

（2）载入汇编语言程序文件

在"添加/移除源程序文件"对话框中单击"New"按钮，在之后弹出的"New Source

File"对话框中确定汇编语言程序文件存放的路径，并输入文件名称。如果文件不存在，则生成新文件并载入，否则直接载入该文件。源程序文件载入后，其文件名将出现在主菜单"Source"最后一项（见图 9-11b），单击这一项可以打开源程序编辑窗口（见图 9-11c），可在其中添加或修改程序。

（3）建立可执行目标文件

单击"Source"→"Build All"子菜单（见图 9-11b），即可编译和链接已载入的程序文件，并弹出"BUILD LOG"（建立记录）界面（见图 9-12），该界面可以显示编译和链接的结果。如果源程序没有错误，则建立 HEX 格式的目标文件，否则，在建立记录界面中给出错误信息（见图 9-12b），以便程序员更正错误。

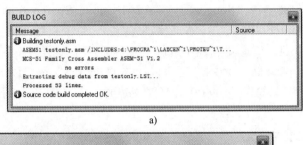

a)

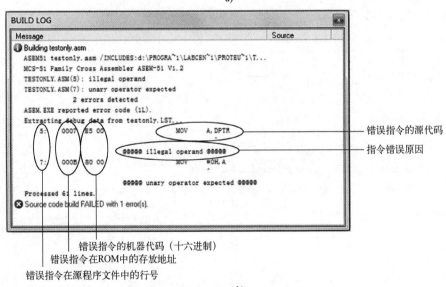

错误指令的源代码
指令错误原因

错误指令的机器代码（十六进制）
错误指令在ROM中的存放地址
错误指令在源程序文件中的行号

b)

图 9-12 "BUILD LOG"（建立记录）界面

a) 源程序无错误时的记录　b) 源程序有错误时的记录

2. 汇编语言程序的调试

汇编语言的调试过程与 9.1.2 节所介绍的几乎一致，需先将 HEX 文件载入单片机模型，然后利用 Proteus 软件"Debug"菜单提供的调试工具进行程序调试。不同的是，Proteus 软件的编译器在进行程序链接时会生成扩展名为 SDI 的调试文件，使得程序调试时可以同步查看汇编语言程序的源代码。

仿真调试时，单击"仿真运行工具栏"中的图标"▭"，或单击子菜单"Debug"→"Start/Restart Debugging"或"Debug"→"8051 CPU"→"Source Code"（见图 9-10a），可以

打开"源代码观察窗口（8051 CPU Source Code）"（见图 9-13a）。在"源代码观察窗口"中单击鼠标右键，将弹出图 9-13b 所示菜单，可用于断点设置等操作。

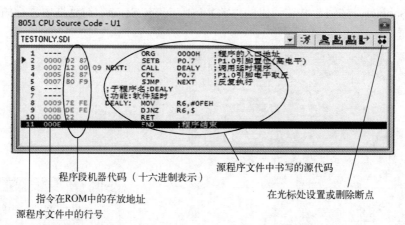

源程序文件中书写的源代码

程序段机器代码（十六进制表示）

在光标处设置或删除断点

指令在ROM中的存放地址

源程序文件中的行号

a)

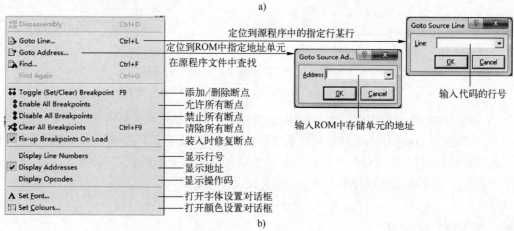

b)

图 9-13　源代码观察窗口"8051 CPU Source Code"

a) 观察窗口的显示界面　b) 设置观察窗口的菜单

9.1.4　ISIS 和 Keil 的联机调试

虽然 Proteus 软件内置程序编辑器和编译器，但是其功能相对较弱，使用不方便。另外，Proteus 软件没有内置的 C51 编译器，无法编译和调试 C51 程序。为了弥补上述不足，Proteus 软件支持 ISIS 和 Keil 的联合调试，即：首先，用 ISIS 软件绘制电路原理图（虚拟单片机的硬件），用 Keil 软件设计程序；然后，在 Keil 软件中执行或调试程序以控制由 ISIS 搭建的单片机虚拟硬件系统。联合调试的具体步骤如下：

1）在 ISIS 中绘制电路原理图。

2）单击 ISIS 主界面的"Debug"→"Use Remote Debug Monitor"子菜单（见图 9-10a），以开启远程调试模式。

3）安装 Proteus 的 Keil 联机调试驱动程序（vdmagdi.exe 或 vudgi.exe）。

4）在 Keil 软件的主界面上，单击图标"🔨"或"Flash"→"Configure Flash Tools…"，

以弹出"Options for Target"对话框（见图 9-14a）。在该对话框中，首先，用鼠标左键选中右侧的"Use"选项，并在右侧的单片机仿真器列表中选择"Proteus VSM Simulator"，然后，单击"Settings"按钮，并在弹出的"VDM51 Target Setup"对话框中进行如图 9-14b 所示的通信设置。

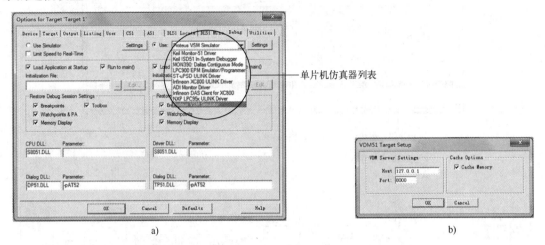

图 9-14 Keil 软件中的"Options for Target"对话框设置

a) "Options for Target"对话框 b) "VDM51 Target Setup"对话框

5）打开 ISIS 电路原理图，然后在 Keil 软件中运行或调试单片机程序。此时 Keil 中运行的程序可以控制 ISIS 中搭建的单片机系统仿真模型，即实现了 Keil 和 ISIS 的联合调试。

在上述调试过程中，ISIS 电路原理图中的单片机模型中不需要载入 HEX 目标文件，ISIS 仿真电路完全被 Keil 软件中正调试、运行的程序所控制。

9.2 虚拟仿真实例

9.1 节介绍了利用 ISIS 绘制单片机系统电路原理图和进行虚拟仿真调试的方法，本节将在此基础上给出 6 个仿真实例，便于读者学习和掌握单片机系统综合设计及应用的方法。

9.2.1 简易音乐演奏系统设计

本例以 AT89C52 单片机为主控制器，设计单片机软、硬件系统以实现简易电子琴的功能。设计要求：

（1）通过按键操作控制蜂鸣器发出指定声调，实现乐曲演奏功能。

（2）当按键按下时，通过数码管显示被按下按键的编号。

1. 硬件电路设计

图 9-15 为在 Proteus 软件中绘制的简易音乐演奏系统电路原理图，其中包括：

1）单片机复位电路，可实现单片机上电复位和按键复位。

2）时钟电路，其中所用晶振的频率为 12MHz。

3）16 个按键，每个按键对应于一种频率的声音，故系统可以弹奏 16 种不同的声音。

4）2 位共阴极数码管，用于显示被按下的按键的编号。

5）8255A 芯片用于控制扩展的键盘和显示电路。

6）发声电路，其中："SPEAKER"代表蜂鸣器；NPN 型晶体管用于驱动蜂鸣器。单片机 P1.0 引脚输出高电平时，蜂鸣器响，否则不响。通过调整 P1.0 输出方波信号的频率控制蜂鸣器发声的音调。

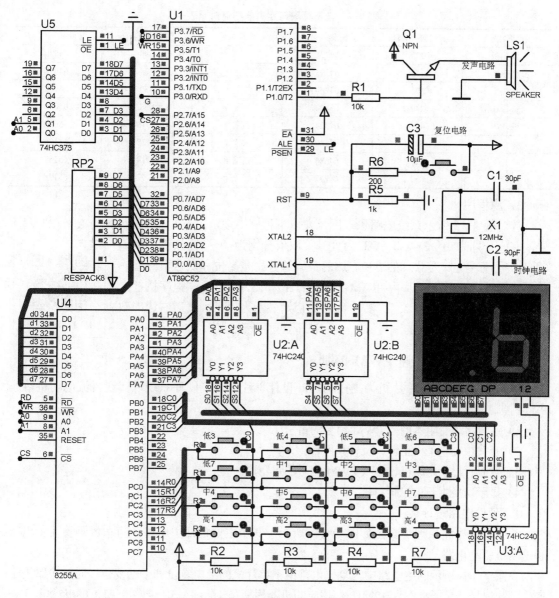

图 9-15　简易音乐演奏系统电路原理仿真图

2. 程序设计原理

蜂鸣器的声音由方波信号频率控制，本例中将通过单片机定时器 0 控制方波信号的频率。

定时器初值的计算原理和方法如下：

1）假设声音频率是 f，则其对应的方波信号频率和周期分别是 f 和 $T=1/f$。由于产生方波时，定时器仅需要定时半个方波周期，所以定时器的定时时间是 $T/2$。

2）假设单片机的晶振频率为 f_{osc}，则 $T/2$ 包含的机器周期个数是 $N=f_{osc}/(2f\times12)=f_{osc}/(24f)$。若 $f_{osc}=12\text{MHz}$，则 $N=500000/f$；如果使用定时器的方式 1，则定时器的初值 $M=2^{16}-N$。根据上述分析可以算出晶振频率为 12MHz、采用 16 位定时计数器时的音符频率和定时器初值的对照表，见表 9-4。

表 9-4 音符频率与定时器初值对照表

音符名称	音符频率 f/Hz	定时器初值 M	音符名称	音符频率 f/Hz	定时器初值 M
低音 3	330	64021	中音 4	698	64820
低音 4	349	64103	中音 5	784	64898
低音 5	392	64260	中音 6	880	64968
低音 6	440	65400	中音 7	988	65030
低音 7	494	64524	高音 1	1046	65058
中音 1	523	64580	高音 2	1175	65110
中音 2	587	64684	高音 3	1318	65157
中音 3	659	64777	高音 4	1397	65178

3. 源程序

针对图 9-15 所示系统电路原理图，在以下程序中规定：4×4 矩阵键盘中的 R0~R3 为行号，取值分别为 0~3；C0~C3 为列号，取值分别为 0~3；按键的键值（编号）为行号×4+列号；左边和右边的数码管分别是高位和低位数码管，其显示缓冲单元分别是片内 RAM 中的 31H 和 32H 单元；程序执行之初，左边数码管总显示"."，右边数码管初始显示为"-"，之后右边的数码管显示被按下的按键的编号（0~F）。扫码可查看源程序。

9.2.1 节源程序

9.2.2 直流电动机转速 PWM 控制

本例以 AT89C52 单片机为主控制器，设计单片机软、硬件系统以实现直流电动机转速 PWM 控制。设计要求：

1）通过滑动变阻器调节 PWM 信号的占空比。

2）开关控制电动机正转、反转和停转。

3）数码管显示电动机转速或 PWM 信号的占空比。

4）显示切换由开关控制。

1. 硬件电路设计

系统硬件电路原理仿真图如图 9-16 所示，其中主要包括主电路、静态数码管显示电路和电动机驱动电路。

在图 9-16a 所示的主电路中，复位电路用于单片机的上电复位和手动复位；时钟电路用于产生时钟信号，晶振频率为 12MHz，相应的机器周期是 1μs；A-D 转换器 ADC0808 将其 IN6 引脚输入的模拟电压信号转换为数字量，该模拟电压由可调电阻 RV1 对+5V 分压产生，转换所得数字量 D 的数值范围为 0~255，对应于 PWM 信号占空比 P 的取值范围 0%~100%，即占空比 P 与数字量 D 之间的换算关系为 $P=100\times D/255$；开关 SW1 的三个档位用于控制电动机进行正转、反转和停转。图 9-16b 所示为由 74LS164 驱动的 4 位静态数码管显示电路。显示内容由开关 SW2 控制切换，当其闭合时，数码管显示 PWM 信号的占空比，否则显示电动机转速（单位为 r/min）。数码管只显示占空比和转速的整数位。

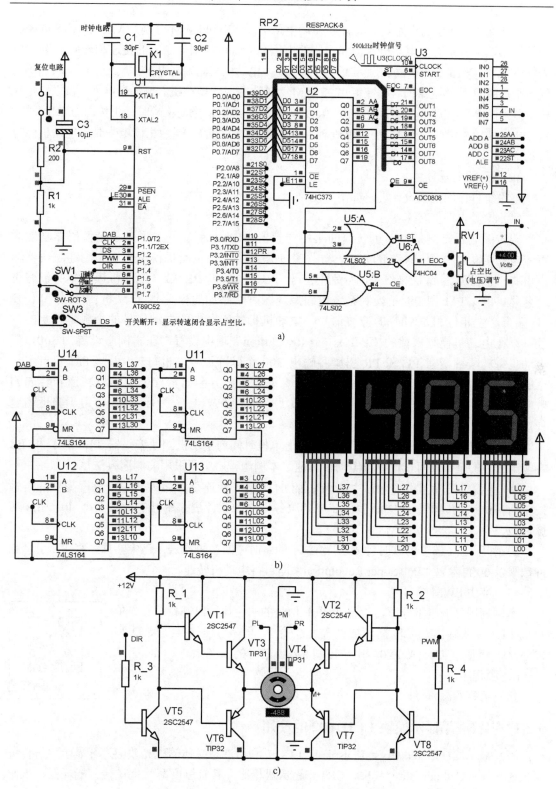

图 9-16　直流电动机转速 PWM 控制电路原理仿真图

a) 主电路图原理图　　b) 数码管显示电路原理图　　c) 电动机 H 桥驱动电路原理图

在图 9-16c 所示的直流电动机 H 桥驱动电路中，DIR 和 PWM 分别是 VT5 和 VT8 的控制信号输入端，分别影响电动机左侧和右侧的电压高低，可控制电动机的转速和转向。当 DIR 为低电平时，VT5、VT6 截止，VT1、VT3 导通，电动机左侧为高电平，反之，电动机左侧为低电平。由 H 驱动电路的对称性可知，PWM 为低电平时，电动机右侧为高电平，反之，电动机右侧为低电平。因此，当 DIR 端为 0、PWM 端为 1 时，电动机顺时针正传；当 DIR 端为 1、PWM 端为 0 时，电动机逆时针旋转；当 DIR 端和 PWM 端为相同电平时，电动机停止转动。

2．程序设计思路

本系统程序的主要设计思路如下：

（1）检测电动机转速

旋转编码器是测量电动机转速的常用传感器。Proteus 软件中提供了带编码器功能的直流电动机仿真模型 ENCMOTOR，如图 9-16c 所示。该电动机模型有 3 个测速编码器输出引脚，按照从左到右的顺序，分别对应于 PL、PM 和 PR 端（电动机模型本身没有引脚名称，PL、PM 和 PR 是绘制系统电路原理图时后添加的标签）。电动机转动时，PL 和 PR 端会产生相位相差 90°的方波信号，电动机每转所产生的方波信号的个数是固定的，且可以在电动机模型属性的"Pulses per Revolution"项中设置，在本例中设置为 300，即电动机每转一圈，在 PL 和 PR 引脚各输出 300 个脉冲。电动机每转一圈，PM 仅产生一个脉冲。另外，程序运行时直流电动机仿真模型的下方会显示代表电动机转速和转向的数字（其绝对值为转速，其符号代表转向，"+"为正转，"−"为反转），可用于验证测速程序的结果。

电动机转速的单位是"r/min"，只要知道单位时间内电动机测速编码器 PL、PM 和 PR 端输出脉冲的个数就可以计算出电动机转速。本例源程序中所采用的测速方法是：

1）将编码器输出引脚 PL 与单片机的 $\overline{INT0}$ 引脚相连，并将外部中断设置为下降沿触发中断；每次编码器触发中断后，在中断服务程序中累计进入中断的次数，即 PL 引脚的脉冲数。

2）利用定时器 1 的软时钟方法产生 1s 的定时中断，每次进入该中断后，将 PL 引脚脉冲数乘以 60 再除以"Pulses per Revolution"即可得电动机转速。

（2）产生 PWM 信号

本例利用可调电阻分压，设置 PWM 信号的占空比。PWM 信号由单片机 P1.3 引脚输出。定时器 0 被设置为方式 1，电阻分压转换结果 D 和（255−D）赋值给 TH0 或 TL0，用于控制 PWM 信号的占空比。

3．源程序

扫码可查看源程序。

9.2.2 节源程序

9.2.3　字符液晶显示模块 LCD1602 的使用

液晶显示器（Liquid Crystal Display，LCD）利用液态晶体的电光效应进行显示，与传统阴极射线管（Cathode Ray Tube，CRT）显示器相比，具有厚度薄、重量轻、能耗低、工作电压低等优点。目前，LCD显示器广泛应用于各种生产和生活领域。

LCD1602 是一种典型的字符液晶显示模块（见图 9-17），价格便宜、应用广泛。本节将以 LCD1602 为例，介绍字符液晶显示模块的工作原理及使用方法。

图 9-17　液晶显示模块 LCD1602 的外观（工作状态下）

1. LCD1602 的工作原理

基于 HD44780 驱动控制器的 LCD1602 液晶屏模块分上下两行显示，每行可以显示 16 个半宽字符，因此总共可显示 16 列×2 行=32 个半宽字符。LCD1602 内置 80 个字节的 DDRAM（Display Data RAM），其作用类似于"显存"，用于存储要显示字符的编码。DDRAM 各单元的地址与字符显示位置（行号和列号）的对应关系见表 9-5。需要注意的是，表中列号为 15～39 的 DDRAM 单元不会影响显示，若要显示这部分内容，需将其移入到列号为 0～15 的 DDRAM 单元中。

表 9-5　LCD1602 的 DDRAM 地址

列号 行号	0	1	2	3	4	5	6	7	…	39
0	00H	01H	02H	03H	04H	05H	06H	07H	…	27H
1	40H	41H	42H	43H	44H	45H	46H	47H	…	67H

LCD1602 的字符编码是 8 位二进制数，每个字符编码对应于一个字模（字符点阵数据）。字模决定了字符在屏幕上显示的"样子"，其与字符编码的对应关系如表 9-6 所示。在该表中，字符编码的数值范围为 00～0FFH，表的列号和行号分别是字符编码的高 4 位（B7～B4）和低 4 位（B3～B0）。表 9-6 中的字符编码可以分为以下几类：

1）用户自定义字符编码，其数值范围为 00H～0FH，实际仅使用前 8 个编码（00H～07H）。这些字符编码对应的字模由用户定义，并在程序运行时写入 HD44780 的字符生成器 RAM（Character Generator RAM，CGRAM）中。

2）标准 ASCII 字符编码，其数值范围为 20H～7FH（左箭头"←"和右箭头"→"的字符编码除外）。这些字符对应的字模固化于字符生成器 ROM（Character Generator ROM，CGROM）中，其值不可更改。

3）日文字符和希腊字母的字符编码，其数值范围为 0A0H～0FFH，对应的字模固化于 CGROM 区且不可更改。

4）未定义字符编码，其数值范围为 10H～1FH 及 80H～9FH，未被使用。

若要在指定的屏幕位置显示某个字符，需要将待显示字符的字符编码写入与该位置对应的 DDRAM 单元，具体对应关系如表 9-5 所示。以字符'A'为例，若要在 LCD1602 的第 1 行、第 7 列显示该字符，则需将'A'的字符编码 41H 写入地址为 47H 的 DDRAM 单元。

表 9-6　LCD1602 字符编码表

B7-B4＼B3-B0	0000	0001	0010	0011	0100	0101	0110	0111	1000	1001	1010	1011	1100	1101	1110	1111
0000	CG RAM (1)			0	@	P	`	p				ー	タ	ミ		p
0001	(2)		!	1	A	Q	a	q			。	ア	チ	ム	ä	q
0010	(3)		"	2	B	R	b	r			「	イ	ツ	メ	β	θ
0011	(4)		#	3	C	S	c	s			」	ウ	テ	モ	ε	∞
0100	(5)		$	4	D	T	d	t			、	エ	ト	ヤ	μ	Ω
0101	(6)		%	5	E	U	e	u			・	オ	ナ	ユ	σ	Ü
0110	(7)		&	6	F	V	f	v			ヲ	カ	ニ	ヨ	ρ	Σ
0111	(8)		'	7	G	W	g	w			ア	キ	ヌ	ラ	g	π
1000	(9)		(	8	H	X	h	x			ィ	ク	ネ	リ	√	x̄
1001	(10)		)	9	I	Y	i	y			ゥ	ケ	ノ	ル		y
1010	(11)		*	:	J	Z	j	z			エ	コ	ハ	レ	j	千
1011	(12)		+	;	K	[	k	{			オ	サ	ヒ	ロ	×	万
1100	(13)		,	<	L	¥	l	|			ャ	シ	フ	ワ	¢	円
1101	(14)		-	=	M	]	m	}			ュ	ス	ヘ	ン	£	÷
1110	(15)		.	>	N	^	n	→			ョ	セ	ホ	゛	ñ	
1111	(16)		/	?	O	_	o	←			ッ	ソ	マ	゜	ö	█

2. LCD1602 的引脚功能及时序

LCD1602 共有 16 个引脚，各引脚的功能和时序分别见表 9-7 和图 9-18。在使用 LCD1602 时，单片机负责提供引脚 RS、RW 和 E 的控制信号，并通过 LCD1602 的数据总线 D0～D7 进行数据或命令代码的传输。例如，在图 9-19 所示的 LCD1602 显示电路中，AT89C52 单片机的 P2.7、P2.6 和 P2.5 引脚分别与 LCD1602 的 E、RS 和 RW 引脚相连，P0 口与 LCD1602 的数据总线 D0～D7 引脚相连。

表 9-7　LCD1602 模块的引脚功能

引脚编号	引脚名称	功能说明
1	VSS	电源地（GND）
2	VDD	电源（+5V）
3	VEE（或 VO）	对比度调节电压，接电源时对比度最弱，接地时对比度最高

（续）

引脚编号	引脚名称	功能说明
4	RS	寄存器选择引脚，RS=0 选择命令/状态寄存器，RS=1 选择数据寄存器
5	RW	读/写控制引脚，RW=0 进行写模块操作，RW=1 进行读模块操作
6	E	使能引脚，E=1 使能模块，E=0 禁用模块
7~14	D0~D7	数据总线（D0 为最低位，D7 为最高位）
15	A（LED+）	背光正电源（VCC）
16	K（LED-）	背光电源地（GND）

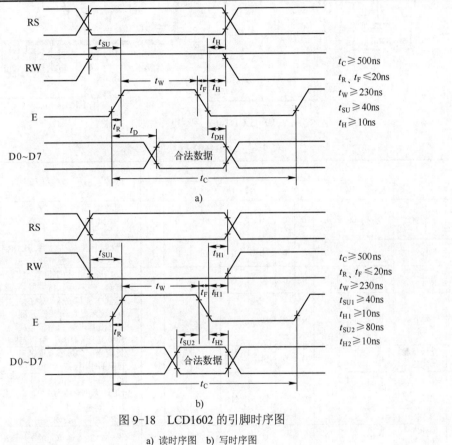

图 9-18　LCD1602 的引脚时序图

a) 读时序图　b) 写时序图

3. LCD1602 的命令集

LCD1602 共有 11 条命令，见表 9-8。在使用这些命令时，首先需要根据任务要求选择所使用的命令；然后正确设置 LCD1602 的 RS 和 RW 引脚电平；最后确定命令代码的 D7~D0 位，并通过数据总线发送给 LCD1602。以下几个例子说明了 LCD1602 命令代码的设置方法：

（1）利用命令 1 清除显示屏

在执行此命令时，需要将引脚 RS 和 RW 设置为低电平，并将命令代码的最低 8 位 00000001B（即 01H）送到 LCD1602 的数据总线上。

（2）利用命令 4 打开屏幕显示、关闭光标和禁止光标闪烁

这个命令需要先将引脚 RS 和 RW 设置为低电平，然后将命令代码的最低 8 位 00001100B（即 0CH，其中 D=1、C=0、B=0）送到 LCD1602 的数据总线上。

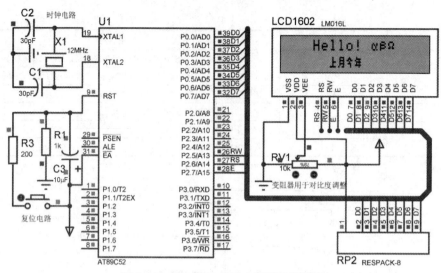

图 9-19　LCD1602 显示电路原理仿真图

表 9-8　LCD1602 模块的命令集

序号	命令	命令代码											功能说明
		RS	RW	D7～D0									
1	清屏	0	0	0	0	0	0	0	0	0	1		清除显示内容，光标回到屏幕左上方，DDRAM 的地址计数器（Address counter，AC）清零
2	光标归位	0	0	0	0	0	0	0	0	1	*		光标回到屏幕左上方，DDRAM 的内容保持不变（即显示内容不变），AC 清零
3	进入模式设置	0	0	0	0	0	0	0	1	I/D	S		设置写入 1 位字符后，光标和屏幕画面的移动方向、I/D 位及 S 位的作用见表 9-9
4	显示开关	0	0	0	0	0	0	1	D	C	B		显示屏/光标/光标闪烁的开关控制 D=0 显示屏关，否则显示屏开；C=0 不显示光标 C=1 光标出现在地址计数器 AC 所指向的位置 B=0 光标不闪烁，否则光标闪烁
5	光标和显示的移位	0	0	0	0	0	1	S/C	R/L	*	*		设置光标和屏幕画面的移动方向，S/C 位和 R/L 位的作用见表 9-10
6	功能设置	0	0	0	0	1	DL	N	F	*	*		设置数据总线位数、显示的行数及点阵字体 DL=0 数据总线为 4 位，否则数据总线为 8 位 N=0 显示 1 行，否则显示 2 行；F=0 字符采用 5×7 点阵，否则采用 5×10 点阵
7	CGRAM 地址设置	0	0	0	1	ACG（CGRAM 的地址）							设置 CGRAM 单元的地址（6 位）
8	DDRAM 地址设置	0	0	1	ADD（DDRAM 的地址）								设置 DDRAM 单元的地址（7 位）
9	读忙标志/地址计数器	0	1	BF	AC								1）读取液晶显示器忙标志信号 BF，BF=1 液晶显示器忙，暂时无法接收新数据或指令；BF=0 液晶显示器可以接收新数据或指令 2）读取地址计数器 AC 的值，该值由最后执行的 DDRAM 或 CGRAM 地址设置指令决定
10	CGRAM/DDRAM 数据写	1	0	写入的数据									向 CGRAM 或 DDRAM 中写入数据
11	CGRAM/DDRAM 数据读	1	1	读出的数据									从 CGRAM 或 DDRAM 中读出数据

注：1. "*"代表该位可以是 0 也可以是 1。

　　2. 4 位并行总线与 8 位并行总线的差别是，在 4 位并行总线模式下，一个字节的命令或数据需要分两次传输，先传输高 4 位，后传低 4 位，而在 8 位并行总线模式下，则一次传输全部 8 位。

（3）利用命令 8 和命令 10 在屏幕的第 1 行、第 0 列显示字符"B"

首先，利用命令 8 将 DDRAM 的地址设置为 40H（对应于屏幕的第 1 行、第 0 列，如表 9-5 所示）。这需要将引脚 RS 和 RW 设置为低电平，并将命令代码最低 8 位 11000000B（即 0C0H，其中最高位固定为 1，其余位为 DDRAM 的地址 40H）送到 LCD1602 的数据总线上。

然后，将 RS 和 RW 分别设置为高电平和低电平，并将命令 10 代码的最低 8 位 01000010B（即字符"B"的字符编码 42H）送到 LCD1602 的数据总线上。

表 9-9　I/D 位及 S 位的功能

I/D	S	功能说明
0	0	屏幕画面不动，写入字符后，光标左移一个字符（AC 值减 1）
0	1	写入字符后，光标左移一个字符（AC 值减 1），屏幕画面右移一个字符
1	0	屏幕画面不动，写入字符后，光标右移一个字符（AC 值加 1）
1	1	写入字符后，光标右移一个字符（AC 值加 1），屏幕画面左移一个字符

表 9-10　S/C 位及 R/L 位的功能

S/C	R/L	功能说明
0	0	光标左移一个字符，AC 减 1
0	1	光标右移一个字符，AC 加 1
1	0	光标和屏幕画面左移一个字符，AC 不变
1	1	光标和屏幕画面右移一个字符，AC 不变

4．自定义字符的使用方法

自定义字符编码位于表 9-6 的首列，其数值范围为 00H～0FH。因为自定义字符的字模由用户自行设计并由程序写入 CGRAM，所以表 9-6 并没有给出自定义字符的字模。自定义字模的生成方法和向 CGRAM 写入字模的步骤分别如下。

（1）字模的生成方法

为了更好地理解字模生成方法，此处首先简要介绍字模的作用。LCD1602 通过字模控制其点阵屏幕上点的亮灭，以实现对显示内容的控制。字模的每一个二进制位对应于点阵屏幕上的一个点，二进制位为 0 时，该点灭，否则该点亮。例如，字符'A'的图像及其字模分别如图 9-20a 和图 9-20b 所示。由于每个字模在 CGRAM 中占用 8 个字节单元，每个字节单元存放字模的一行二进制位数据，因此，在向 CGRAM 写入字模时，需通过高位补 0 的方式，将每行字模从 5 位（见图 9-20b）扩充为 8 位（见图 9-20c），即实际写入 CGRAM 的字符'A'字模为"0EH, 11H, 11H, 11H, 1FH, 11H, 11H, 00H"（汇编语言）或"0x0E, 0x11, 0x11, 0x11, 0x1F, 0x11, 0x11, 0x00"（C51 语言）。图 9-20c 中的灰色部分仅服务于按字节写入字模，实际显示时不起作用。

Zimo 是一款常用的字模提取软件，可用于绘制字模图像或从字模图像中提取字模数据。LCD1602 的字模点阵尺寸非常小，仅为 5（列）×7（行）点或 5（列）×10（行）点，直接用 Zimo 绘制字模绘制非常困难。这时，可以先利用具有放大功能的绘图软件绘制字模图像，然后再利用 Zimo 软件从字模图像中提取字模数据。

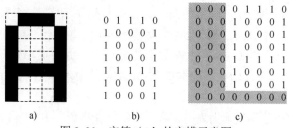

图 9-20　字符 'A' 的字模示意图

a) 字模图像（5×7 点）　b) 原始字模（5×7 位）　c) 扩充后的字模（8×8 位，写入 CGRAM）

在使用 Zimo 时，需要注意以下事项：

1）绘制字模图像时尽量靠右上角绘制，因为在 LCD1602 上显示 8×8 点的字模时，最左侧的 3 列点和最下面一行的点不显示。

2）提取字模时，设置为横向取模，并且字节不倒序。

3）对于汇编语言编程，Zimo 生成的 A51 格式字模数据为伪指令"DB"后接十六进制的字模数据（例如，"DB 01F, 003, 002, 002, 006, 00C, 018, 01F"），但是字模数据后面缺少十六进制数的后缀"h"或"H"，因此需要人为添加该后缀（例如，添加后缀"H"后的字模数据为"DB 01FH, 003H, 002H, 002H, 006H, 00CH, 018H, 01FH"）。

4）对于 C51 语言编程，Zimo 生成的 C51 格式字模数据为十六进制数（例如，"0x1F, 0x03, 0x02, 0x02, 0x06, 0x0C, 0x18, 0x1F"），使用时需将其放入数组中。

（2）写入字模的步骤

生成字模数据后，需要利用表 9-8 中的命令，将字模写入 CGRAM。其步骤如下：首先，利用命令 7 选择待写入的 CGRAM 单元；然后，通过命令 10 将一个字模数据（8 个字节）写入从该单元开始的连续 8 个字节单元。由于每次写入一个字节单元后，CGRAM 的地址会自动增加，指向下一个 CGRAM 单元，因此在写入下一个 CGRAM 单元时，无须重新设置地址。例如，字符编码为 01H 的自定义字符字模在 CGRAM 中的存放地址为 08H～0FH，将该字符的字模写入 CGRAM 时，首先执行 1 次命令 7，其代码为 48H（即 0001001000B，其中最高 2 位 0 和 0 分别对应于引脚 RS 和 RW 的电平状态，接下来的 2 位必须分别为 0 和 1，最低 6 位为 CGRAM 的地址 08H），然后连续执行 8 次命令 10（代码的最高 2 位为 1 和 0，分别对应于引脚 RS 和 RW 的电平状态，最低 8 位为一行字模的数据）。

5. LCD1602 显示程序设计

本例针对图 9-19 所示的 LCD1602 显示电路进行程序设计，要求实现以下两项功能：

1）在屏幕的第 0 行上，从第 3 列开始显示字符"Hello! αβΩ"。

2）设计汉字"上""月""今"和"年"的自定义字符字模，并在屏幕的第 1 行上，从第 5 列开始连续显示这 4 个汉字。

所设计的程序由三个程序文件组成，分别是主程序文件"main.c"，及 LCD1602 的驱动函数头文件"lcd1602_HD44780.h"和实现文件"lcd1602_HD44780.c"。源程序可扫码查看。

9.2.3 节源程序

9.2.4　液晶显示模块 LCD12864 的使用

LCD12864 是一种常用的液晶显示模块，显示分辨率为 128（列）×64（行），可以显示全角字符、半宽字符及图形，其外观如图 9-21 所示。

图 9-21　液晶显示模块 LCD12864 的外观（工作状态下）

1. LCD12864 内部的存储资源

图 9-21 中的 LCD12864 以 ST7920 为液晶屏控制器，其内部固化了以下存储资源：

1）字符生成只读存储器（Character Generation ROM，CGROM）和半宽字符生成只读存储器（Half Height Character Generation ROM，HCGROM），其中内置了各种字符（包括中文、英文、数字、ASCII 码、日文、希腊文及特殊符号等）字模。这些字模不可修改，其中全角字符的字模为 16（行）×16（列）点阵，半宽字符的字模为 16（行）×8（列）点阵。

2）字符生成随机存储器（Character Generation RAM，CGRAM），存储用户自定义字符的 16（行）×16（列）点字模，最多可以存放 4 个字模。这个区域的字模由用户程序写入，其值可修改。

3）数据显示随机存储器（Display Data RAM，DDRAM），存放程序写入的字符编码，用于调取 CGROM、HCGROM 和 CGRAM 中的字模。被调取的字模会投射到液晶显示屏上，以控制显示内容。中文字符属于全角字符，其字符编码范围为 A140H～D75FH（BIG5 繁体中文字符编码）和 A1A0H～F7FFH（BG 简体中文字符编码）；半宽字符的编码范围为 02H～7FH；自定义字符编码取值只有 4 个，分别是 0000H，0002H，0004H 和 0006H。由于屏幕分辨率和字模尺寸的限制，LCD12864 只能显示 4（行）×8（列）个全角字符或 4（行）×16（列）个半宽字符。表 9-11 给出了 LCD12864 液晶屏显示位置与 DDRAM 地址之间的对应关系。每个 DDRAM 地址对应于一个两字节的全角字符编码。在显示控制时，需要将字符编码送入与显示位置相对应的 DDRAM 单元。例如，若要在屏幕的第 1 行、第 2 列显示中文"好"，需要将"好"的字符编码（即 0BAC3H，在 C51 语言程序中也可以直接用字符型数据"好"表示）写入地址为 12H 的 DDRAM 单元。

表 9-11　LCD12864 液晶屏显示位置与 DDRAM 地址之间的对应关系

列号 行号	0	1	2	3	4	5	6	7
0	00H	01H	02H	03H	04H	05H	06H	07H
1	10H	11H	12H	13H	14H	15H	16H	17H
2	08H	09H	0AH	0BH	0CH	0DH	0EH	0FH
3	18H	19H	1AH	1BH	1CH	1DH	1EH	1FH

4）图形显示随机存储器（Graphic Display RAM，GDRAM），用于图形绘制模式，存放待显示图形的点阵数据。图形点阵数据的每个二进制位（bit）对应于液晶显示屏点阵的一个

点，其值为 1 则点显示，否则点不显示，其值可修改。GDRAM 图形点阵的显示坐标如图 9-22 所示。由该图可知，GDRAM 分为上、下两个区域，分别对应于 LCD12864 的上、下半屏。上、下半屏的水平位置坐标范围分别是 0～7 和 8～15，垂直坐标范围均为 0～31。

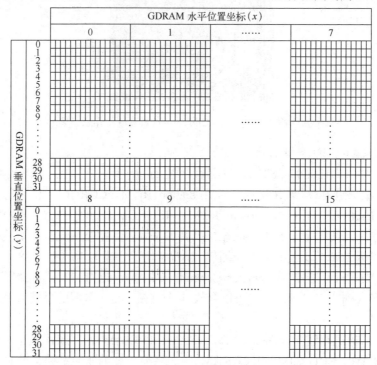

图 9-22　LCD12864 的 GDRAM 图形点阵的显示坐标

在使用 GDRAM 显示图形时，需要注意以下几点：

1）可以利用 Zimo 和 PCtoLCD2002 等取模软件，将待显示图形的图片转换为点阵数据。

2）每个 GDRAM 位置需要写入 2 个字节（即 16 个位）的图形点阵数据。

3）向每个 GDRAM 位置写入数据时，需首先按先后顺序分别设置 GDRAM 的垂直位置坐标和水平位置坐标，然后再将该位置的图形点阵数据（2 个字节）写入 GDRAM。

2. LCD12864 的引脚功能及时序

LCD12864 可以采用并行接口模式或串行接口模式传输数据和命令代码，其引脚功能如表 9-12 所示。在并行模式下，LCD12864 引脚的读/写时序与 LCD1602 相同，均如图 9-18 所示，因此可以使用与 LCD1602 相同的基本读写程序。在串行模式下，LCD12864 写数据和命令的引脚时序均如图 9-23 所示。关于 LCD12864 的串行模式，需要说明以下两点：

表 9-12　LCD12864 模块的引脚功能

引脚编号	引脚名称	功能说明
1	VSS	电源地（GND）
2	VDD	电源（+5V）
3	VO	对比度调节电压
4	RS（CS）	1）并行接口传输时，RS 是指令/数据选择引脚，RS=0 数据线传输指令，RS=1 数据线传输数据 2）串行接口传输时，CS 是片选信号引脚

（续）

引脚编号	引脚名称	功能说明
5	RW （SID）	1）并行接口传输时，RW 是读/写控制引脚，RW=0 向模块写入，RW=1 从模块读出 2）串行接口传输时，SID 是数据线
6	E/SCLK	1）并行接口传输时，E 是使能信号引脚，E=1 使能模块，E=0 禁用模块 2）串行接口传输时，SCLK 是时钟脉冲信号输入引脚，上升沿时数据有效
7～14	DB0～DB7	并行接口模式时，是数据总线（DB0 为最低位，DB7 为最高位）
15	PSB	接口模式选择引脚，PSB=1 采用 8 位或 4 位并行接口模式，PSB=0 采用串行接口模式
16	NC	未使用，不连接
17	RST	复位引脚，低电平复位
18	NC	未使用，不连接
19	BLA	背光正电源（VCC）
20	BLK	背光电源地（GND）

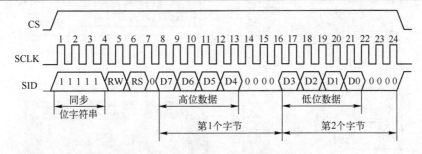

图 9-23　LCD12864 串行接口模式的引脚时序图

1）具体为写数据时序还是写命令时序，由同步位字符串后的 RW 位和 RS 位状态确定。若 RW=0、RS=0，则为写命令时序，若 RW=0、RS=1，则为写数据时序。此处，RW 位和 RS 位的值由程序设定，与 LCD12864 引脚 RW 和 RS 的电平无关。

2）串行模式采用 SPI 总线接口方式，在写入每个位时，需要 SCLK 引脚的上升沿信号将待传输的位锁存入 LCD12864。在进行写操作时，先将待传输的位送至数据线（即根据待传输位的值设定 SID 引脚电平，其中 0 和 1 分别对应于低电平和高电平），然后将 SCLK 引脚置为低电平，最后再将 SCLK 引脚置为高电平。

图 9-24 给出了 LCD12864 在并行接口模式和串行接口模式下的显示电路原理仿真图。由该图可以得出以下结论：

1）与并行接口模式相比，LCD12864 的串行接口模式需要的引脚数量更少。

2）中文、全角数字和全角符号的宽度是半宽数字和半宽符号的 2 倍。

3）LCD12864 可以同时显示图形和文字。

3. LCD12864 的命令集

LCD12864 共有 2 个命令集，即基本命令集（见表 9-13，主要用于字符显示，除命令 6 外，与 LCD1602 的命令代码基本相同）和扩充命令集（见表 9-14，主要用于图形显示）。

使用基本命令集之前，需要通过基本命令 6 或扩充命令 5 将 RE 置为 0，从而进入基本命令集。进入基本命令集后，若要显示字符，首先需利用基本命令 8 设置 DDRAM 地址（该地址与显示位置的对应关系如表 9-11 所示），然后利用基本命令 10 向 DDRAM 写入待显示字符的字符编码。例如，若要在屏幕的第 1 行、第 2 列显示中文"好"，首先要利用基本命令 8 将 DDRAM 的地址设置为 12H，其命令代码为 92H；然后需利用 2 个基本命令 10 将"好"的字符编码（即 0BAC3H）的高 8 位（即 0BAH）和低 8 位（即 0C3H），分别按先后顺序写入 DDRAM，所需命令代码的最高 2 位均为 1 和 0，命令代码最低 8 位分别为字符编码的高 8 位和低 8 位。

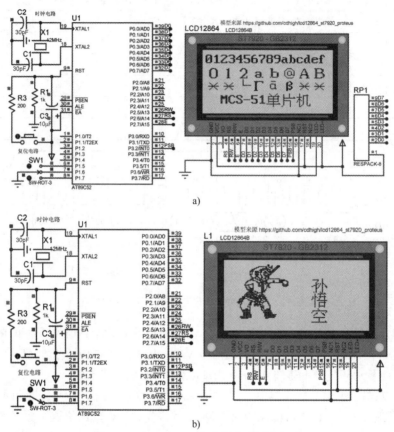

图 9-24　LCD12864 显示电路原理仿真图

a) 并行接口模式　b) 串行接口模式

表 9-13　LCD12864 模块的基本命令集

序号	命令	命令代码										功能说明
		RS	RW	D7～D0								
1	清屏	0	0	0	0	0	0	0	0	0	1	清除显示内容，光标回到屏幕左上方，DDRAM 的地址计数器（Address counter, AC）清零
2	光标归位	0	0	0	0	0	0	0	0	1	*	光标回到屏幕左上方，DDRAM 的内容保持不变，AC 清零
3	进入模式设置	0	0	0	0	0	0	0	1	I/D	S	设置写入 1 位字符后，光标和屏幕画面的移动方向，I/D 及 S 的作用见表 9-9
4	显示开关	0	0	0	0	0	0	1	D	C	B	显示屏/光标/光标闪烁的开关控制 D=0 显示屏关，否则显示屏开；C=0 不显示光标，C=1 光标出现在地址计数器 AC 所指向的位置；B=0 光标不闪烁，否则光标闪烁

（续）

序号	命令	命令代码										功能说明
		RS	RW	D7～D0								
5	光标和显示的移位	0	0	0	0	0	1	S/C	R/L	*	*	设置光标和屏幕画面的移动方向，S/C 和 R/L 的作用见表 9-10
6	功能设置	0	0	0	0	1	DL	*	RE(0)	*	*	DL=1，8 位并口模式，否则 4 位并口模式；RE=0，使用基本命令集；RE=1，使用扩充命令集
7	CGRAM 地址设置	0	0	0	1	AC5～AC0（CGRAM 的地址）						CGRAM 单元的地址写入 AC
8	DDRAM 地址设置	0	0	1	AC6～AC0（DDRAM 的地址）							DDRAM 单元的地址写入 AC
9	读忙标志/地址计数器	0	1	BF	AC6～AC0（AC 的值）							1）读取液晶显示器忙标志信号 BF；BF=1 液晶显示器忙，暂时无法接收新数据或指令；BF=0 液晶显示器可以接收新数据或指令；2）读取 AC 的值
10	数据写入 RAM	1	0	D7～D0（写入的数据）								向 DDRAM/CGRAM/IRAM/GDRAM 写入数据
11	读出 RAM 中的数据	1	1	D7～D0（读出的数据）								从 DDRAM/CGRAM/IRAM/GDRAM 读出数据

注：1. "*"代表该位可以是 0 也可以是 1。

　　2. 4 位并行总线与 8 位并行总线的差别是，在 4 位并行总线模式下，一个字节的命令或数据需要分两次传输，先传输高 4 位，后传输低 4 位，而在 8 位并行总线模式下，则一次传输全部 8 位。

表 9-14　LCD12864 模块的扩充命令集

序号	命令	命令代码										功能说明
		RS	RW	D7～D0								
1	待命模式	0	0	0	0	0	0	0	0	0	1	清除显示内容，光标回到屏幕左上方，DDRAM 地址计数器（Address counter，AC）清零
2	卷动地址或 IRAM 地址选择	0	0	0	0	0	0	0	0	1	SR	SR=1，允许输入垂直卷动地址；SR=0，允许输入 IRAM 地址
3	反白选择	0	0	0	0	0	0	0	1	R1	R0	选择 4 行中的任意一行做反白显示；R1R0 为反白的行号
4	睡眠模式	0	0	0	0	0	0	1	SL	*	*	SL=0，进入睡眠模式；SL=1，退出睡眠模式
5	扩充功能设定	0	0	0	0	0	1	DL	RE(1)	G	*	1）RE=1 使用扩充命令集，否则使用基本命令集；2）G=1 开启绘图功能，否则关闭该功能；3）在改 DL 和 G 之前，不能将 RE 由 1 改为 0
6	设定卷动地址或 IRAM 地址	0	0	0	1	AC5～AC0（垂直卷动地址或 IRAM 地址）						SR=1，AC5～AC0 为垂直卷动地址；SR=0，AC5～AC0 为 IRAM 地址
7	设定 GDRAM 地址	0	0	1	AC6～AC0（GDRAM 的地址）							GDRAM 单元的地址写入 AC

注：1. "*"代表该位可以是 0 也可以是 1。

　　2. 目前，市场上的 LCD12864 无法使用图标 RAM（ICON RAM，IRAM）功能。

　　使用扩充命令集之前，需要通过基本命令 6 或扩充命令 5 将 RE 置为 1，从而进入扩充命令集。若要进入绘图模式，首先需要进入扩充命令集，然后利用扩充命令 5 将 G 设置为 1；退出绘图模式时，则需利用扩充命令 5 将 G 设置为 0。

　　在绘图模式下绘图时，首先需要利用扩充命令 7，按先后顺序分别设定 GDRAM 的垂直位置坐标（取值范围为 0～31）和水平位置坐标（上、下半屏的取值范围分别为 0～7 和 8～15）；然后利用基本命令 10，将图形点阵数据写入 GDRAM。在使用扩充命令 7 时，命令的 RS 位和 RW 位均为 0，D7 位为 1，D6～D0 位为 GDRAM 的坐标地址。例如，若绘图的垂直位置坐标和水平位置坐标分别为 30 和 12，则其对应的扩充命令 7 代码的低 8 位分别为 9EH（即 10011110B）和 8CH（即 10001100B）。在使用基本命令 10 时，命令的 RS 位和 RW 位均为 0，D7～D0 位为一个字节的点阵数据。并且在一个 GDRAM 位置需要连续写 2 个字节点阵数据，即连续执行 2 次基本命令 10。另外，在执行第 1 次基本命令 10 后，GDRAM 的水平位置坐标会自动加 1，因此，在执行第 2 次基本命令 10 时，不需要写入水平位置坐标。

4. LCD12864 显示程序设计

本例针对图 9-24 所示电路设计 LCD12864 显示程序。设计要求为，通过开关 SW1 切换屏幕显示内容（见图 9-25）。

a)　　　　　　　　　　　　b)　　　　　　　　　　　　c)

图 9-25　LCD12864 显示程序设计内容要求

a) 显示中文字符　b) 显示全角及半宽字符　b) 同时显示图形和文字

所设计的程序由 3 个程序文件组成，包括主程序文件"main.c"、LCD12864 的驱动函数头文件"lcd12864_ST7920.h"和实现文件"lcd12864_ST7920.c"。"lcd12864_ST7920.c"中包含了 LCD12864 在 8 位并行接口模式及串行接口模式下的驱动程序。源程序可扫码查看。

9.2.4 节源程序

9.2.5　超声波测距模块 HC-SR04 的使用

超声测距模块 HC-SR04（见图 9-26）是一种低成本测距传感器，广泛应用于障碍物检测、深度检测及液位检测等任务。

图 9-26　超声波测距模块 HC-SR04

1. HC-SR04 的工作原理

超声波在空气中的传播速度是固定的，约为 340m/s。若从某一点发射超声波，并且超声波遇到物体后被反射回发射点，则发射点与物体之间的距离正比于超声波往返的时长。超声测距模块 HC-SR04 基于该原理进行距离测量，其左侧（标注了"T"）和右侧（标注了

"R"）的柱状压电陶瓷超声传感器分别用于发射超声波和接收超声波被物体反射后的回波。

2. HC-SR04 的测距过程

HC-SR04 共有 4 个引脚（见表 9-15），其引脚时序如图 9-27 所示。测距的具体操作步骤如下：首先向 HC-SR04 的触发引脚（Trig 引脚）发送一个持续至少 10μs 的高电平触发信号；左侧的压电陶瓷超声传感器被触发后，将连续发出 8 个 40kHz 的脉冲；这些脉冲遇到物体后会被反射回去，其反射的回波将被右侧的压电陶瓷超声传感器接收；之后，回响引脚（Echo 引脚）会输出一个高电平回响信号。该回响信号持续的时长是超声波在 HC-SR04 与物体之间往返的总时长。获得该总时长后，利用式（9-1）即可计算出待测量的距离，即

$$距离 = (回响信号时长 \times 声速)/2 \tag{9-1}$$

表 9-15　超声波测距模块 HC-SR04 的引脚功能

引脚编号	引脚名称	功能说明
1	VCC	电源（+5V）
2	Trig	触发引脚，需输入持续至少 10μs 的高电平信号
3	Echo	回响引脚，输出持续时间与所测距离成比的高电平信号
4	GND	电源地

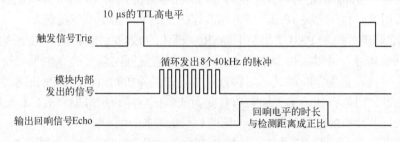

图 9-27　超声波测距模块 HC-SR04 的引脚时序图

在使用 HC-SR04 模块时，需要注意以下两点：

1）应仔细阅读其数据手册以了解模块的距离检测范围、感应角度范围及测量精度等性能指标。

2）在安装模块时，应注意其位置和角度，以免因无法收到回波信号等原因而影响测量效果。

3. 超声波测距模块 HC-SR04 程序设计

本例对图 9-28 所示的 HC-SR04 距离检测电路进行程序设计，要求以整数形式、厘米为单位，在 LCD1602 屏幕上显示测距结果。

在开始程序设计之前，首先分析图 9-28 所示的电路，以确定程序设计的基本思路和注意事项，具体如下：

1）该电路中的 LCD1602 驱动电路与图 9-19 中的完全相同，因此可以采用 9.2.3 节中的 LCD1602 显示程序。若驱动电路中的引脚连接关系与图 9-19 中的不相同，则需要修改 "lcd1602_HD44780.h" 中设定的 LCD1602 引脚连接关系。

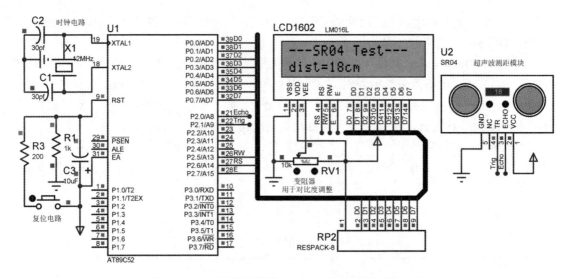

图 9-28 超声波测距模块 HC-SR04 的电路原理仿真图

2）AT89C52 单片机的 P2.1 引脚与 HC-SR04 模块的 Trig 引脚相连。P2.1 引脚需要输出持续时长大于 10μs 的高电平触发信号。产生该触发信号时，可以利用延迟程序或 AT89C52 的定时器产生大于 10μs 的定时，并在定时开始和结束时分别将 P2.1 引脚设置为高电平和低电平。本例采用延时程序定时 10μs，该方法的程序更简单，也更节省资源。

3）AT89C52 单片机的 P2.0 引脚与 HC-SR04 模块的 Echo 引脚相连，用于接收 HC-SR04 模块输出的回响信号。可以利用 AT89C52 的定时器测量回响信号的高电平时长。其具体步骤如下：将定时器设置为定时模式、工作方式 1，并将其初始值清零；在检测到回响信号变成高电平时启动定时器；在检测到回响信号变为低电平后停止定时器；最后将定时器停止后的定时器值乘以单片机的机器周期，即为回响信号的时长。

4）距离测量结果为回响信号时长与超声波速度乘积的二分之一，如式（9-1）所示。在 Proteus 仿真软件中，超声波速度的二分之一是超声波传感器模块 SR04 的参数 "Calibration Factor（μs/cm）"，其默认值为 58。另外，在 Proteus 仿真时，可以通过鼠标点击超声波传感器模块 SR04 上的上、下箭头调整预设的待测量距离值。

基于上述分析，本例所设计的程序由 5 个程序文件组成，包含主程序文件 "main.c"、超声波测距模块 HC-SR04 的驱动函数头文件 "ultrasonic_SR04.h"、实现文件 "ultrasonic_SR04.c"、LCD1602 的驱动函数头文件 "lcd1602_HD44780.h" 和实现文件 "lcd1602_HD44780.c"。因为 "lcd1602_HD44780.h" 和 "lcd1602_HD44780.c" 的内容与 9.2.3 节的完全相同，所以此处不再给出这两个文件的内容。源程序可扫码查看。

9.2.5 节源程序

9.2.6 基于 L298N 芯片和 PID 算法的直流电动机转速控制

本例以 AT89C52 单片机为主控制器，采用 L298N 电动机驱动芯片，设计基于 PID 控制算法的直流电动机转速控制系统。设计要求：

1）采用基于 L298N 的直流电动机驱动电路。

2）利用 PID 算法进行电动机转速闭环控制。

3）利用 LCD12864 显示系统工作信息。

4）通过按键调整电动机目标转速及 PWM 信号占空比。

5）通过按键控制电动机正转、反转和制动。

6）为了辅助 PID 算法参数整定工作，利用 RS232 串口，以 9600 波特的通信速度，将电动机的目标转速和当前转速发送给上位机（PC），并由上位机所安装的串口示波器软件 VOFA+显示转速曲线。

1. 硬件电路设计

系统硬件电路原理仿真图如图 9-29 所示，其中主要包括 AT89C52 最小系统电路、LCD12864 显示电路、键盘电路、RS232 串行通信接口及基于 L298N 的直流电动机驱动电路。

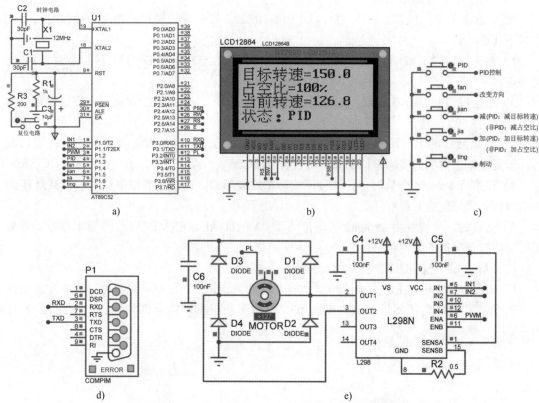

图 9-29　基于 L298N 芯片和 PID 算法的直流电动机转速控制系统电路原理仿真图

a) AT89C52 最小系统电路　b) LCD12864 液晶显示电路　c) 键盘电路

d) RS232 串行通信接口　e) 基于 L298N 的直流电动机驱动电路

（1）最小系统电路

图 9-29a 是 AT89C52 单片机的最小系统电路。其中，复位电路用于 AT89C52 单片机的上电复位和手动复位；时钟电路用于产生时钟信号。由于晶振频率为 12MHz，因此单片机的机器周期为 1μs。机器周期是一个非常重要的系统参数，不但与串口波特率配置有关，也与 PID 控制算法的时间参数配置有关。

（2）基于 LCD12864 的显示电路

图 9-29b 中的 LCD12864 显示电路与图 9-24 中的基本相同。二者间的唯一区别是，图 9-24 中的 PSB 引脚连接了 P3.2 引脚；而在图 9-29b 中，PSB 引脚由 P2.4 控制，P3.2 引脚连接了直流电动机的编码器脉冲输出引脚 PL。

（3）键盘电路

在图 9-29c 所示的键盘电路中共有 5 个按键，用于系统工作模式及参数的设置和调整。其中，"PID"键用于用切换是否使用 PID 转速控制算法；"fan"键用于切换电动机转动方向（正转或反转）；"jian"键和"jia"键分别用于增加和减小电动机目标转速（在 PID 模式下）或 PWM 波占空比（在非 PID 模式下）；"ting"键用于切换是否进行电动机制动操作。

（4）RS232 串行通信接口

图 9-29d 为单片机和上位机（PC）之间的 RS232 串行通信接口。使用该接口时需要注意以下几点：

1）通信接口的 RXD 和 TXD 引脚分别与单片机的 RXD 和 TXD 引脚直接相连，而非交叉相连。

2）通信接口的波特率参数"Physical Baud Rate"和"Virtual Baud Rate"需要设置为本例所要求的 9600 波特。

3）通信接口的串行端口号参数"Physical port"为上位机负责接收数据的串行端口编号，需要根据上位机的实际串口资源情况进行设置。

4）在进行 Proteus 仿真时，无法使用实际的物理串口，而是用虚拟串口（由 VSPD 等虚拟串口软件模拟生成）进行代替。

5）仿真时，可以利用 Proteus 的虚拟终端"VIRTUAL TERMINAL"查看串口收、发数据，以便检查串口的工作状态。

（5）基于 L298N 的直流电动机驱动电路

L298N 是一款高电压、大电流的双全桥电动机驱动芯片，可驱动直流电动机、步进电动机、继电器和螺线管等感性负载，其外观、引脚图和引脚功能分别如图 9-30 和表 9-16 所示。

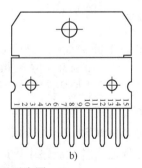

a)　　　　　　　　　　　　　b)

图 9-30　L298N 芯片外观及引脚图

a) 芯片外观　b) 芯片引脚图

表 9-16　L298N 芯片的引脚功能

引脚编号	引脚名称	功能说明
1	SenseA	该引脚与地之间连接电流检测电阻，用于控制桥 A 的负载电流
2	Out1	桥 A 的输出引脚，可以在引脚 1（SenseA）上检测到 Out1 和 Out2 之间流过的负载电流
3	Out2	
4	Vs	电源输出级的电源电压引脚。此引脚和接地之间必须连接一个 100nF 无感电容器
5	IN1	桥 A 的 TTL 电平输入引脚，与 IN2 配合，控制电动机转动方向
6	ENA	桥 A 的 TTL 使能信号输入引脚，为高电平时 IN1 和 IN2 起作用，否则 IN1 和 IN2 不起作用
7	IN2	桥 A 的 TTL 兼容输入引脚，与 IN1 配合，控制电动机转动方向
8	GND	电源地引脚
9	VSS	逻辑块的电源电压引脚。此引脚和接地之间必须连接一个 100nF 电容器
10	IN3	桥 B 的 TTL 电平输入引脚，与 IN4 配合，控制电动机转动方向
11	ENB	桥 B 的 TTL 使能信号输入引脚，为高电平时 IN3 和 IN4 起作用，否则 IN3 和 IN4 不起作用
12	IN4	桥 B 的 TTL 兼容输入引脚，与 IN3 配合，控制电动机转动方向
13	Out3	桥 B 的输出引脚，可以在引脚 15（SenseB）上检测到 Out3 和 Out4 之间流过的负载电流
14	Out4	
15	SenseB	该引脚与地之间连接电流检测电阻，用于控制桥 B 的负载电流

在图 9-29e 中，L298N 的桥 A 驱动一个带有编码器的直流电动机（MOTOR），桥 B 的功能未使用。其中，桥 A 各引脚的作用如下：

1）Out1 和 Out2 引脚连接到直流电动机的电源两端，给电动机供电。

2）IN1 和 IN2 引脚分别与单片机的 P1.0 和 P1.1 引脚相连，用于控制电动机的转动方向。

3）ENA 引脚为使能端，当该引脚为高电平时，IN1 和 IN2 的方向控制起作用，否则，电动机处于非受控状态、自由转动，直至停转。单片机的 P1.2 引脚与 ENA 相连，输出占空比可调的 PWM 波。该 PWM 波的占空比越高，与桥 A 相连的电动机转速越高，反之亦然。

IN1、IN2 和 ENA 引脚的功能组合如表 9-17 所示。IN3、IN4 和 ENB 也有类似的功能组合，可以驱动与桥 B 所连接的直流电动机。

表 9-17　IN1、IN2 和 ENA 引脚在直流电动机驱动中的功能

输入引脚状态		功能说明
EAN=1	IN1=0，IN2=1	电动机正转
	IN1=1，IN2=0	电动机反转
	IN1=IN2	电动机快速制动
EAN=0	IN1=*，IN2=*	电动机自由转动直至停转

注："*"表示为 0 和为 1 均可。

另外，图 9-29e 中的电动机（MOTOR）为自带编码器的直流电动机（MOTOR-ENCODER）。其参数"Pluses per Revolution"代表电动机每转一周编码器所输出的脉冲个数，可用于电动机转速测量。在 Proteus 仿真时，该电动机下方显示的数字为其当前转速（单位为转/分钟，即 r/min）。电动机编码器左侧的输出引脚（PL）与单片机的 P3.2 引脚（即

外部中断 0 的输入引脚）相连。PL 引脚输出的编码器脉冲信号用于电动机转速测量。

在本例的程序中，将单片机的外部中断 0 设置为下降沿触发。当电动机转动时，P3.2 引脚将接收到电动机编码器产生的下降沿脉冲，从而触发外部中断 0 的中断。在该中断的中断服务处理程序中，累积编码器在指定时间内输出的脉冲数，并将该脉冲数除以参数"Pluses per Revolution"和脉冲累积时间，即可得到电动机转速。

2．程序设计思路

本例的程序主要包括：主程序、外部中断 0 的中断服务处理程序（用于记录编码器输出脉冲的数目）、定时器 0 的中断服务处理程序（用于产生周期固定、占空比可调的 PWM 波）、定时器 1 的中断服务处理程序（用于产生转速测量时间周期和 PID 转速控制时间周期，并调用电动机转速测量子程序及 PID 转速控制子程序）、电动机转速测量子程序、电动机 PID 转速控制子程序、串口通信子程序（利用定时器 2 设置波特率，用于给上位机的串口示波器软件 VOFA+发送电动机的目标转速和当前转速），以及 LCD12864 显示子程序和键盘扫描子程序。其中，主程序和各自子程序的功能及设计要点如下。

（1）主程序

主程序负责软件初始化，并在其中循环调用 LCD12864 显示子程序和键盘扫描子程序，以实现系统的人机交互操作。为了保证转速测量周期和转速 PID 控制周期的准确性，主程序并不直接调用电动机测速子程序和转速 PID 控制子程序，这两个子程序均在定时器 0 的中断服务处理程序中被调用。

（2）外部中断 0 的中断服务处理程序

如图 9-29 所示，外部中断 0 的输入引脚（P3.2）与电动机编码器左侧脉冲输出引脚（PL）相连。在程序中，将外部中断 0 设置为下降沿触发后，编码器脉冲的下降沿会触发外部中断 0 的中断。在外部中断 0 的中断服务处理程序中，可以累积编码器脉冲数。脉冲数除以其脉冲累积时长和电动机每转编码器输出的脉冲数，即得电动机转速。其中，脉冲累积时长由定时器 0 的定时中断产生，电动机每转编码器输出的脉冲数由自带编码器直流电动机（MOTOR-ENCODER）的参数"Pluses per Revolution"设定。

（3）定时器 0 的中断服务处理程序

定时器 0 的中断服务处理程序用于设置电动机的转速测量周期和转速 PID 控制周期。这两个参数与电动机转速测量准确性和 PID 控制效果直接相关。在本例的程序中，转速测量周期和转速 PID 控制周期的时长相同，均利用定时器 0 "软时钟"方法产生。其具体步骤为：首先利用定时器 0 产生一个相对较短的定时中断，然后在定时器 0 的中断服务处理程序中累积该定时中断的次数。当中断次数达到指定数目时，则意味着定时时间到。该定时时间就是电动机转速测量周期和转速 PID 控制周期。在每个转速测量周期和 PID 控制周期到来时，即可分别先后调用转速测量子程序和转速 PID 控制子程序，以实现电动机转速的闭环控制。

此处需要特别注意以下问题：

1）定时器 0 的中断时间间隔不能过短，要保证在该间隔时间中能执行完转速测量子程序和转速 PID 控制子程序。

2）转速测量和转速 PID 控制的时间周期不能过长，以免因为不能及时响应电动机转速变化，而影响控制效果。

3）不同电动机间的特性差别较大，需要通过现场调试来选择合适的定时器 0 中断时间间隔及转速测量和转速 PID 控制的时间周期。

（4）定时器 1 的中断服务处理程序

定时器 1 的中断服务处理程序用于控制 PWM 波的频率和占空比。其实现方法是，根据程序预先设定的时间间隔翻转 P1.2 引脚上输出的 PWM 波电平。如图 9-31 所示，假设一个完整的 PWM 周期时长固定为 t_2，PWM 波的占空比由其高电平的时长 t_1 决定。若要产生该 PWM 信号，则需要每间隔 t_1 和 t_2 时长，在定时器 1 的中断服务程序中翻转一次 PWM 波的电平。

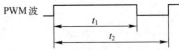

图 9-31 PWM 波电平翻转示意图

在本例的程序中，若系统工作在非 PID 控制模式下，则 t_1 由程序预先设定；若系统工作在转速 PID 控制模式下，则 t_1 的值由 PID 控制子程序计算得出，并且还要对 t_1 进行限幅处理，使其值处于 $0 \sim t_2$ 范围内。类似于 PID 控制周期的产生方法，时长 t_1 和 t_2 是利用定时器 1 的"软时钟"方式产生的。

（5）电动机转速测量子程序

电动机转速测量子程序用于计算电动机转速。在定时器 0 的中断服务处理程序中调用该子程序。电动机转速测量的具体操作步骤为：首先将一个测速周期内累计的编码器输出脉冲数转换为电动机转动的周数，即脉冲数除以编码器的参数"Pluses per Revolution"。然后将该转动周数除以转速测量周期的时长（单位为秒），即得到转速（单位为转/秒）。最后，将该转速除以 60，从而将转速单位由转/秒（r/s）转换为转/分钟（r/min）。

（6）电动机 PID 转速控制子程序

电动机 PID 转速控制子程序在定时器 1 的中断服务处理程序中调用。该子程序实现了离散化的位置式 PID 控制算法。其计算公式为：

$$u_k = k_p e_k + k_i \sum_{j=0}^{k} e_k + k_d (e_k - e_{k-1}) \tag{9-2}$$

其中，k 代表当前时刻；u_k 为 PID 算法得出的 PWM 波占空比；e_k 为 k 时刻的转速与目标转速之间的转速偏差；$\sum_{j=0}^{k} e_k$ 为转速偏差的累计和（即转速偏差的积分项）；$(e_k - e_{k-1})$ 为转速偏差的偏差（即转速偏差的微分项）。

在本例的程序中，PID 转速控制子程计算出的 u_k 并不是百分比，而是图 9-31 中 t_1 的时长（即 t_1 所含的定时器 0 中断次数），其值正比于 PWM 波的占空比。程序还对 u_k 进行了限幅处理，即当 $u_k < 0$ 时，强制 $u_k = 0$，当 $u_k > t_2$ 时，强制 $u_k = t_2$。

另外，关于本例的 PID 转速控制子程序，还需要说明两点：

1）电动机 PID 转速控制子程序必须紧跟在电动机转速测量子程序之后被调用。

2）本例的程序只考虑了电动机正转时的 PID 转速控制，未考虑电动机反转时的 PID 转速控制。

（7）串口通信子程序

串口通信子程序用于向上位机（PC）的串口示波器软件 VOFA+发送电动机的目标转速和当前转速，可以辅助 PID 转速控制算法的参数整定工作。这部分的程序设计任务包括设置串口的工作模式和通信波特率及编写发送数据的子程序。

1）串口工作模式和通信波特率的设置。由于定时器 1 已经被占用，无法用于串口通信，所以本例的程序利用 AT89C52 的定时器 2 产生串口通信的时钟，并令串口工作于模式 1。

在串口的工作模式 1 下，利用定时器 2 设置通信波特率的步骤是：首先将 T2MOD 和 T2CON 分别设置为 0 和 0x30；然后，根据波特率算出定时器 2 的初值，并将初值的高 8 位送入 TH2 和 RCAP2H，低 8 位送入 TL2 和 RCAP2L，其中 RCAP2H 和 RCAP2L 的值始终保持不变，当 TH2 和 TL2 溢出时，RCAP2H 和 RCAP2L 分别自动装入 TH2 和 TL2；最后，将 TR2 设置为 1，启动定时器 2 开始为串口提供工作时钟。

这里需要注意的是，由于 MCS-51 单片机头文件"reg52.h"中没有定义寄存器 T2MOD，因此需要用头文件"at89x52.h"替换"reg52.h"。另外，为避免编译时出现符号冲突的问题，还需要将所有程序文件中引用的"reg52.h"替换为"at89x52.h"。

2）转速数据的显示和发送。本例使用串口示波器软件 VOFA+ 的 JustFloat 模式显示电动机的转速信息，如图 9-32 所示。在该图中，最左侧的区域用于上位机（PC）串口的配置，其中的波特率设置必须与单片机程序中的相同；中间区域和最右侧的区域分别以曲线和数字的形式显示单片机发送来的电动机当前转速（对应于红色曲线和数字）和目标转速（对应于绿色曲线和数字）。有了这些转速曲线和数值的辅助，可以更直观、方便地进行直流电动机转速控制系统的参数调试工作。

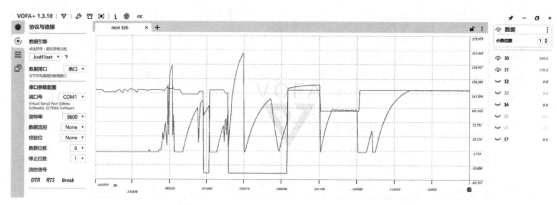

图 9-32　VOFA+软件显示的电动机转速曲线

　　向 VOFA+发送数据时，需要遵守 JustFloat 模式下的通信协议。该协议的主要内容为：数据必须以 float 类型连续发送，并且所有数据发送完毕后，还要发送结束符（即连续发送字节数据 0x00、0x00、0x80 和 0x7f）。在 C51 语言里，每个 float 型数据包含 4 个字节。VOFA+默认 float 型数据的 4 个字节以小端浮点数模式发送，即先发送存储地址小的字节（即低字节），后发送存储地址大的字节（即高字节）。但是，AT89C52 单片机采用大端模式存放多字节数据（即数据高字节的存储地址小，低字节的存储地址大）。因此本例的程序在发送每个 float 型数据时，先发送存储地址大的字节（即低字节），后发送存储地址小的字节（即高字节）。在 C51 语言中，指针变量用于存放数据的存储地址，因此当使用指针访问数据时，指针的值大意味着被访问数据的存储地址大，反之亦然。本例的程序在串口发送数据时，使用指针变量进行待发送数据的访问，具体方法见本例的源程序及其注释中的说明。

（8）LCD12864 显示子程序和键盘扫描子程序

LCD12864 显示子程序及键盘扫描子程序用于系统的人机交互。LCD12864 显示子程序与 9.2.4 节中的基本相同，仅需要将"lcd12864_ST7920.h"文件中的 PSB 引脚定义改为"P2^4"（代表 P2.4 引脚）。

键盘扫描子程序通过键盘引脚电平是否为低电平来判断按键是否被按下。按键"PID"用于在 PID 模式和非 PID 模式之间切换。在 PID 调试模式下，按键"jia"和按键"jian"分别用于增加和减小电动机目标转速，增减的增量为 1r/min；在非 PID 模式下，这两个按键分别用于增加和减小 PWM 波的占空比，增减的增量为 1%。按键"fan"用于在电动机正转和反转之间切换。按键"ting"用于在电动机正常转动和制动之间切换。

3. 源程序

为更好地管理程序，本例的代码被分类存放于主程序文件（"main.c"）、LCD12864 程序文件（"lcd12864_ST7920.h"和"lcd12864_ST7920.c"）、串口程序文件（"SerialPort.h"和"SerialPort.c"）和 PID 程序文件（"pid.h"和"pid.c"）中。因为除了需要将"lcd12864_ST7920.h"中的 PSB 引脚定义改为"P2^4"外，本例的"lcd12864_ST7920.h"和"lcd12864_ST7920.c"与9.2.4 节的完全相同，所以此处不再罗列这两个文件。扫码可获取源代码。

9.2.6 节源代码

9.3　小结

Proteus 软件能够在没有实际硬件的情况下仿真多种微处理器和单片机，在教学和科研领域中的应用日益广泛。本章首先介绍了利用 Proteus 软件进行 MCS-51 单片机软硬件仿真的基本方法；然后，介绍了进行 Proteus 和 Keil 软件联合仿真调试的方法；最后，给出了 6个仿真实例，以提高读者的单片机系统综合设计能力。

9.4　习题

1. 使用 C51 语言改写 9.1.1 节的汇编语言程序。

2. 使用 C51 语言改写 9.1.2 节的汇编语言程序，并且添加串口通信程序，将直流电动机的转速通过串口发送给 PC。

参 考 文 献

[1] 魏立峰, 王宝兴. 单片机原理与应用技术[M]. 北京: 北京大学出版社, 2006.

[2] 徐阳, 徐爱钧. 单片机原理与应用：基于 Proteus 虚拟仿真技术[M]. 3 版. 北京: 机械工业出版社, 2022.

[3] 赵德安, 等. 单片机原理与应用[M]. 4 版. 北京: 机械工业出版社, 2022.

[4] 公茂法, 黄鹤松, 杨学蔚, 等. MCS-51/52 单片机原理与实践[M]. 北京: 北京航空航天大学出版社, 2009.

[5] 彭伟. 单片机 C 语言程序设计实训 100 例：基于 8051+Proteus 仿真[M]. 2 版. 北京: 电子工业出版社, 2012.

[6] 李朝青, 刘艳玲. 单片机原理及接口技术[M]. 4 版. 北京: 北京航空航天大学出版社, 2013.

[7] 钱晓捷. 微型计算机原理及应用[M]. 2 版. 北京: 清华大学出版社, 2011.

[8] 吴宁, 吴旭东. 80x86/Pentium 微型计算机原理及应用[M]. 3 版. 北京: 电子工业出版社, 2011.

[9] 易建勋, 史长琼, 付强. 计算机硬件技术：结构与性能[M]. 北京: 清华大学出版社, 2011.

[10] 徐爱钧, 徐阳. Keil C51 单片机高级语言应用编程与实践[M]. 北京: 电子工业出版社, 2013.

[11] 彭伟. 单片机 C 语言程序设计实训 100 例：基于 STC8051+Proteus 仿真与实战[M]. 北京: 电子工业出版社, 2022.